THE
FIRST
MOVER

总序

《第一推动丛书》编委会

科学，特别是自然科学，最重要的目标之一，就是追寻科学本身的原动力，或曰追寻其第一推动。同时，科学的这种追求精神本身，又成为社会发展和人类进步的一种最基本的推动。

科学总是寻求发现和了解客观世界的新现象，研究和掌握新规律，总是在不懈地追求真理。科学是认真的、严谨的、实事求是的，同时，科学又是创造的。科学的最基本态度之一就是疑问，科学的最基本精神之一就是批判。

的确，科学活动，特别是自然科学活动，比起其他的人类活动来，其最基本特征就是不断进步。哪怕在其他方面倒退的时候，科学却总是进步着，即使是缓慢而艰难的进步。这表明，自然科学活动中包含着人类的最进步因素。

正是在这个意义上，科学堪称为人类进步的“第一推动”。

科学教育，特别是自然科学的教育，是提高人们素质的重要因素，是现代教育的一个核心。科学教育不仅使人获得生活和工作所需的知识和技能，更重要的是使人获得科学思想、科学精神、科学态度以及科学方法的熏陶和培养，使人获得非生物本能的智慧，获得非与生俱来的灵魂。可以这样说，没有科学的“教育”，只是培养信仰，而不是教育。没有受过科学教育的人，只能称为受过训练，而非受过教育。

正是在这个意义上，科学堪称为使人进化为现代人的“第一推动”。

近百年来，无数仁人志士意识到，强国富民再造中国离不开科学技术，他们为摆脱愚昧与无知做了艰苦卓绝的奋斗。中国的科学先贤们代代相传，不遗余力地为中国的进步献身于科学启蒙运动，以图完成国人的强国梦。然而可以说，这个目标远未达到。今日的中国需要新的科学启蒙，需要现代科学教育。只有全社会的人具备较高的科学素质，以科学的精神和思想、科学的态度和方法作为探讨和解决各类问题的共同基础和出发点，社会才能更好地向前发展和进步。因此，中国的进步离不开科学，是毋庸置疑的。

正是在这个意义上，似乎可以说，科学已被公认是中国进步所必不可少的推动。

然而，这并不意味着，科学的精神也同样地被公认和接受。虽然，科学已渗透到社会的各个领域和层面，科学的价值和地位也更高了，但是，毋庸讳言，在一定的范围内或某些特定时候，人们只是承认“科学是有用的”，只停留在对科学所带来的结果的接受和承认，而不是对科学的原动力——科学的精神的接受和承认。此种现象的存在也是不能忽视的。

科学的精神之一，是它自身就是自身的“第一推动”。也就是说，科学活动在原则上不隶属于服务于神学，不隶属于服务于儒学，科学活动在原则上也不隶属于服务于任何哲学。科学是超越宗教差别的，超越民族差别的，超越党派差别的，超越文化和地域差别的，科学是普适的、独立的，它自身就是自身的主宰。

湖南科学技术出版社精选了一批关于科学思想和科学精神的世界名著，请有关学者译成中文出版，其目的就是为了传播科学精神和科学思想，特别是自然科学的精神和思想，从而起到倡导科学精神，推动科技发展，对全民进行新的科学启蒙和科学教育的作用，为中国的进步做一点推动。丛书定名为“第一推动”，当然并非说其中每一册都是第一推动，但是可以肯定，蕴含在每一册中的科学的内容、观点、思想和精神，都会使你或多或少地更接近第一推动，或多或少地发现自身如何成为自身的主宰。

再版序
一个坠落苹果的两面：极端智慧与极致想象

龚曙光

2017年9月8日凌晨于抱朴庐

连我们自己也很惊讶,《第一推动丛书》已经出了25年。

或许,因为全神贯注于每一本书的编辑和出版细节,反倒忽视了这套丛书的出版历程,忽视了自己头上的黑发渐染霜雪,忽视了团队编辑的老退新替,忽视好些早年的读者,已经成长为多个领域的栋梁。

对于一套丛书的出版而言,25年的确是一段不短的历程;对于科学研究的进程而言,四分之一个世纪更是一部跨越式的历史。古人"洞中方七日,世上已千秋"的时间感,用来形容人类科学探求的速律,倒也恰当和准确。回头看看我们逐年出版的这些科普著作,许多当年的假设已经被证实,也有一些结论被证伪;许多当年的理论已经被孵化,也有一些发明被淘汰……

无论这些著作阐释的学科和学说,属于以上所说的哪种状况,都本质地呈现了科学探索的旨趣与真相:科学永远是一个求真的过程,所谓的真理,都只是这一过程中的阶段性成果。论证被想象讪笑,结论被假设挑衅,人类以其最优越的物种秉赋——智慧,让锐利无比的理性之刃,和绚烂无比的想象之花相克相生,相否相成。在形形色色的生活中,似乎没有哪一个领域如同科学探索一样,既是一次次伟大的理性历险,又是一次次极致的感性审美。科学家们穷其毕生所奉献的,不仅仅是我们无法发现的科学结论,还是我们无法展开的绚丽想象。在我们难以感知的极小与极大世界中,没有他们记历这些伟大历险和极致审美的科普著作,我们不但永远无法洞悉我们赖以生存世界的各种奥秘,无法领略我们难以抵达世界的各种美丽,更无法认知人类在找到真理和遭遇美景时的心路历程。在这个意义上,科普是人类极端智慧和极致审美的结晶，是物种独有的精神文本，是人类任何其他创造——神学、哲学、文学和艺术无法替代的文明载体。

在神学家给出“我是谁”的结论后，整个人类，不仅仅是科学家，包括庸常生活中的我们，都企图突破宗教教义的铁窗，自由探求世界的本质。于是，时间、物质和本源，成为了人类共同的终极探寻之地，成为了人类突破慵懒、挣脱琐碎、拒绝因袭的历险之旅。这一旅程中，引领着我们艰难而快乐前行的，是那一代又一代最伟大的科学家。他们是极端的智者和极致的幻想家，是真理的先知和审美的天使。

我曾有幸采访《时间简史》的作者史蒂芬·霍金，他痛苦地斜躺在轮椅上，用特制的语音器和我交谈。聆听着由他按击出的极其单调的金属般的音符，我确信，那个只留下萎缩的躯干和游丝一般生命气息的智者就是先知，就是上帝遣派给人类的孤独使者。倘若不是亲眼所见，你根本无法相信，那些深奥到极致而又浅白到极致，简练到极致而又美丽到极致的天书，竟是他蜷缩在轮椅上，用唯一能够动弹的手指，一个语音一个语音按击出来的。如果不是为了引导人类，你想象不出他人生此行还能有其他的目的。

无怪《时间简史》如此畅销！自出版始，每年都在中文图书的畅销榜上。其实何止《时间简史》，霍金的其他著作，《第一推动丛书》所遴选的其他作者著作，25年来都在热销。据此我们相信，这些著作不仅属于某一代人，甚至不仅属于20世纪。只要人类仍在为时间、物质乃至本源的命题所困扰，只要人类仍在为求真与审美的本能所驱动，丛书中的著作，便是永不过时的启蒙读本，永不熄灭的引领之光。

虽然著作中的某些假说会被否定，某些理论会被超越，但科学家们探求真理的精神，思考宇宙的智慧，感悟时空的审美，必将与日月同辉，成为人类进化中永不腐朽的历史界碑。

因而在25年这一时间节点上，我们合集再版这套丛书，便不只是为了纪念出版行为本身，更多的则是为了彰显这些著作的不朽，为了向新的时代和新的读者告白：21世纪不仅需要科学的功利，而且需要科学的审美。

当然，我们深知，并非所有的发现都为人类带来福祉，并非所有的创造都为世界带来安宁。在科学仍在为政治集团和经济集团所利用,甚至垄断的时代，初衷与结果悖反、无辜与有罪并存的科学公案屡见不鲜。对于科学可能带来的负能量，只能由了解科技的公民用群体的意愿抑制和抵消：选择推进人类进化的科学方向，选择造福人类生存的科学发现，是每个现代公民对自己，也是对物种应当肩负的一份责任、应该表达的一种诉求！在这一理解上，我们将科普阅读不仅视为一种个人爱好，而且视为一种公共使命！

牛顿站在苹果树下，在苹果坠落的那一刹那，他的顿悟一定不只包含了对于地心引力的推断，而且包含了对于苹果与地球、地球与行星、行星与未知宇宙奇妙关系的想象。我相信，那不仅仅是一次枯燥之极的理性推演，而且是一次瑰丽之极的感性审美……

如果说，求真与审美，是这套丛书难以评估的价值，那么，极端的智慧与极致的想象，则是这套丛书无法穷尽的魅力！

引言

1919年11月6日，在英国皇家学会暨皇家天文学会的联席会议上，[ix] 亚瑟·爱丁顿站起身来走上讲台，公布了他的探险队在非洲西海岸的一个郁郁葱葱的小岛——普林西比——的天文观测结果，引力物理学的传统研究模式就此被颠覆。这位剑桥天文学家以庄严的语调描述了他的探险队是如何在那里建立起一个天文望远镜观测站，并对日全食天象进行非常细心的拍摄，以捕捉途经太阳的星光所发生的微弱偏折信号的。他们的观测表明，由英国科学的守护神——艾萨克·牛顿——发明的、被当作事实接受了两个多世纪的引力理论是错误的。他声称，观测结果与阿尔伯特·爱因斯坦提出的被称为“广义相对论”的新的正确理论所作的预言一致。

当时，人们已经知道爱因斯坦理论具有解释宇宙的潜力，同时也知道要验证这种预言存在着难以置信的困难。会议结束后，在听众和发言者一同离开会议厅，将要消失在伦敦的夜色中的当儿，一个名叫路德维克·西尔伯斯坦的波兰物理学家缓步走向爱丁顿。西尔伯斯坦曾写过一本介绍爱因斯坦的“狭义相对论”的书，现在他对爱丁顿所作的有关广义相对论的发言很感兴趣。他对爱丁顿说道：“爱丁顿教授，你肯定是这世界上理解广义相对论的三个人之一。”在爱丁顿正 [x]

迟疑该怎么回答时，他接着补充说："别谦虚了，爱丁顿。"爱丁顿看着他正色道："哦不是，我正在想这第三个人是谁。"

当我第一次知道爱因斯坦的广义相对论的时候，西尔伯斯坦给出的人数估计很可能要向上调整了。那是在20世纪80年代初，我在电视系列节目《宇宙》里看到卡尔·萨根谈论空间和时间如何能够收缩或伸展。我当即要我爸给我解释这个理论。但他能告诉我的只是这个理论非常非常地难懂。"几乎没有人能搞懂广义相对论。"他说。

我不是那么容易却步的人。这个奇怪的理论里一定有某种深深吸引人的东西，只是它被扭曲的时空网络包裹得那么紧，以至于很难看得清。我在《星际迷航》中可以看到广义相对论的影子。影片中，当"企业号"飞船被"暗星"踢回到过去，或者当柯克船长在不同的时空之间来回挣扎时，都用到广义相对论来解释。但这个理论真的就这么令人费解？

几年后，我在里斯本上大学，学的是土木工程。这所由石头、钢铁和玻璃构成的庞大建筑群落堪称萨拉查政权时期[1]法西斯建筑美学的完美典范。大学的课程设置里包含了无穷无尽的讲座，我们被灌输各种有用的东西：如何设置计算机、桥梁和机器。我们几个对现代物理学感兴趣的同学便在课余时间阅读现代物理来逃避这种苦差事。我

1.是指1932年由葡萄牙总理安东尼奥·德奥利维拉·萨拉查（1889—1970，葡萄牙总理［1932—1968］、独裁者）掌权后开始的葡萄牙法西斯独裁统治时期。这一时期一直持续到1974年葡萄牙发生4·25康乃馨革命方宣告结束。应当指出，葡萄牙的法西斯统治与意大利和德国纳粹的法西斯统治不是一回事儿，前者在二战中保持中立（二战时既亲近轴心国也给同盟国提供帮助，可能正是这一点，这一政权才能够在战后继续存在那么多年）。——译者注

们都想成为爱因斯坦。不论是当时还是现在，他的一些概念不经意间就会出现在我们的讲座里。我们懂得了能量是如何与质量相联系的，以及为什么说光实际上是由粒子构成的。正是在学习电磁波的知识时，我们开始了解爱因斯坦的狭义相对论。他想出这套理论是在1905年，一个26岁的青年，比当时的我们年长不了多少。我们的一位比较开明的导师鼓励我们去阅读爱因斯坦的原始论文。与课后布置的繁琐练习相比，这些论文正好比是玲珑剔透的小宝石。但爱因斯坦的广义相对论是关于时空的宏大理论，不是阅读书目的一部分。

我决定自学广义相对论。我搜遍大学图书馆，找到了一些由20世纪最伟大的物理学家和数学家编撰的专著和教材。这些作者里有剑桥皇家天文学家亚瑟·爱丁顿、格丁根几何学家赫尔曼·外尔、量子物理学之父埃尔温·薛定谔和沃尔夫冈·泡利等。所有这些大家都用自己的独特方式讲述了该如何教授爱因斯坦的这门理论。有一本大部头著作看起来就像一厚本电话簿，有一千多页，里面还有三位美国相对论专家的赞词和评论。而另外一本由量子物理学家保罗·狄拉克所撰的小书则薄得勉强凑够了70页。我觉得我进入了一个由最富魅力的物理学大家所构筑的全新的概念世界。

理解他们的思想不是很容易。我不得不学着用一种全新的方式——一种在最初阶段需要用难以捉摸的几何学和深奥的数学的方式——来思考。解码爱因斯坦理论需要掌握不熟悉的数学语言。当时我还不知道当年爱因斯坦自己也是做足了同样的功课才建立起他的这一理论。一旦掌握了这种语言的词汇和语法，阅读起来就变得得心应手了，同时也由此开始了我一生的对广义相对论的迷恋。

这听起来好像过于夸张，但我实在找不出其他语言来形容：学习爱因斯坦广义相对论的最好的回报就是能够准确理解宇宙的历史、时间的起源，以及宇宙中所有恒星和星系的演化。广义相对论能够告诉我们在宇宙最远的地方是什么样的状态，它能够解释这些知识是如何影响到我们在此时此地的存在。爱因斯坦的这一理论还揭示了存在的最小尺度，在这种尺度下，能量最高的粒子可以无中生有地应运而生。它可以解释实在、空间和时间的结构是如何出现的并成为大自然的框架。

在紧张学习的这几个月里，我所学到的是，广义相对论将空间和时间变活了。空间不再仅仅是事物存在的地方，时间也不再是滴答作响的时钟所显现的保持事物运行的标签。根据爱因斯坦相对论，空间和时间是一曲交织在一起的宇宙之舞，它们对你可以想象的任何一丁点东西——从粒子到星系——做出响应。它们将自身编织成能够产生最离奇效果的复杂图案。从他第一次提出之后，这一理论就被用于探索自然世界，揭示出宇宙是一个充满活力的地方，它以极快的速度扩张，充满了黑洞，空间和时间遭到毁灭性的穿刺，到处是巨大的能量波，每一波浪所携带的能量几乎同整个星系的能量一样多。广义相对论已经让我们走得比我们曾经想象的更远。

xii

当我第一次学习广义相对论时，让我震惊的还不止这些。虽然爱因斯坦发展这一理论花了差不多十年时间，但它一经建立便保持至今不曾再变。近一个世纪来，它一直被许多人认为是完美的理论，任何一位有幸了解它的人都对它深表钦佩。广义相对论，作为现代思想的核心，作为与西斯廷教堂、巴赫大提琴组曲或安东尼奥尼电影比肩的一项巨大的文化成就，已经以其放之四海而皆准的普适性成为一个标志。广义相对论可以浓缩成一组很容易归结并写下来的方程组和法则。它们不仅优美，而且能够对现实世界给出一些说法。它们被用来对宇宙的运行进行预言，而且这些预言均已得到观察的证实。广义相对论里埋有这样一个坚定的信念：宇宙中藏着有待探索的更深层的秘密。我还想得到什么？

近25年来，广义相对论一直是我生活的一部分。它一直是我的很多项研究的核心，为我和我的合作者试图理解的东西提供支撑。我初学爱因斯坦理论的经历远远谈不上有多独特。世界各地都有迷上爱因斯坦理论的人，有些人为了揭开它的奥秘付出了自己的一生。这些事情真的就发生在世界各地——从金沙萨到克拉科夫，从坎特伯雷到圣地亚哥。我经常要寄送研究论文，它们的作者都试图找到广义相对论方程的新的解，甚至想修正这一理论。爱因斯坦的理论也许难以把握，但它十分民主。它的困难和棘手只是表明，在它的全部意义被发掘出来之前仍有许多东西值得探讨。任何人，只要有笔和纸，再加上耐心，都有机会在此一展身手。

我经常听到博士生导师告诉他们的学生，如果你害怕日后找不到工作，就不要去碰广义相对论。对许多人来说，这一理论实在是太深奥了。那些一生致力于广义相对论的人绝对是出于热爱，这是一项几乎得不到回报的事业。但是，你一旦发现了其中的一个问题，你就不可能再离开相对论。最近，我遇到一位搞气候变化建模的领军人物。他是这个领域的先驱，是英国皇家学会会员，是天气和气象预报这一极度困难研究领域的专家。但他从没有打算在这一领域干一生。事

xiii

实上，作为20世纪70年代的年轻人，他研究的是广义相对论。这差不多是40年前的事儿了，但当我们第一次见面时，他苦笑着告诉我："其实我是个相对论学者。"

我的一个朋友很早以前就离开了学术界，此前他曾研究爱因斯坦理论将近20年。现在他在一家软件公司工作，研发大数据的存储方法。他每周都要在世界各地飞来飞去，为银行、企业和政府机关去建立这些高度复杂昂贵的系统。然而，当我们见面时，他总是想问我一些有关爱因斯坦理论的问题，或与我分享他对广义相对论的最新想法。他离不开它。

关于广义相对论，有一件事一直困扰着我：尽管过去了近一个世纪，这一理论是怎么不断产生新结果的？我本来以为，鉴于有那么多精英致力于发展这一理论，它早在几十年前就该被发掘殆尽了。这个理论可能是困难的，但我们从中汲取的营养难道就没有个上限？难道黑洞和宇宙膨胀还不够丰富？但当我不断深入研究由爱因斯坦理论导出的许多思想，不断与从事这一理论的杰出人才交流接触，我就越发意识到广义相对论的故事是一部迷人的、宏大的作品，它的发展也许和这一理论本身一样复杂。理解为什么这一理论还如此鲜活的关键就是追踪其百年来的艰辛历程。

本书是关于广义相对论的传记。爱因斯坦关于空间和时间如何交织在一起的思想有它自身的生命发展逻辑。整个20世纪里，它既给那些世界上最聪明的大脑带来喜悦，也让他们深受挫败的痛苦。广义相对论是这样一种理论，它时不时就会扔出一些有关自然世界的令人惊喜的古怪见解，尽管这些见解就连爱因斯坦本人也难以接受。随着这一理论的不断传播，各种新颖的和意想不到的发现以最奇特的情形冒出来。黑洞的最初设想是在第一次世界大战的战场上，后来又同时递交到美国和苏联的原子弹开拓者的手中。宇宙膨胀的想法最早是由一位比利时神父和一位俄国数学家兼气象学家提出的。对于广义相对论的建立起到至关重要作用的新奇的天体是偶然被发现的。乔斯琳·贝尔是在剑桥用木头、铁丝和钉子搭建的摇摇晃晃的铁架上发现中子星的。

广义相对性原理也是20世纪几场重大思想战役的核心。它是希特勒德国迫害的目标，是斯大林的苏联追逐的对象，在20世纪50年代又被美国打入冷宫。它挑起了物理学界和天文学界的各路大腕为争夺宇宙的终极理论而互相攻击。在探求宇宙是否由一声巨响开始，或宇宙是否会永恒存在，以及时间和空间的基本结构到底是什么等问题上，他们时不时就会将广义相对论抖搂出来。这一理论还将遥远的社区连接在一起：在冷战中，苏联、英国和美国的科学家曾就解决黑洞的起源问题坐在了一起。

广义相对论的故事并不是只关于过去。在过去的十年里，这一点已经很明显：如果广义相对论是正确的，那么大部分宇宙就将是暗的。宇宙中充满了这样一种东西，它不仅不发光，而且甚至不反射光也不吸收光。观测证据是压倒性的。宇宙中近三分之一的物质似乎是由暗物质构成的，这是一种重的、看不见的东西，它们就像一群愤怒的蜜蜂拥在星系的周围。另外三分之二的虚无缥缈的物质则以暗能量形式存在，它们将空间推离开。只有4%的宇宙是由我们所熟悉的东西——原子——构成的。我们是微不足道的。也就是说，如果爱因斯坦的理论是正确的，那么就可能——当然仅仅是可能——我们正趋近广义相对论的极限，爱因斯坦理论已经开始被破解。

爱因斯坦理论也是那些整天挂在理论物理学家嘴上的关于自然的新的基本理论的基本要素。弦理论，一种试图比牛顿和爱因斯坦走得更远，大有要统一自然界的一切之势的理论，依赖于具有更高维上奇特的几何性质的复杂时空。有些人将这种比爱因斯坦理论更深奥的理论赞誉为终极理论，而另一些人则将它抨击为浪漫小说，甚至不是科学。就像一种出格的邪教，如果不是有广义相对论在前，弦理论也不会存在，但许多相对论学者却拿怀疑的眼光来看待它。

xv

暗物质、暗能量、黑洞和弦理论都是爱因斯坦理论的后代，它们主宰着物理学和天文学。在给各大学做讲座，参加研讨会，出席欧洲航天局会议，负责一些世界上最重要的科学卫星节目的过程中，我认识到，我们正处在现代物理学的一项重大变革之中。有才华的年轻科学家已能够用一个世纪里积累起来的专业知识来看待广义相对论。他们正在用无与伦比的计算能力来发掘爱因斯坦理论，探索有可能废黜爱因斯坦理论的引力替代理论，在茫茫宇宙中寻找可以证实或证伪广义相对论基本原理的古怪天体。更广泛的科学家社区正被同时调动起来积极参与到建设庞大的观测设备的事业中来。这些设备可以比我们以往任何时候都看得更远、更清楚，卫星将被发射用来搜寻广义相对论提出的某些古怪的预言。

广义相对论的故事叙事宏大，目标高远，值得传颂。因为进入21

世纪后，我们正面临它的许多重大发现和悬而未决的问题。一些重要的事情很可能真的会就在未来几年里发生，我们需要了解这一切从何而来。我认为，如果说20世纪是量子物理学的世纪，那么21世纪就将是爱因斯坦的广义相对论充分展示其魅力的舞台。

宇宙中最不可理解的事情，就是宇宙是可以被理解的。

——爱因斯坦

目录

第 1 章 001 如果一个人自由下落

第 2 章 014 最有价值的发现

第 3 章 032 正确的数学，可憎的物理

第 4 章 054 坍缩的恒星

第 5 章 075 鹦鹉学舌

第 6 章 097 无线电时代

第 7 章 114 惠勒叫法

第 8 章 135 奇点

第 9 章 156 统一的困境

第 10 章 173 看见引力

第 11 章 197 暗宇宙

第 12 章 220 时空的终点

第 13 章 238 惊人的外推

第 14 章 254 待要发生的事情

269 致谢

271 注释

299 参考文献

320 名词索引

第1章
如果一个人自由下落

1　1907年秋，爱因斯坦倍感压力。他应邀为《放射学和电子学年鉴》写一篇有关狭义相对论的综述性文章。这是一项很高的要求，要求在如此短促的时间里总结如此重要的工作，何况他还只能在业余时间里去做。从周一至周六的每天上午8：00到下午6：00，爱因斯坦得在伯尔尼联邦知识产权局上班。这个单位的办公地点在新落成的邮政电报大楼楼上。在那里他要认真研读各种新奇的电子器件的专利申请书，找出其中的新颖之处。爱因斯坦的老板曾向他建议道："当你拿起一项应用方案时，你得预设发明者说的这一切都是错的。"他对这条建议一直牢记在心。在那段日子里，他关于自己的理论和发现所做的笔记和计算不得不退居办公桌的第二个抽屉，他称这里是"理论物理系"。

爱因斯坦的这篇综述回顾了他将伽利略和牛顿的力学与法拉第和麦克斯韦的新的电学和磁学成功联姻的过程。它解释了爱因斯坦多2　年之前发现的许多古怪现象，例如运动中的时钟为什么会变慢，为什么物体高速运行时会收缩等。它还解释了他导出的古怪而神奇的公式，这个公式阐明了为什么质量和能量可以互换，而且没有什么能比光速更快。他对相对性原理的综述可以描述为为什么几乎所有的物理过程都将受一套新的普适性法则支配。

1905年，在短短的几个月内，爱因斯坦写就了颠覆传统物理学的一系列论文。在那种灵感迸发的状态下，他指出光的行为像能量束，更像物质粒子。他还表明，水中花粉和尘埃的颠三倒四的混乱路径可能源自水分子的振动，即水分子之间的振荡和反弹。他解决了一个已经困扰物理学家近半个世纪的问题：物理定律表现得看起来不同，这取决于你如何看待它们。他将它们与他的相对性原理捏合到了一起。

所有这些发现均属惊人的成就，而爱因斯坦做出这些发现时还只是伯尔尼瑞士专利局的一名级别很低的专利审核专家，尽管他触及的都是最能代表当时科学技术发展的重大课题。1907年，他还在那里上班，还没能进入令人敬畏的学术界，学术界似乎也在躲着他。事实上，在那些刚能写出某条物理学基本定律的人看来，爱因斯坦毫无名气。在苏黎世联邦工学院求学时期，他给人的印象并不深。对于引不起他的兴趣的课，他逃课；对于可能培育了他的天才的老师，他也敢顶撞[1]他的一位教授告诉他："你是个很聪明的孩子……但你有个很大的缺点：你从不听别人说什么。"由于指导老师反对他按他自己的选题来做毕业论文，因此爱因斯坦递交的是一篇平淡无奇的毕业论文，这使他的成绩非常靠后，以至于没能使他在申请的若干所大学里获得一个助教的职位。

1.这里指海因里希·韦伯。1895年，爱因斯坦中学没毕业就报考了苏黎世联邦工学院，尽管数学和物理考得很好，却因故没能被录取。但爱因斯坦给时任物理系教授的韦伯留下了很深的印象。韦伯鼓励爱因斯坦留下来听他的课。因此第二年拿到了中学毕业文凭后，爱因斯坦顺利地进入了苏黎世联邦工学院。头两年，爱因斯坦很愿意去上韦伯的课，但到后来渐渐产生了抵触情绪，觉得他过分专注物理学的历史基础，不注重前沿，故而表现得不敬，以至于最后两人几乎到了水火不容的地步。故这里有此说。紧接其后的这段话也出自韦伯之口。——译者注从1900年毕业到他1902年终于在专利局谋得一份工作为止，这[3]期间爱因斯坦遭遇了职业生涯上的一连串失败。祸不单行，他于1901年向苏黎世大学提交的申请博士学位的论文一年后被拒绝了。在这篇论文中，爱因斯坦试图质疑19世纪末伟大的理论物理学家路德维希·玻尔兹曼提出的某些想法。但爱因斯坦的这次破除迷信的行动没能取得成功。直到1905年，在他提交了他的神奇论文之一——《分子大小的新测定》后，他才最终获得了博士学位。爱因斯坦发现，这个学位就像一条新的外交渠道，"大大改善了与大众的关系"。

在爱因斯坦为谋生不断挣扎的时候，他的朋友马塞尔·格罗斯曼则已然驶上了成为威严教授的快车道。格罗斯曼做事很有条理，非常好学，深受老师们的喜爱。也正是格罗斯曼的详细的、完美无瑕的听课笔记让爱因斯坦没有彻底滑出学业轨道。在苏黎世联邦工学院读书期间，格罗斯曼与爱因斯坦和爱因斯坦未来的妻子米列娃·玛里奇就是亲密的朋友，三人同年毕业。但与爱因斯坦不同，格罗斯曼的职业生涯从一开始就很顺利。他一毕业就在苏黎世谋得一份助教的职位，1902年就取得了博士学位。在一所中学当了一段短暂的教师之后，格罗斯曼很快成为苏黎世联邦理工大学（简称ETH）的画法几何学教授。爱因斯坦原本也申请了这个中学教师的职位，但没能成功。还是通过格罗斯曼父亲的一个熟人（伯尔尼联邦专利局的领导）的推荐，爱因斯坦才最终找到了一份专利审核专家的工作。

爱因斯坦能在专利局工作可说是非常幸运。挨过了多年的收入不稳定，靠父亲接济的苦日子之后，他终于能够迎娶米列娃，开始在伯尔尼成家立业。专利局的工作相对单调，有明确的任务分工但缺乏刺激性，可对于爱思考的爱因斯坦来说则是个理想的环境。他每天只需花上几个小时就可以完成一天的工作，剩下的时间可用来钻研他自己的难题。坐在他那张桌面上堆着仅有的几本从他的“理论物理系”里拿出的书和论文的小课桌前，他开始在头脑里进行思想实验。他通过想象来构造各种用来探索物理规律的场景，试图发现哪些定律可以运[4]用到现实世界。虽然没有真实的实验室，但他可以在头脑中精心设计和推演实验过程，并对事件的可能结果做仔细推敲。有了这些实验的结果，爱因斯坦知道，他就能用数学语言将他所提出的概念写成论文，并打造成精雕细琢的宝石，而这一切最终将改变物理学的方向。

专利局的领导对爱因斯坦的工作很满意，将他提拔为专家Ⅱ级，但他们对他的名气正变得越来越大这一事实仍浑然不觉。当1907年德国物理学家约翰内斯·斯塔克委托爱因斯坦撰写“关于相对性原理以及由此得出的结论”这篇综述性文章时，爱因斯坦每天还在从事着专利审核工作。他有两个月的时间来写这篇评述，但就在这两个月里爱因斯坦意识到，他的相对性原理是不完整的，需要做彻底修改才能使之真正具有普适性。

《放射学和电子学年鉴》中的这篇文章是爱因斯坦对其原初版相对性原理的总结。这一原理指出，物理定律在任何惯性系中看起来应该是一样的。原理背后的基本思想并不是全新的，而是已经存在了几个世纪。

物理定律和机制是一套关于物体如何运动，在物体受到力的作用时如何加速或减速的法则。在17世纪，英国物理学家和数学家艾萨克·牛顿对物体受机械力作用时如何做出响应提出了一套法则。他的运动定律可以自洽地解释当两个台球碰撞时会发生什么，或子弹从枪膛里发射出去后，或将球扔向空中后，它们会如何运动。

惯性参照系是一种以恒定速度移动的参照系。如果你正坐在某个固定的空间点——譬如坐在你书房或咖啡馆桌旁的舒适的椅子上——阅读这本书时，你就处在这样一种惯性系中。惯性系的另一[5]个典型例子是一列车窗关闭的快速平稳移动着的火车。如果你坐在里面，那么一旦列车开行起来进入匀速运动状态后，你是无法知道列车的运行状态的。原则上，我们不可能感知到两个惯性系之间的差异，即使一个惯性系处于高速运动状态，另一个处于静止状态。如果你在一个惯性系里做实验测得作用在某个物体上的力，那么你在其他惯性系里做这个实验应该得到同样的结果。不论在什么惯性系里，物理定律都是相同的。

19世纪带来了一套全新的、将两种基本力——电和磁——编织在一起的定律。乍一看，电和磁似乎是两种独立的现象。我们从家里的电灯或从天空中的闪电感知电的存在，我们也从家里的冰箱的门的吸力或指北针的指针指向上感知到磁性的存在。苏格兰物理学家詹姆斯·克拉克·麦克斯韦证明了，这两种力可以看作是同一种基本力——电磁力——的不同表现。麦克斯韦还证明了，它们如何被感知取决于观察者的运动状态。一个人坐在一个条形磁铁旁边会感受到磁力，但感受不到电的作用。但一个呼啸而过的人则不仅能感受到磁力，而且也能感受到些许电的作用力。麦克斯韦将这两种力统一为一种等效的力，不论观察者处于什么位置或什么速度状态。

如果你尝试将麦克斯韦的电磁定律和牛顿的运动定律结合起来，麻烦就出现了。如果世界确实遵循这两组定律，那么原则上就有可能造出这样一种由磁铁、电线和滑轮组成的仪器，它在某个惯性系下感知不到任何力，但在另一个惯性系下则受到力的作用，这就违反了惯性系不可能区分彼此的原理。因此牛顿定律和麦克斯韦定律之间出现了相互矛盾的情况。爱因斯坦想解决的正是物理定律的这种“不对称性”。

在酝酿他1905年论文的那些年里，爱因斯坦通过一系列旨在解决这一问题的思想实验提出了他的简明的相对性原理。他为这一原理补上了两个假定。第一个是对原理的简单重述：物理定律在任何惯性系下必须看起来一样。第二个假定更为激进：在任何惯性系中，光速总是具有相同的值，即299792千米每秒。这些假设可以用来修正牛顿的运动定律和力学，这样，当它们再与麦克斯韦电磁定律相结合时，[6]不同的惯性系之间就完全无法区分了。但爱因斯坦的新的相对论原理也导致了一些令人吃惊的结果。

从牛顿定律的角度看，第二项假定需要做些调整。在牛顿的经典宇宙里，速度是加性的。由飞驰的列车前部发出的光跑得应比从固定光源发出的光快。但在爱因斯坦的宇宙中，这一点已不再成立。取而代之的是一个设为299792千米每秒的宇宙极限速度。即使是最强大的火箭也无法突破这一速度屏障。但是如此一来怪事出现了。举例来说，某人乘坐在一列以接近光速运动的火车上，坐在站台上的人看着火车从身边飞驰而过，他将看到火车上的人的衰老变慢了，而且列车本身会看起来比它静止不动时要短。时间抻长了而空间缩短了。这些奇怪的现象表明现象背后存在某些更深刻的道理：在相对论的世界里，时间和空间是相互交织的，可以互换。

借助于相对性原理，爱因斯坦似乎使物理学变得更简明了，尽管伴有奇怪的结果。但在1907年的秋天，当爱因斯坦开始写这篇综述时，他不得不承认，虽然他的理论似乎运作良好，但仍欠完备。牛顿的引力理论无法结合进他的相对论框架里。

在爱因斯坦出现之前，艾萨克·牛顿俨然是物理学界的上帝。牛顿的工作被看作是近代思想的最惊人的成功典范。在17世纪后半叶，他用一个简单的公式统一了作用于非常小的物体和非常大的物体的引力。这个公式既可以解释宇宙也可以解释日常生活。

牛顿的万有引力定律，或称“平方反比定律”，形式上非常简单。它是说两个物体之间的引力正比于每个物体的质量，且反比于它们之间距离的平方。因此，如果你将其中一个物体的质量加倍，那么引力也加倍。如果你将两个物体之间的距离增长一倍，则这两个物体之间[7]的引力减小到原先的四分之一。两个多世纪以来，牛顿定律屡试不爽，能够解释的物理现象难以计数。最雄辩的证明是它不仅可以解释已知行星的轨道，而且可以预言新行星的存在。

从18世纪下半叶开始，有证据表明，天王星的轨道存在一种神秘的摆动。随着天文学家对天王星轨道观测数据的积累，他们已能够空前精确地逐步绘制出它的空间路径。但预言天王星的轨道可不是一件简单的事情。这不仅要用到牛顿的万有引力定律，还要考虑到其他行星对天王星的影响，这里作用一下，那里轻推一下，便使得它的轨道变得有些复杂。天文学家和数学家可以用星表的形式将其轨道数据发表出来，并预言哪年哪月哪日天王星或其他行星应该是在天空的什么位置。但当他们将预言的位置与随后观察到的天王星的实际位置进行对比时发现，二者之间总有那么一点差异，他们无法给予解释。

法国天文学家和数学家乌尔班·勒威耶对计算给出太阳系各个行星的天体运行轨道特别在行。当他将注意力集中到天王星上时，他先是假定牛顿理论肯定是正确的，因为它解释其他行星的轨道时非常完美。因此他推断，如果牛顿理论是正确的，那么唯一可能的解释就是在天王星的附近还存在一颗未知的天体。于是勒威耶大胆地预言了存在一颗新的虚构的行星，并给出了这颗行星的星表。让他高兴的是，在柏林，一位名叫戈特弗里德·加勒的德国天文学家将他的天文望远镜对准了勒威耶星表给出的方位进行观测，结果发现了一颗大的、未被发现的行星。随后加勒给勒威耶写了一封信，告知他这一发现："先生，您预言的这颗行星在您指示的位置上确实存在。"

勒威耶对牛顿理论的运用比其前人走得更远，并因其勇气而得到回报。此后几十年里，海王星被称为"勒威耶行星"，马塞尔·普鲁斯特在他的《追忆似水年华》中用勒威耶的发现作类比来深挖腐败，查[8]尔斯·狄更斯在他的短篇小说《侦探警察》中描述艰苦的侦探工作时也提到过他。这是运用科学推理的基本法则方面的一个成功案例。沉浸在发现所带来的荣耀中的勒威耶随后又将注意力转向了水星。它似乎也有一条奇怪的、意想不到的运行轨道。

按牛顿的万有引力理论，绕日转动的孤立行星走过的是一条简单的扁圆形闭合轨道（亦称椭圆轨道）。一颗行星会一圈又一圈地不断重复着相同的路径，周期性地接近太阳，然后又远离太阳。在其轨道上离太阳最近的那个点——所谓近日点——不随时间变化。有些行星，譬如地球，其轨道几乎是圆形——几乎没有压扁的椭圆，而另一些行星，像水星，则有着较扁的椭圆路径。

勒威耶发现，即使算上所有其他行星对水星轨道的影响，水星的实际轨道也与牛顿引力理论预言的轨道相去甚远——水星的近日点每百年大约偏移40弧秒（弧秒是角度的计量单位，整个天空划分为130万弧秒，或360度）。这一反常现象被称为水星近日点的进动，勒威耶无法根据牛顿理论予以解释。难道这里还藏有别的星体？

勒威耶再次认定牛顿必定是正确的。于是在1859年，他提出存在一个新的星球——火神星，它的大小与水星差不多，但比水星更靠近太阳。这是一个大胆、出格的猜想。正如他所说的那样："一个极其明亮又总靠近太阳的星球怎么可能在日全食期间一次都没被观测到？"

勒威耶的猜想掀起了一场竞相寻找新的行星火神星的比赛。在接下来的十年里，偶尔有报告说观察到非常接近太阳的天体，但没有一个经得起推敲。虽然搜索火神星的活动没有随勒威耶的去世而结束，但水星近日点的进动在天文学上依然无从解释。人们不得不在这个看不见的星球之外去寻找其他因素来说明40弧秒的异常。

当爱因斯坦在1907年正为引力苦苦思索时，他不得不考虑如何

9

将牛顿理论与他的相对性原理协调起来。在他内心深处，他知道，他必须能够解释水星的反常轨道。这是一项艰巨的任务。

牛顿的引力解释与爱因斯坦关于优美、简洁的相对性原理的公设不相容。首先，按牛顿理论，引力作用是瞬时的。如果两个物体突然间彼此靠近，它们之间的引力会立即起效——不需要时间将这种作用从一个物体传递到另一个物体。但根据爱因斯坦的新的相对论原理，没有什么东西——没有任何信号，任何效应——能传递得比光速还快，因此这种瞬时作用怎么可能？可事实就是这样，虽然爱因斯坦的相对论原理协调了力学和电磁学，但它撇下了牛顿的引力定律。牛顿的引力在不同的惯性系中表现各异。

一天，爱因斯坦坐在伯尔尼专利局的椅子上，心思完全沉浸在他的思想实验里。突然，他想到了这样一种情形。他在修正引力理论和推广相对论的漫漫征途上终于迈出了第一步。多年以后他回忆道，这个想法引领他走向他的引力理论："如果一个人自由落下，他就不会感受到自己的体重。"

想象你就是兔子洞里的爱丽丝，没有什么能阻止你自由下落。当你在地心引力的作用下，以恒定的加速度飞速降落时，这个加速度恰好与你受到的地心引力相匹配，因此你的下落会非常轻松——你感受不到任何的拉力或推力——尽管你在空间中的急速冲击无疑令人害怕。现在再想象有一堆东西跟你一块儿坠落：有书、茶杯，还有一只同样恐慌的大白兔。所有这些东西都具有同样的加速度，都能补偿地心引力的作用，因此，在你下落过程中它们都将伴随在你身边。如果在此过程中你想用这些对象来做实验，测量它们相对于你的运动速度，从而确定引力大小，那你注定将失败。你感受不到重量，这些物体看起来全无重力。所有这一切似乎表明，加速运动与引力之间存在亲密关系——在此情形下，一个正好抵消另一个。

10 自由下落这一步也许走得太远。毕竟你身边有太多的东西要考虑：空气的摩擦阻力，你担心的可能首先是你落地时会发生什么事情，一想到这儿你都不敢往下想。那就让我们尝试一种稍微简单一点、稳重一点的事情。试想你在一座高层建筑的一楼进入电梯。电梯开始上升，在最初几秒钟里，因为电梯加速，你会觉得有一点点加重。相反，假如你在大楼的顶层上电梯，电梯开始往下走。在最初时刻，当电梯加速时你觉得变轻了。当然，一旦电梯达到其最高时速，你不会觉得变重或变轻了。但在电梯加速或减速的那些时刻，你对自己的体重即所受重力的感觉是不准确的。换句话说，你对重力的感觉完全取决于你是处于加速还是减速的状态。

在1907年的这一天里，当爱因斯坦想象出自由下落的人的那一刻，他意识到引力与加速度之间必然存在某种深刻的联系，这种联系将是使引力与相对论结合到一起的关键。如果他能修改他的相对性原理，使物理定律不仅在以恒定速度运动的参照系下是不变的，而且在加速或减速的参照系下也是不变的，那么他也许能将引力理论与电磁学和力学三者统一起来。他还不知道该怎样去做，但这个深邃的洞察力是朝着使相对论得以进一步推广的方向迈出的第一步。

在他的德国编辑的催促下，爱因斯坦完成了他的这篇综述文章——《关于相对性原理和由此得出的结论》。他在文中加了一小节来论述如果他推广他的这一原理将会发生什么。他总结出这么几个结果：引力的存在会改变光速并导致时钟进一步变慢。他的广义相对性原理的效应甚至可以解释水星轨道的微小飘移。这些效应，虽被置于文章的最后，最终被用来检验他的想法，但它们需要在未来的几年里得到更详细的研究。对它们的检验需要假以时日。随后几年里，爱因斯坦将这一理论搁置在了一边。

到1907年年底，爱因斯坦的辉煌不为人所知的状态即将结束。慢慢地，他1905年的论文开始产生影响。他开始收到来自杰出物理学[11]家的信件，希望得到他的论文的单行本，希望与他讨论他的这些想法。爱因斯坦对形势的发展感到激动，他对朋友说道："我的论文正得到越来越多的承认，正引起进一步的研究。"他的一个崇拜者打趣道："我得向你坦白，当我得知你必须每天在办公室一坐八小时，我真的很惊讶。但历史就爱作弄人！"这并不是说他的生活有多坎坷，他在伯尔尼的工作让他与米列娃成了家，1904年他们有了一个儿子，名叫汉斯·阿尔伯特。专利局非常规律的工作让爱因斯坦有时间在家里为年幼的儿子制作玩具，而且他正准备好进入学术界。

1908年，爱因斯坦终于成为伯尔尼大学的一名无俸讲师，这个职位让他可以给付费学生讲课。但随后他就发现教学成了令人难以置信的负担，而且讲师的名声很让人不敢恭维。尽管如此，他还是在1909年被引诱来苏黎世大学担任了副教授。爱因斯坦在苏黎世仅仅待了一年。1911年，布拉格的德语大学为他提供了一个教授职位，而且这里没有安排他教学任务。由于没有教学压力，因此他回到了一种很像专利局所提供的有序而独立的环境中。他再一次得以全身心投入到广义相对论的研究中。

第 2 章
最有价值的发现

爱因斯坦曾私下对他的朋友和同事物理学家奥托·斯特恩说：[12]“你知道，一旦你开始计算，那么在你得到结果前，你所做的什么都不是。”这并不是说他不知道自己的数学天分。事实上，他在求学时就擅长数学，完全清楚他能够用数学来表达自己的想法。他的论文体现了物理推理与恰到好处的数学表述之间的完美平衡，这些数学为他的思想奠定了坚实的基础。但他1907年根据广义相对性原理做出的预言则被认为在数学上不够充分——苏黎世大学的教授们认为他的文章的呈现方式“数学上显得笨拙”。爱因斯坦不屑于追求数学上的精致，他反唇相讥地称这是“多余的花哨”，“既然数学家扑向相对论，那我就不再自己去理解它了”。但到了1911年，当他看着自己在综述中所写的想法时，他意识到，数学可以帮助他进一步推动这些思想。

爱因斯坦再一次审视他的相对性原理和关于光的思想。想象你乘坐一艘远离任何行星和恒星的飞船。假设现在有一束光线由遥远的星球发出从你右边的一个小窗口直接穿入。光线穿过整个船舱，又从你左边的窗口穿出。如果你的飞船静止不动，并且光线是垂直照射在窗[13]口上的，那么它会直接从你左边的窗口穿出。但是，如果飞船正以非常快但恒定的速度飞行，这时光线进入，那么到光线在飞船里穿行到另一边时，飞船已向前走过了一段距离，因此光线将从飞船另一边靠后一点的窗口穿出。在你看来，光线是以一个角度斜着穿入窗口，然后直线穿过船舱从另一边窗口穿出的。但如果此时飞船正在加速，那么事情看起来会相当不同：光线将以曲线方式穿过船舱，从更靠后的窗口穿出。

正是在这里爱因斯坦关于引力本质的洞察力开始发挥作用。坐在加速飞行的飞船里应该感到与坐在静止不动的飞船里没什么不同，只是感受到引力的作用。正如爱因斯坦意识到的那样，在最简单的水平上，加速与引力难以区分。坐在停在某个行星表面的飞船上的人所看到的东西与坐在正加速的飞船上的人所看到的应完全一样：光线因为引力而弯曲。换句话说，爱因斯坦意识到引力能像透镜那样使光线偏转。

引力必须非常强才有可能检测到实际存在的这种偏转——行星可能还不足以产生这么强大的引力。爱因斯坦提议用更庞大的天体来做这种简单的观察检验：测量路过太阳边缘的遥远恒星所发出的光的偏转。当太阳转到待观察的恒星的前面时，遥远恒星的角位置将有一个微小的改变，大约为四千分之一度，这个值尽管很小，但在当时已是用望远镜可以检测的量。这个实验必须在日全食过程中完成，这样太阳发出的强光才不会盖掉来自深空的恒星的光线。

虽然爱因斯坦找到了一种方法来实际检验其新想法的正确性，但他在实际完成他的新理论方面仍没能取得任何进展。他还是即兴发挥着他在专利局时闪现的那种洞察力——自由下落的人。虽然他没有教学任务，所有时间都用来琢磨他的思想实验，他对新理论的思考也更深刻了，但他却高兴不起来。他的家庭更大了，又有了一个儿子爱德华。这个孩子在他抵达布拉格之前刚出生，妻子因为远离已经习惯了的伯尔尼和苏黎世，感到非常悲惨和孤独。所以在1912年，爱因斯坦抓住机会，以苏黎世联邦理工大学全职教授的身份又回到苏黎世。[14]

在他逗留布拉格期间，爱因斯坦已开始意识到他需要一种不同的语言来探索他的想法。虽然他不愿采用深奥的数学，觉得那样会掩盖他正试图整合的优美的物理思想，但回到苏黎世几周后，他便去找了老朋友数学家马塞尔·格罗斯曼。爱因斯坦恳求道："你得帮帮我，否则我要疯了。"格罗斯曼对物理学家解决问题的草率方式一贯持怀疑态度，但他在帮助他的这位朋友时还是相当卖力的。

爱因斯坦一直想搞清楚，当物体被引力加速或减速时它们是怎么运动的。其轨迹是一条空间曲线，而不是像人们在惯性系里看到的简单的几何直线。这种运动轨迹和性质较为复杂，要求爱因斯坦超越简单的几何。格罗斯曼给爱因斯坦推荐了一本有关非欧几何，或称黎曼几何的教科书。

差不多在爱因斯坦开始琢磨他的相对性原理之前一百年，即19世纪20年代，德国数学家卡尔·弗里德里希·高斯在挣脱欧几里得几何方面迈出了大胆的一步。欧几里得为平直空间里的直线和形状订立了规则。我们今天在学校课堂里仍在教授欧氏几何。它告诉我们，平行线永不相交；如果两条直线相交，则它们只能相交一次。我们还学到三角形的三个角的角度之和为180度，而正方形是由四个直角构成的。我们还学习并运用一大堆规则。我们在纸张和黑板上运用这些规则作图，它们用起来挺管用。

但是，如果我们被要求在弯曲的纸张上工作会怎样呢？如果我们在篮球光滑的表面上画图又将会怎样呢？这时简单的欧氏几何定理不再适用。例如，如果我们由赤道开始画两条均与赤道成直角的直线，[15] 它们应该是平行的。开始时确实是这样，但画着画着它们最终就会在两极附近彼此相交。因此在一个球面上，平行线是相交的。我们还可以更进一步，让这些平行线在赤道处开始时相距足够远，这样它们在极点处相交时互成直角。在这样做时，我们已经建立了一个三角形，它们的角加起来是270度而不是180度。同样，我们通常的三角形法则在此并不适用。

事实上，每一个独特的轮廓表面——球面、环面、一张皱巴巴的纸——都有它自己的几何和它自己的法则。高斯解决了你能设想出的任意一般曲面的几何法则。他的观点非常民主：所有曲面都应视为平等，应该有一个如何处理它们的通用的规则集。高斯几何非常强大也非常难啃。它的进一步发展要归功于另一位德国数学家伯恩哈德·黎曼在19世纪50年代的工作。黎曼将其发展成一个非常复杂难懂的数学分支。它困难到甚至连格罗斯曼在给爱因斯坦引荐这种数学工具时也认为黎曼可能走得太远，他的工作对物理学家可能没什么用处。黎曼几何学看上去很凌乱，各种函数神出鬼没，一起构成了令人发指的非线性结构，但它很强大。如果爱因斯坦能早点掌握它，他可能早就驾驭了他的理论。

新几何学极度困难，但对于推广他的相对论过程中正面临绝境的爱因斯坦来说别无选择，他必须努力掌握它。这是一个巨大的挑战，就像从头开始学习梵文，然后用它来写一本小说一样。

到1913年年初，爱因斯坦已经接受了新几何学，并和格罗斯曼用德文发表了两篇描述他的理论纲要的文章。他告诉一位同事："引力的事情已经澄清，我完全满意。"这一理论不仅在表述形式上采用了新的数学（爱因斯坦与格罗斯曼在文章里专门写了一段来向潜在的不懂这种新数学的物理学家说明新几何学），而且将爱因斯坦早先提出的预言一并整合进来。爱因斯坦已成功地使所有的物理学定律变得在任何参照系下看起来都一样，而不仅仅只是在没有加速度的惯性系下。他可以写出电磁定律和牛顿运动定律，就像他在他的第一版受限制的相对论框架下所做的一样。事实上，他可以在新的理论框架下成功写出几乎所有的物理定律，但引力定律除外。爱因斯坦和格罗斯曼给出[16]的新的引力定律仍是一朵奇葩，拒绝服从相对论的一般原理。尽管新数学支持他的物理直觉，但引力就是不配合。尽管如此，爱因斯坦确信他已在正确的方向上迈出的重要一步，只需要在一些枝节问题上做些修补就可以完成他的理论建构。但他错了，爱因斯坦时空理论的最后旅程可谓一波三折。

1914年爱因斯坦终于安定下来。他应邀到柏林出任新创建的威廉皇家物理研究所所长，在那里他不但有高薪可拿，并被提名为科学上享有崇高地位的普鲁士科学院院士。这里是欧洲学术界的塔尖，在这里他将与马克斯·普朗克和瓦尔特·能斯特这样的学术精英为伍，而且无需教学。工作可谓完美，但这时节他的个人生活却遭受打击。爱因斯坦的家人已经受够了跟着他满欧洲游荡的生活，这一次他们没有跟他一起奔赴他的新岗位。妻子米列娃带着儿子仍留在苏黎世。他们就这样分居了五年，最终在1919年离婚。爱因斯坦将开始新的生活，他与表姐爱尔莎·洛文塔尔于1919年结婚。这段婚姻一直维持到爱尔莎于1936年去世。

爱因斯坦在第一次世界大战开始时刻来到柏林，用他自己的话说，就是发现自己来到了德国民族主义的“疯人院”。战争几乎影响到每一个人。他周围的所有同事都忙着奔赴开发战场所需的新武器（例如可怕的芥子气）前沿。1914年9月，民族主义者发表了《告文明世界书》，公开支持德国政府。这份由93位德国科学家、作家、艺术家和文化界人士签名的宣言（后称《93人宣言》——译者注）意在反击在世界各地传播的关于德国的谣传，或者说是他们所认为的谣传。这份宣言称，德国人不应对刚刚爆发的战争负责。它轻描淡写地掩饰了德[17]国入侵比利时并破坏鲁汶城的事实，断然将其陈述为“我们的士兵甚至没动（哪怕）一个比利时公民的生命或财产”。这是挑衅和分裂，其中很大一部分内容是不正确的。

爱因斯坦对周围所发生的一切感到震惊。作为一位和平主义者和国际主义者，他用《告欧洲人书》来反对《93人宣言》。在这篇《告欧洲人书》里，爱因斯坦和少数同事自觉与《93人宣言》保持距离，严厉斥责这些同事并恳请“所有国家受过教育的人”站出来反对他们周围的毁灭性战争。但《告欧洲人书》的影响总的来讲微乎其微。在外面的世界看来，爱因斯坦是支持《93人宣言》的德国科学家中的一个，因此是敌人。至少在英国人看来是这样。

英国人亚瑟·爱丁顿以善骑自行车长途旅行著称。他曾设计了一个号码“E”来标记他骑自行车的耐力。简单来说，E是他一天骑车超过E英里的最大天数。我怀疑我的E数是否会大于5或6，因为在我这一生里，一天骑自行车6英里（1英里=1.609千米，下同）的次数不会超过6次。我知道这是个可怜的数字。当爱丁顿去世时，他的E数是87，这意味着他有87次每天骑车超过87英里的个人记录。他独特的耐力和毅力使他受益匪浅，让他在生活的方方面面都取得了惊人的成果。

与爱因斯坦费力开始其科学生涯不同，爱丁顿一出道就跨入了英国学术界的中心。在推销自己的想法时，爱丁顿会显得有些傲慢、轻蔑和令人难堪的固执，但他更是一位性格顽强的科学家，很少因为天文观测上极度困难或因新数学过分深奥就踟蹰不前。他出生在一个虔诚的基督教贵格会家庭，从小在学校里就是优等生。16岁时，他来到曼彻斯特学习数学和物理学，后入剑桥，在那里他一直是年级的头牌学生，被称为“高级牧马人”。在取得剑桥硕士学位后，他很快就成为皇家天文台的助理天文学家和剑桥大学三一学院的研究员。

18

剑桥是个精英荟萃之地。爱丁顿周围满是成就辉煌的学者。这里有发现电子的J.J.汤姆孙，有共同写就《数学原理》——一部逻辑学家的真正圣经——的A.N.怀特海和伯特兰·罗素。随着时间的推移，他身边又出现了欧内斯特·卢瑟福、拉尔夫·福勒（Ralph Fowler）、保罗·狄拉克和20世纪物理学领域里好些名副其实的重量级人物。爱丁顿生逢其时，在伦敦格林尼治天文台度过了几年后回到剑桥。年仅31岁就被任命为剑桥大学著名的天文学暨实验哲学普鲁米安（Plumian）讲席教授。第二年他又被任命为位于近郊的剑桥天文台台长。他与他的姐姐和母亲在那里定居下来[1]，并成为英国天文学的领航员。爱丁顿在那里度过了他的余生，他借助于正式晚宴和沉着的辩论来参与大学生活，他定期前往英国皇家天文学会，向学界同仁报告自己的研究结果，他还经常去一些世界上遥远的地方进行星空观测。

正是在这样的旅途当中，爱丁顿第一次了解到爱因斯坦的引力新思路。爱因斯坦提出的光线弯曲已引起少数天文学家的注意，他们决定亲自测量一下来验证是不是这么回事儿。他们满世界地跑，去美国、苏联、巴西，试图捕捉到十分恰当的日食时刻，此时太阳的合适位置恰好能使他们观测到来自遥远恒星的光线的轻微偏折。在巴西观察日食时，爱丁顿遇见了美国天文学家查尔斯·珀赖恩，并对他正在做的这项工作感到好奇。因此回到剑桥后，爱丁顿决定探究一下爱因斯坦的新概念。

当第一次世界大战爆发时，爱丁顿孤独地站出来反对这种狂热的民族主义浪潮。但这种呼声不仅被他的国家，也被他的同事的斥责声淹没了。整个局势让他绝望。作为英国天文学界的喉舌，《天文台》杂志发表了一系列令人愤怒的文章。在少数资深天文学家的竭力支持下，英国出现了不与德国科学家合作的局面。牛津大学的塞维利亚籍天文学教授赫伯特·特纳说得干脆："我们要么重新接纳德国为国际社会的一员，这势必降低我们的国际法标准到它的水平上；要么将它排除在外以提高我们的国际法水准。除此之外没有第三条路。"正是这种对德国的一切都充满敌意的氛围，使得具有德国背景的英国皇家天文

19

1.爱丁顿两岁丧父，是母亲一手将他们姐弟俩培养成人。——译者注

学会主席被要求辞职。英国科学家与他们的德国同事之间的联系在战争期间被冻结。

爱丁顿的看法和表现则不同。作为贵格会的教徒，他激烈地反对战争。在一片敌视德国知识分子的聒噪声中，他发现只有自己持异议。“我们不讲一个符号化的德国人，就讲你以前的老朋友，例如某某某教授，”他向他的同事呼吁道，“你骂他匈奴、海盗、婴儿杀手，并总想着引起某种不愉快。这种做法注定会可笑地失败。”爱丁顿不仅为德国人说话，他还拒绝加入部队去打仗。当他目睹他的一些朋友和同事被送到前线在战场上被杀害后，爱丁顿发起了反对战争的行动。要不是他享有“国家级重要性”的豁免权——在国家看来，他作为一个天文学家比作为一名步兵更重要——他几乎失去了所有朋友。

独自一人在柏林，身处战争的混乱之中，爱因斯坦不懈地完善着他的终极理论。它看起来正确，但需要更多的数学来确立其正确性。为此他动身去格丁根大学，这里是现代数学的麦加。爱因斯坦要拜访的是数学家大卫·希尔伯特。希尔伯特可是个大人物，统治着数学家世界。他改变了这个领域，他试图为整个数学大厦奠定不可动摇的形式化基础。这样数学就不再有可松动的余地。一切都必须从一套行之有效的形式化规则的基本原理推导出来。数学真理只有被这些规则证明后才是真正的真理。这套东西就是著名的“希尔伯特纲领”。

希尔伯特身边聚集了一批世界上最重要的数学家。他有一位同事叫赫尔曼·闵可夫斯基，他曾向爱因斯坦表明，狭义相对论可以用数学语言——爱因斯坦在几年前曾贬之为“多余的花哨”——写得更为优美。希尔伯特的学生和助手——如赫尔曼·外尔、约翰·冯·诺伊曼和恩斯特·策梅洛——日后都成为20世纪数学界的领军人物。因为在格丁根有这么一个强大的研究团队，希尔伯特曾有过一个宏伟计划：就像对数学所做的那样，建构一个建立在第一原理基础上的关于自然世界的完整理论。他将爱因斯坦的工作看作是他的这项工程的一个组成部分。

在1915年6月短暂访问格丁根期间，爱因斯坦发表了演讲，希尔伯特做了笔记。他们对演讲内容的细节进行了讨论和反复争辩。爱因斯坦强在物理，而希尔伯特强在数学。但他们没有取得任何进展。爱因斯坦对数学仍有所警惕，他对黎曼几何的理解还不十分牢固，他发现自己要完全理解希尔伯特讨论的具体技术要点还有困难。

在这次看似徒劳的访问结束后不久，爱因斯坦开始怀疑他的新相对论。在他和格罗斯曼于1913年完成他们的论文时他已知道，这不是真正的一般性理论。他很清楚，引力定律仍无法整合进来。他的一些预言可能无疾而终。例如他对水星轨道飘移的预言，这项预言与差不多50年前勒威耶发现海王星的预言何等相似，但它不一定完全正确。它仍然相差2倍。爱因斯坦不得不再审视他的方程了。

仅仅过了三个星期，爱因斯坦便决定放弃他与格罗斯曼提出的新的引力定律，它不服从广义相对性原理。他要的是在任何参照系下都正确的引力定律，就像他已经做到的其他物理学定律一样。他想再度采用他从格罗斯曼那里学来的新的黎曼几何。每隔几天，他就会调整之前所做的工作，写下一条法则，放宽某些假设同时强加另一些假设。

随着工作进展，他慢慢卸下了一些曾支撑他的物理学偏见，越来越深入地借重他所学到的数学。他意识到，尽管他的物理直觉在他整个职业生涯中始终让他受益多多，但他必须小心，不要让它遮蔽了数学给出的更广阔的图景。

最后，到了11月底，他意识到他做到了。他终于发现了满足广义相对性原理的一般性引力定律。在太阳系尺度上，它理所当然地由牛顿万有引力定律来准确地近似。此外，新理论预言了勒威耶给出的水星轨道的近日点进动。它预言道，当光线掠过大质量天体时，光线会弯曲得更厉害——事实上两倍于他原先在布拉格第一次预言时给出的值。

21

爱因斯坦完成的广义相对论为理解物理学提供了一种全新的方式，它取代了曾经在几个世纪里占统治地位的牛顿观点。他的理论提供了一组方程，后来被称为“爱因斯坦场方程”。尽管方程背后的思想（涉及引力的高斯–黎曼几何）听上去非常漂亮——或用物理学家喜欢的称呼——“优雅”，但具体的公式看起来却是一大摊。实际上，这是一组由10个关于时间和空间的几何函数构成的10个方程，所有项都以非线性方式纠缠在一起，使得在一般情况下根本不可能一次解出一个函数。它们必须一起解，面临的是一幅真正可怕的前景。然而，它们充满希望，它们的解可用于预测自然世界里会发生的各种情形——从子弹出膛或苹果从树上掉下到太阳系行星的运动，无所不包。宇宙的秘密，似乎通过求解爱因斯坦场方程就可以发现。

1915年11月25日，爱因斯坦以短短三页纸的形式向普鲁士科学院提交了他的新方程。他的新引力定律与前人提出的各种形式都完全不同。本质上说，爱因斯坦认为，我们所认为的引力无非是在时空几何中运动的物体。大质量物体影响到几何，能使空间和时间弯曲。爱因斯坦终于实现了真正的广义相对论。

但爱因斯坦并不孤独。希尔伯特一直在琢磨爱因斯坦在格丁根讲演的内容。出乎爱因斯坦的意料，希尔伯特提出了自己的新的引力方程。而且希尔伯特独立地给出了完全相同的引力定律。11月20日，也就是爱因斯坦在柏林向普鲁士科学院提交论文的前五天，希尔伯特向格丁根皇家科学院提交了他自己的成果。仿佛是希尔伯特有意要抢在爱因斯坦之前。

22　在结果公布后的几周里，希尔伯特与爱因斯坦的关系一度紧张。希尔伯特写信给爱因斯坦，声称他不记得爱因斯坦在演讲中曾提到他试图构建引力方程。及至圣诞节，令爱因斯坦感到满意的是，学界没出现什么恶意的炒作。正如爱因斯坦在给希尔伯特的一封信中开篇所写的那样，“我们之间曾有过某种敌意”，但他已经对所发生的事取得谅解，以至于“我再一次十分友好地想到您……”他们确实一直保持着朋友和同事情谊，希尔伯特再没有声称过对爱因斯坦的这一巨大贡献享有优先权。事实上，直到他去世，希尔伯特每当提到这个方程，总是说在“爱因斯坦方程”问题上他和爱因斯坦碰巧撞了车。

爱因斯坦完成了他的艰苦跋涉。他逐渐信服于数学的力量，是它使自己得到了最终的方程式。从那时起，他开始让自己不仅接受他的思想实验的导引，而且也遵从数学的导引。他的终极理论的纯数学之美让他赞叹不已。他称这个方程是“我一生中最有价值的发现”。

爱丁顿不断收到由他的朋友、荷兰天文学家威廉·德西特先是从布拉格，后是苏黎世，最后是柏林寄来的论文选印本。他对这种用困难的语言来处理引力的全新方式感到很好奇，也很过瘾。尽管他是一位天文学家，他的工作就是测量和观察天体并尝试对其进行解释，但他非常愿意学习黎曼几何这种爱因斯坦用来写就他的理论的新数学。它之所以非常值得探讨，更在于爱因斯坦做出了相当清楚的预言，这些预言可以用来检验他的理论。事实上，人们早已预料到1919年5月29日将发生日食，这是检验爱因斯坦预言的一个十分理想的机会，而爱丁顿显而易见是率领这样一支考察队的理想人选。

这里只有一个问题，而且在当时是个大问题。欧洲正处于战争中，爱丁顿是个和平主义者，而爱因斯坦那是串通敌人。也许是爱丁顿的同事们要他相信这一点。随着战争在1918年达到高潮，德国军队完全吞并英国和法国的风险在增加，这导致了新一轮的征兵。爱丁顿被要求应征入伍，但他脑海里想的却是别的事情。

23

虽然爱丁顿成了爱因斯坦的新引力论的热心倡导者，但他却不得不面对他的同事的反感。他的一个同事在试图阐明德国科学没有价值时宣称：“我们一直试图认为，德国人今天做出的夸大和虚假的断言是出于最近飙升的一些纯属临时性的毛病。但像这样的实例让人怀疑，这一令人悲哀的事实是否真的没有更深的思想基础。”尽管在带领日食远征队出征的问题上，爱丁顿有皇家天文学家弗兰克·戴森的支持，但他首先得设法避免因拒绝当兵而被送进监狱。英国政府在剑桥开设了一个法庭来置辩爱丁顿的立场。随着听证会的进行，仲裁庭认为他的敌意在升高。爱丁顿被拒绝豁免。这时弗兰克·戴森步入法庭。他对仲裁庭说道，爱丁顿是日食远征队的关键人物，而且“在目前条件下，日食的观察只有极少数人参与。爱丁顿教授是进行这些观测的独一无二的适当人选，我希望法庭能赋予他权限担此重任”。日食观测说动了法庭，爱丁顿再次因“国家级重要性”被给予豁免。爱因斯坦从前方救了他。

爱因斯坦的理论有这样一项预言：从遥远恒星发出的光在途经如太阳这样的大质量天体时会弯曲。爱丁顿要进行的观测实验提出，在一年中的两个不同时间观测这样一个遥远的星团——毕星团——就可以予以检验。他首先在一个晴朗的夜晚准确测量了毕星团中恒星的位置，视线不受任何遮挡，光线也没有受到任何方式的弯曲。然后，他将在光路上有太阳在前面遮挡的条件下再次测量它们的位置。而这种观测只能在日全食期间来完成，这时太阳的几乎所有亮光都被月球遮住。1919年5月29日，毕星团就躺在太阳的正后面，观测条件堪称 24 完美。比较两次观测的结果即可知光线是否存在偏折。如果这种偏折为四千分之一度，即1.7弧秒，那么这就验证了爱因斯坦的断言。这次观测的目标就这么简单明了。

但实际操作起来并没有那么简单。地球上能够目睹这次日全食的地方少之又少，地点不仅遥远而且相距甚远。毁灭性的战争刚刚结束，天文学家们需要长途跋涉到很远的地方去架设自己的装备。爱丁顿和来自格林尼治天文台的爱德华·科廷厄姆将在普林西比岛上设立观测站。由两位天文学家安德鲁·克罗姆林和查尔斯·戴维森组成的后备组则被派到赤道附近的一个贫穷、尘土飞扬的观测点——巴西内陆省份诺德什蒂叫索布拉尔（Sobral）的村庄。

普林西比是几内亚湾的一个小岛，属于葡萄牙殖民地，这里以出产可可著称。小岛上郁郁葱葱，满眼绿色，炎热，潮湿，还夹杂着定期而至的热带风暴，岛上有几个大的种植园，分属在那里的几个葡萄牙庄园主，他们雇用当地居民来耕种土地。几十年来，小岛一直向吉百利公司供应可可豆。20世纪初，可可种植园被指控使用奴隶劳动，从而失去了供货合同，普林西比的经济被摧毁。当爱丁顿率领的探险队抵达时，该岛正陷于被遗忘的边缘。

爱丁顿在罗卡桑迪的一个偏僻角落架设了观测设备，日常供给由这里的庄园主照管。每日里白天在岛上唯一的球场上打打网球，晚上等待着日食的来临。他祈求千万别让反复出现的暴雨和灰暗的天空破坏了他的使命。科廷厄姆则不断调整望远镜，希望湿热的气流不会造成图像失真。

在出现日食的那个早晨，天下起了大雨，整个天空完全不透明，直到离日食出现不到一个小时之前，天空开始放晴。当月球开始遮蔽部分太阳时，爱丁顿和科廷厄姆抓拍下第一张日食照片。到下午2:15，天空晴朗，爱丁顿和科廷厄姆可以进行观测记录了。他们拍下了16张毕星团躲在太阳背后的照片。到整个日食结束，天空变得万里无云。爱丁顿电告弗兰克·戴森："穿过云层，有希望。"

在普林西比观测实验开始时的多云天气总可以化险为夷。在巴西诺德什蒂的索布拉尔，天气非常晴朗炎热，日食随后开始。克罗姆林和戴维森被欢腾的当地人包围着，一起见证了这一历史性事件，他们共拍了19张照片，用以补充爱丁顿和科廷厄姆所拍的16张。他们也眉飞色舞地打电报回来："日食壮观。"当时他们没有意识到，巴西的观测条件虽然良好，但炎热的天气已经破坏了他们的主要实验。酷热已使机器扭曲，以至于照相底片测得的数据形同虚设。好在它有一台备份用的较小的望远镜，使得索布拉尔远征队的数据对实验还有用。

天文学家无法很快返回家园，因此只有等到七月下旬照相底片的数据才能开始分析。爱丁顿记录的16张照片中只有两张有足够的亮星能被用来测量光的偏折。他们得到的值是1.61弧秒加减误差0.3弧秒，与爱因斯坦预言的1.7弧秒一致。当分析索布拉尔的数据时，结果令人担忧。测得的数值为0.93弧秒，与相对论预言值相差较大，倒是非常接近牛顿的预测值。但这些数据均来自同一台受热变形的仪器的照相底片。而对索布拉尔备份观察用的较小的望远镜数据进行分析后，光线偏折为1.98弧秒，误差很小，仅0.12弧秒。爱因斯坦的预言再次得到验证。

1919年11月6日，探险队向英国皇家学会和皇家天文学会联席会议展示了他们的结果。在弗兰克·戴森主持的一系列讨论中，日食远征队的不同的测量结果展现在杰出同行的面前。索布拉尔远征队所面临的问题再次得到了讨论，发言者宣称，日食测量雄辩地证实了爱因斯坦的预言。

英国皇家学会主席J.J.汤姆孙称这次观测是"自牛顿时代以来在

引力理论方面取得的最重要的成果”。他补充道:“如果说这证明爱因斯坦的推理是站得住的——它已经经受住了关于水星近日点和这次的日食观测这两项极为严酷检验的考验——那么这一结果就是人类思想的最高成就之一。”

在伯灵顿宫会议后的第二天，汤姆孙的话登上了伦敦《泰晤士报》。这篇文章与标题为“死的光荣”的庆祝停战纪念日的文章并列，标题为“科学革命。宇宙新论。牛顿理论被推翻”。文章描述了日食远征队的观测结果。关于爱因斯坦新理论和爱丁顿远征的各种新闻和观点不胫而走，很快传播到整个英语世界。到11月10日，消息已传到了美国，《纽约时报》发文的标题很是抓人眼球:“天堂里所有的光都是歪斜的”，“爱因斯坦理论的胜利”，还有更令人费解的——“星星并不在它们被看到的或计算给出的位置上，但你不必担心”。

爱丁顿的豪赌得到了回报。通过检验和实际理解爱因斯坦新的广义相对性理论，他已经确立了自己作为新物理学先知的地位。从那时起，爱丁顿俨然成为每个人在讨论新的相对论时都会提到的为数不多的权威之一。他的意见受到追捧，成为凌驾于其他人之上的关于爱因斯坦理论该如何解释或发展的指南。

当然，爱丁顿的壮举更使爱因斯坦成了超级巨星。他的研究结果改变了他的生活，使得他的广义相对论，至少在一段时间里，赢得了一个科学家从未有过的人气和名望。他废黜了牛顿，后者曾统治了几百年。尽管他的理论让人看不懂，所用的数学语言很少有人能理解，但它经受住了爱丁顿的考验并大获全胜。更重要的是，爱因斯坦已经不再是敌人。战争结束了，但对德国科学家的那种挥之不去的敌意仍然存在，而爱因斯坦是个例外。现在已经人尽皆知，他没有签署《93人宣言》，事实上，他甚至不是德国人，而是瑞士的犹太人。当爱丁顿的历史性结果在英国皇家天文学学会上公布后，爱因斯坦曾在《泰晤士报》上发了一篇文章。文中写道：“在德国，我被称作德国的科学家；而在英国，我代表瑞士的犹太人。倘若命中注定我就该扮演一个惹人嫌的角色，那么一切又将颠倒过来：对德国人来说，我是瑞士的犹太人；而对英国人来说，我是德国科学家。”[27]

爱因斯坦已经从一个被人傲慢无礼地对待，仅受到他所在领域的少数专家钦佩的不知名的专利局职员，变成一个文化偶像。他应邀去美国、日本和欧洲各地讲学。他的广义相对论，这个在他的伯尔尼办公室通过一个简单的思想实验第一次见光的理论，现在已然成为一种全新的、完全不同的物理学研究方式。数学已经在相对论物理领域打下了坚实的立足点，它带来了一系列复杂而美丽的方程，随时可用来解释世界。对其他人来说，现在是到了该搞清楚它们的意思的时候了。

第 3 章
正确的数学，可憎的物理

爱因斯坦场方程是一堆复杂的、相互牵扯的未知函数，但原则上[28]任何人，只要有能力和决心，都可以对它们进行求解。在爱因斯坦发现之后的几十年里，一个名叫亚历山大·弗里德曼的博采众长的苏联数学家和气象学家，和一个名叫乔治·勒迈特的杰出且坚定的比利时神父，拾起了广义相对论方程并构造了一种激进的新宇宙观，一种爱因斯坦本人曾在很长时间里拒绝接受的观点。通过他们的工作，这一理论获得了它自己的生命，超越了爱因斯坦的控制。

当爱因斯坦在1915年首次提出了他的场方程时，他本想自己来解这组方程。如果能找到方程的一个解，就可以精确模拟整个宇宙。开始时进展似乎还挺顺利。1917年，他着手求解方程，为此他做了一些简单的假设。在爱因斯坦的理论里，物质和能量的分布将决定时空是怎样的。为了从整体上模拟宇宙，他需要考虑宇宙中的所有物质和能量。而最简单也最合乎逻辑的假设，也是爱因斯坦最先尝试采用的假设，是物质和能量均匀地分布在整个空间。其实这样做，爱因斯坦只是延续了16世纪改造天文学时所用的思路。当时，哥白尼做出了一项[29]大胆的提议：地球不是宇宙的中心，而且事实上是在围绕太阳的轨道上运行。几个世纪来，这种“哥白尼式”的革命非常成功，使得我们在宇宙中的位置变得越来越不重要。到19世纪中叶，事情已经变得很清楚，甚至太阳都变得不甚重要了，它不过是躺在银河系——我们所在的这个星系——旋臂的某个不起眼的位置上。当爱因斯坦着手求解他的方程时，他只是延续了这样一种思想：宇宙的任何地方看起来应该或多或少都一样。这一逻辑的后果是：宇宙中不应该存在优先位置，不存在任何意义上的中心。

宇宙中充满了均匀分布的物质这一假设使得场方程变得简单很多，但它也导致了一个很奇怪的结果：爱因斯坦方程预言，这样的宇宙将开始演化。从某个时刻开始，完全均匀分布的能量和物质将以有组织的方式开始彼此间相对移动。在大尺度上，没有什么东西会停留在原地。最终甚至一切东西可能都将自行塌陷，时空也跟着一起塌陷，造成整个宇宙坍缩到不复存在。

在1916年，天文学家关于宇宙的一般性认识往好里说也是狭隘的。虽然他们对银河系有很好的了解，但对银河系之外的情形几乎没有什么概念。没有人对宇宙整体上在怎么运动有明确的认识。所有观测似乎表明，恒星只是一点点地移动，而不是剧烈地运动，更绝对不存在一种大尺度上协调一致的、有组织的运动。对爱因斯坦来说，正像对大多数人来说一样，天空仿佛是静止的，没有证据表明宇宙在坍缩或膨胀。正是在这种物理直觉和成见的指引下，爱因斯坦对他的理论提出了修正，以根除宇宙不停的演化。他给他的场方程附加了一个新的常数项。这个宇宙学常数通过对宇宙中所有效应的精确补偿使得宇宙达到稳态。所有普通的东西，均匀散布在宇宙中的能量和物质，都试图将时空往里拉，但宇宙学常数则将时空往外推，从而防止了宇宙崩溃。这种推拉使宇宙保持在一种微妙的平衡状态：固定并一成不变，[30] 爱因斯坦认为它就该如此。

回避宇宙存在演化的结论使得爱因斯坦理论变得极其复杂。正如他自己后来承认的那样："这样一个常数的引入意味着在相当大程度上放弃了理论的逻辑简单性。"他告诉朋友，通过增添常数项，他"对引力理论作了某种处理，这个威胁让我快要被关进疯人院了"。但它确实奏效。

在做出相对论发现的那段巅峰工作期间，爱因斯坦会经常写信给莱顿大学的荷兰天文学家威廉·德西特，与他讨论自己的工作。第一次世界大战期间，德西特生活在中立国荷兰，一直帮助向英格兰传递有关爱因斯坦理论的进展信息，爱丁顿正是由此了解到爱因斯坦的具体工作。德西特是安静的人，他在推动1919日食远征这件事情上发挥了举足轻重的作用。

通过数学上的补课，德西特已经熟知如何来解爱因斯坦的场方程。因此在接到爱因斯坦有关描述静态宇宙（脱胎于附加了宇宙学常数的场方程）的论文初稿那一刻，德西特就意识到爱因斯坦的解不是唯一可能的解。事实上，他指出，有可能构建一个只包含宇宙学常数而其他什么都没有的宇宙。他提出了一种真实的宇宙模型，这种宇宙里包含恒星、星系和其他物质，但它们的质量都小到不足以对时空产生任何影响，也无法平衡宇宙学常数。因此，德西特宇宙的几何将完全由爱因斯坦的修正项——宇宙学常数——确定。

爱因斯坦的宇宙和德西特的宇宙都是静态的、非演化的，一如爱因斯坦的偏见让他相信的那样。但德西特宇宙有个奇怪的属性，德西特自己在他的论文中曾指出过这一点。德西特宇宙的时空是静态的，这一点与他之前的爱因斯坦宇宙没什么不同。但宇宙的几何，例如空间每一个点的弯曲性质，将不随时间变化。如果你现在散布几个恒星和星系在德西特宇宙中——这是一种合理的推想，因为我们自己的宇宙似乎就充满了这样的事情——那么它们都将开始以协调一致的方式朝外运动，渐渐远离宇宙的中心。也就是说，即使德西特宇宙的几何是完全静态的，在时间上保持不变，他的宇宙中的物质也不会停在原地。

在接到爱因斯坦描述他的静态宇宙的论文的几周后，德西特就给出了他自己的解，并将它呈送爱因斯坦审阅。虽然爱因斯坦认识到德西特的模型在数学上是说得通的，但他并没有留下深刻印象，他很不喜欢一个完全没有我们在夜空中所看到的行星和恒星的宇宙。对于爱因斯坦来说，所有这些东西都是必不可少的，是它们让我们有了我们被移动或转动的感觉。只有相对于苍穹的恒星，我们才可以说我们是否在加速、减速或旋转。它们为我们提供了运用所有物理学定律的参考。如果没有这些东西，爱因斯坦的直觉就没处生根。他在给保罗·埃伦费斯特的回信中表达了他对于缺乏物质的世界的反感。“承认这种可能性，”他写道，“似乎毫无道理。”但不管爱因斯坦怎么抱怨，在广义相对论诞生的短短几年内，它已经催生了两种本质上非常不同的静态宇宙模型。

在爱因斯坦潜心研究他的广义相对论的同时，亚历山大·弗里德曼正在轰炸奥地利。作为俄国军队的飞行员，弗里德曼于1914年志愿从军，成为空中侦察部队的一员，起先在北部前线服役，后来调到利沃夫。不久，俄国人似乎战胜了敌人。在对奥地利南部的定期夜间飞行中，他和他的战友的任务是对已被俄军封锁的城镇进行轰炸，迫使其就范。俄国军队就这样一个镇一个镇地拿下。

弗里德曼与其他飞行员不同。他的同事在投掷炸弹前是用肉眼对轰炸目标做粗略的猜测，而弗里德曼更细致。他想出了一个公式，将他的飞行速度、炸弹的速度和重量都考虑进来，然后用这公式对轰炸目标进行预测。结果，弗里德曼的炸弹总是能击中目标。他因此被授予圣乔治十字勋章以表彰他在战斗中的出色战绩。

在1914年之前，弗里德曼的专长是纯数学和应用数学，他在计算方面是个天才。在计算机出现前，他经常全身心地投入到那些在旁人看来困难到无法求解的难题上。弗里德曼无所畏惧，他会像层层剥皮一样将方程最基本的核心暴露出来，删枝去叶，简化掉杂乱的地方，去掉多余的负担。如果这样仍不能解决问题，他会利用图表和图片来逐步逼近正确答案，得到他想要的结果。弗里德曼解题的胃口大得很，从天气预报到气旋和流体流动，乃至弹道轨迹，不一而足。他不畏困难。

20世纪初，俄罗斯正在发生动荡。沙皇政权危机四伏，国家机器病入膏肓，难以应对巨大的贫困人口不断增长的不满情绪，更无力应对日益动荡的更加不稳定的欧洲。弗里德曼对他周围的社会变革充满热情。作为一名高中生，他在1905年第一次俄国革命中就与他的同学并肩作战，这导致一些学校的抗议，影响震撼全国。作为圣彼得堡大学的一名大学生，他以优异的表现而为众人瞩目。在战争期间，他身先士卒，飞行，轰炸，航空教学，甚至管理过生产导航设备的工厂。

战争结束后，亚历山大 · 弗里德曼成为彼得格勒（后来改名为著名的列宁格勒）大学的教授。当时“相对论马戏团”（爱因斯坦的称呼）已经抵达俄罗斯。弗里德曼对其神秘而又奇妙的数学很感兴趣，决定发挥自身强大的数学技能来尝试求解爱因斯坦方程。正如爱因斯坦在他之前所做的那样，弗里德曼也假设宇宙在大尺度上是简单的。就是说，这个问题属于均匀分布下的问题，且其空间几何可以仅用一个数——其整体曲率——来描述。爱因斯坦一度认为，这个数是固定不变的，在他的宇宙模型里起着宇宙项（宇宙学常数）与物质密度（以空间散布的恒星和行星的形式出现）之间的微妙平衡的作用。

33

弗里德曼不理会爱因斯坦的结果，从头开始。他仔细研究了物质和宇宙学常数是如何影响宇宙几何的，发现了一个令人吃惊的事实：空间的整体曲率会随时间演变。宇宙中的普通物质，四处散布的恒星和星系，会造成空间收缩和自身的塌陷。如果宇宙学常数是正数，它会使空间分开，使其膨胀。爱因斯坦这两种效应——拉动和推动——彼此达到平衡，使空间保持静止。但弗里德曼发现，这种静态解只是一个特例。一般解是宇宙必然要演化，是收缩还是膨胀取决于是物质还是宇宙学常数在发挥主导作用。

1922年，弗里德曼发表了他的原创性论文“论空间曲率”。在文中他指出，不仅爱因斯坦宇宙，连德西特宇宙也只是宇宙广泛的各种可能性态中的一种非常特殊的情形。事实上，宇宙最一般的通解是，它要么随时间收缩，要么随时间膨胀。有一类模型甚至可以先膨胀壮大，然后再收缩，从而导致永无止境的循环。弗里德曼的结果还使爱因斯坦的宇宙学常数脱离了保持宇宙静态的功能。没什么东西要求宇宙学常数一定只能取某个特定值，这一点与爱因斯坦的原始模型很不相同。在论文的结论部分弗里德曼淡淡地写道："宇宙学常数……是不确定的……因为它是一个任意常数。"通过放弃爱因斯坦的宇宙是静态的要求，弗里德曼证明了，爱因斯坦的宇宙学常数，从任何意义上说，都是不相干的。如果宇宙是演化的，就没有必要像爱因斯坦那样一定要用一个任意常数来使理论复杂化。

这里有一篇不知出处的文章。弗里德曼从没与爱因斯坦有过任何讨论，也没有听过爱因斯坦给普鲁士科学院做的任何讲座。他也不是那种对爱丁顿的日食远征壮举热情跟风的人。作为一名数学物理学家，[34]弗里德曼所运用的不过就是与他研究炸弹和天气时一样的技能和技巧，但他却发现了一个有违爱因斯坦直觉的结果。

在爱因斯坦看来，宇宙在不断演化的任何可能性都是荒谬的。当爱因斯坦第一次读到弗里德曼的论文时，他拒绝接受这一事实——他的理论提供了这种可能性。弗里德曼一定是错了，爱因斯坦试图着手证明这一点。他非常仔细地通读了弗里德曼的论文，想找出他文章中的根本性错误。一旦错误被纠正，那么弗里德曼的计算得到的应该是一个如爱因斯坦所预言的那样的静态宇宙。爱因斯坦迅速发表了一篇短评，他在文中断言，弗里德曼的工作的"意义"是要证明，宇宙的性态是恒定的和不可改变的。

弗里德曼感到爱因斯坦的短评是对自己的一种羞辱。他确信他没有出错，而是爱因斯坦自己计算上有毛病。弗里德曼写了一封信给爱因斯坦，说明爱因斯坦在哪儿出了毛病，他在信的结尾写道："如果你发现我文中给出的计算是正确的话，请千万将这一点告知《物理学杂志》的编辑。"他将信寄到柏林，希望爱因斯坦能迅速采取行动。

爱因斯坦可能从来就没收到这封信。他的声名已经让他不得不马不停蹄地出席各种研讨会和会议，使他不得不周游世界，从荷兰、瑞士到巴勒斯坦和日本，使他远离柏林，弗里德曼的这封信只能尘封在那里。一个偶然的机会，爱因斯坦在途经莱顿天文台时不期遇到了弗里德曼的一个同事，了解到弗里德曼的反应。因此差不多半年后，爱因斯坦发表了一份对他之前发表的对弗里德曼文章的修正的修正，他爽快地承认弗里德曼的主要结果是正确的，并承认宇宙"存在随时间变化的解"。在他的广义相对论中，宇宙确实可以演化。但他仍然认为，弗里德曼所做的一切是要证明，爱因斯坦理论存在导致一个不断演化的世界的解。按照爱因斯坦的理解，这种解只是数学上的，不是物理实在。他的偏见仍使他相信，宇宙必然是静态的。[35]

弗里德曼因为纠正伟人而使自己恶名昭彰。但尽管如此，他还是让他的一些博士生进一步深入研究他的想法，他自己也继续在苏联的杂志上发表有关研究爱因斯坦理论的论文，他回到了他的气象工作上。弗里德曼因在克里米亚度假时感染上伤寒而于1925年去世，年仅37岁。由此他的不断演化的宇宙数学模型沉寂了数年。

乔治 · 勒迈特在年轻的时候就迷上了数学和宗教。他善于解方程，在上中学时，他对遇到的数学难题总能给出聪明新颖的解。当1914年战争来临时，勒迈特正就读于布鲁塞尔的一所耶稣会学校学习采矿工程，同时对解难题仍乐此不疲。当爱因斯坦和爱丁顿为和平奔走呼号的时候，乔治·勒迈特却在战壕里为抵抗德国对比利时的入侵而战斗。德国人摧毁了鲁汶城，令国际社会十分愤慨，93位德国科学家及各界人士发表的臭名昭著的宣言更是导致了英语科学界与德语科学界之间的关系变得前所未有的恶化。勒迈特是一名模范军人，先是炮手，后来晋升为一名炮兵军官。像亚历山大·弗里德曼一样，他将平时解难题的技巧运用到弹道问题上。战争结束后，他因勇敢机智而荣获了比利时军队颁发的军功章。

勒迈特所经历的战斗中的屠杀、氯气对战壕的破坏作用，以及前线的惨烈都对他产生了深远的影响。1920年退役后，他不仅学习物理学和数学，还进入圣龙博神学院学习神学，并于1923年被任命为天主教牧师。在他日后的生活中，勒迈特不仅追求他所迷恋的数学，还秉持对上帝的奉献精神，一步步迈过天主教会上升的台阶，最后做到罗马教皇科学院的院长。他是一个有着深厚科学学养的牧师，特别关注如何解宇宙方程的问题。

还在念大学的时候，勒迈特就已经对爱因斯坦的广义相对论甚[36]感兴趣。他在鲁汶大学的相关讲座上做过主题演讲，写过有关相对论的简评。1923年，他有机会来到英国剑桥，以天主教神职人员身份入住圣爱德蒙学院，并跟从爱丁顿一起研究相对论。爱丁顿向勒迈特指明了什么是相对论基础，并将他引领到探求这一揭开宇宙奥秘的真正理论的研究前沿。爱丁顿对勒迈特印象很深，发现他是一个“非常优秀的学生，对问题非常敏锐，看得也非常透彻，并具有很强的数学能力”。当勒迈特1924年去马萨诸塞州堪布里奇攻读博士学位时，他主要关注的就是精确地模拟宇宙课题中尚未解决的问题，他对其中一个问题做了深入研究，并以此取得了麻省理工学院的博士学位。

当勒迈特于1923年转向宇宙学时，爱因斯坦和德西特的两个宇宙模型仍在发挥作用。它们仍是仅有的两个由爱因斯坦方程导出的数学模型，而且它们仍然地位平等：没有任何观测证据表明其中一个优于另一个。亚历山大·弗里德曼的演化宇宙还没能产生任何影响，而爱因斯坦对演化宇宙的偏见的影响力还相当大，足以阻止任何人探索它。按照当时普遍的看法，宇宙仍然是静态的。但爱丁顿感到德西特的模型很有意思，其中的恒星和星系正越来越远离宇宙的中心。德西特曾认为，他的宇宙有可能存在一种独特的观察印记。在这种宇宙中，远处的物体似乎很奇特——它们所发出的光可能存在红移。

我们可以把光看成是一种由不同能量状态所对应的不同波长的波的集合。红光比蓝光有更长的波长和较低的能量状态，处在光谱的另一端。当我们看一颗恒星或一个星系，或任何明亮的物体时，它发出的光是这些波的混合物，其中一些波的能量比另一些波要大。德西特发现，任何遥远物体的光都不约而同地向红端偏移，看起来要比观测到的附近的同类天体有更长的波长和更低的能量。而且越远的天体红移越严重。检验德西特模型的一种可靠的方式是在现实宇宙中寻找这种现象。

37

红移效应，即比起较近的星系，越遥远的星系似乎红移得越厉害的现象，暗示德西特的模型中还有一些东西没能得到完全理解。爱丁顿与赫尔曼·外尔——来自格丁根的大卫·希尔伯特的弟子之一——一起更仔细地研究了德西特的解，发现对于散布于整个时空的恒星或星系，每颗恒星或星系的红移与其距离之间存在一种十分严格的线性关系。一个天体如果距地球的距离是另一个的两倍，那么它的红移也是另一个的相应的两倍。红移的这种模式后来被称为德西特效应。

在1924年，当勒迈特仔细考察德西特宇宙和爱丁顿和外尔的发现时，他意识到，德西特论文里的方程是以一种奇怪的方式呈现的。德西特用具有奇怪特性的静态宇宙来提出他的理论：他的宇宙有一个中心，对于位于这个中心的观察者来说，有一个视界，在这个距离之外的任何东西都是不可见的。这违背了爱因斯坦的关于宇宙的基本假设：宇宙的所有地方都是平等的。于是勒迈特重新构造德西特宇宙，移去视界，使得空间中所有的点都被认为是平等的。这时他发现，德西特宇宙表现出一种完全不同的性态。现在，按勒迈特的更简单的观察宇宙的方式，空间曲率在随时间演变，即空间几何是变化的——空间中各点彼此间的距离正变得越来越远。正是这种演化可用来解释德西特效应。正像弗里德曼两年前那样，勒迈特偶然发现了演化的宇宙。但勒迈特的这个发现——红移与膨胀的宇宙相联系——却具有弗里德曼的早期发现所不具有的特点：它可以通过真实世界的观察来检验。

勒迈特进一步深化了他的分析，以图寻找更多的解。出乎他的意料，他发现，爱因斯坦和德西特一直倡导的静态模型是一类非常特殊的情形，几乎偏离了爱因斯坦的时空理论。与德西特模型可以改写为一个不断演化的宇宙不同，爱因斯坦模型不具有稳定性，稍一扰动就可能很快瓦解。在爱因斯坦的宇宙中，物质与宇宙学常数之间哪怕存在一丁点的不平衡，宇宙便会迅速开始膨胀或收缩，远离爱因斯坦热切希望的静态。事实上，勒迈特发现，爱因斯坦的和德西特的模型只是数量巨大的模型家族中仅有的两个，所有其他模型都随时间膨胀。

德西特效应没有被天文学家忽视。事实上，在1915年，甚至在德西特首次提出他的模型及其标志性特征之前，美国天文学家维斯托·斯莱弗已经测得散布在整个天空的光晕——即所谓星云——的红移。他是通过测量这些星云的光谱实现这一点的。构成发光体的特定元素，无论这种发光体是灯泡、一块燃烧的煤、恒星还是星云，都会发出独一无二的特征波长的光。如果用光谱仪对其进行测量，这些波长将显示为一组像条形码那样的线谱。这个条形码称为该物体的光谱。

斯莱弗用他所在的洛厄尔天文台（位于亚利桑那州弗拉格斯塔夫）的天文观测设备测量了遍布天空的各种星云的光谱。然后，他将所测得的光谱与他在地面上测得的由相同元素构成的物体的光谱进行对比（构成星云的元素的光谱是完全已知的，所以实际上他无需在地面上重复这个实验）。他发现，他测得的星云光谱相对于他的预期位置都有位移。这些条形码要么向左要么向右偏移。

光谱的偏移意味着被测对象在运动。当光源远离观察者运动时，其光谱的波长被拉长。总的效果是光会显得更红。相反，如果光源是趋近观察者运动，其光谱移向更短的波长，因此看起来更蓝。这种效应称为多普勒效应。你在声源运动时感受到的声音的变化也是这种效应。想象一辆在街上高速行驶的救护车向你驶来，它的汽笛声会变得越发尖厉，当它驶过你的眼前越行越远时，汽笛声就会变得越来越低沉。星光的这种效应让斯莱弗明白宇宙中天体是如何运动的。

39

斯莱弗的结果并不完全令人意外。他预料天体是会运动，因为它们受到附近天体的引力拉动。事实上，他第一次观测的结果似乎表明，亮星云之一的仙女座星云越来越接近我们：它的光呈蓝移。但斯莱弗对更多星云的光谱进行了系统的记录，发现所得到的结果令人费解：几乎所有的星云似乎都在远离我们而去。这是一种趋势。

1924年，一个名叫克努特 · 伦德马克的年轻的瑞典天文学家拿到了斯莱弗的数据，并提出了不同的星云是如何离我们远去的粗略猜测。伦德马克还不能告诉我们每个星云究竟离我们有多远，他对自己的结果也没有十足的信心。但他从数据中看出一个十分明显的事实：越远的星云似乎逃离得越快。

时间到了1927年，勒迈特神甫重新推导了出现于德西特模型中并由斯莱弗从观测数据中看出的趋势。事实上，他通过计算预言，测得的红移与遥远星系的距离说明二者之间应存在线性关系。如果绘制一张图，其水平轴表示距离，垂直轴表示红移量，那么所有星系应该差不多都落在一条直线上。在不知弗里德曼的工作的情形下，勒迈特用这些结果完成了他的博士论文，并将它们发表在一份不起眼的比利时杂志上。论文里包括了他的计算结果和一小节对观测证据的讨论，他给出了爱丁顿、外尔和他自己所发现的线性关系的斜率。宇宙膨胀的观测证据虽说还带有试探性质，并含有不小的误差，但它太诱人了：一切似乎都契合得天衣无缝。

让勒迈特彻底失望的是，他的工作完全被包括爱丁顿和他的导师在内的相对论领域顶尖的理论家们忽视了。当勒迈特在当年后来的一次会议（即1927年索尔维会议——译者注）上遇见爱因斯坦时，爱因斯坦对勒迈特的工作没有任何印象。爱因斯坦慷慨地向勒迈特指出，他的工作只是重复了亚历山大·弗里德曼的结论。虽然爱因斯坦已承认弗里德曼的计算是正确的，但他死抱着他的信念不放：这些奇怪的膨胀解都只是数学上的一种新奇玩意儿，不能代表真正的宇宙，即他所知道是那种静态宇宙。他用一种抑郁的仿佛一语中的的警句对勒迈特的工作总结道："虽然你的计算是正确的，但你的物理是可憎的。"有了这样的评价，勒迈特的宇宙——至少是在一段时间内——淡出了人们的视野。

埃德温·哈勃的解决问题的能力比他的人格魅力更令人敬佩。他曾就读于芝加哥大学，并在那里成为一名拳击冠军，当然这也许只是他自己声称的。后来，他作为罗德基金资助的访问学者在牛津大学过了几年，学得一口让人恶心的作秀版英语口音，而且终生不改。他喜欢耍酷，总是一身斜纹布软呢套装，嘴里叼着烟斗，言行举止夸张，一副英国乡绅的派头。牛津归来后，哈勃曾像弗里德曼和勒迈特一样在第一次世界大战期间应召入伍，但他入伍时一战已经结束。

到20世纪20年代后期，人们开始关注哈勃的工作，因为他曾在几年前挖到了金子。在20世纪初，公认的天文学观念是我们生活在构成我们这个星系——银河系——的一个巨大旋涡星系里。当时，天文学的一个悬而未决的问题是：银河系是唯一的星系吗？它是虚空中的一座孤岛，还是宇宙许多星系中的一个？如果你望着外面的夜空，在布满恒星和行星的天际当中，有一些光线非常微弱的神秘暗迹，那就是斯莱弗所看到并测量过的星云。这些星云只是银河系中正在发育中的恒星还是正在形成的遥远的其他星系？如果星云确实是其他星系，那将意味着银河系只是许多星系中的一个。

哈勃通过对特定的星云——仙女座星云——的距离观测回答了这个问题。他意识到，他可以用称为造父变星的非常明亮的恒星作为信标。通过测量他在仙女座能够看到的造父变星的亮度与其附近的恒星的亮度相比有多亮，他能够计算出从地球到仙女座星系的距离。看上去越暗的天体，其距离就越远。哈勃给出的到仙女座星系的距离非常大：将近100万光年，大约是当时估计的银河系大小的5到10倍甚至更多。仙女座不可能是银河系的一部分——它太遥远了。一种自然的解释是仙女座只能是像银河系一样的另一个星系。如果这对于仙女座是事实，那对于其他许多星云为什么就不能是事实呢？1925年，通过观测，哈勃使宇宙的范围大大地扩大了。

41

1927年，哈勃参加了在荷兰召开的国际天文学联合会的一次会议。他得知学界有关对德西特、爱丁顿和外尔关于星云的红移效应的预言的争论，并了解到斯莱弗的测量结果可能正是这种效应在数据上的第一个暗示。1924年，恰在哈勃观测仙女座星系的距离之前，伦德马克发表了比较速度随距离变化的星图，表明两者之间存在确定的关系。但他的结果遭到怀疑。勒迈特神甫在他1927年发表的文章里曾运用了哈勃的距离测量法，但这篇文章是用法语登载在不起眼的比利时期刊上，没有人读它。哈勃看出这是一个机会，他迅速介入并亲自检测德西特效应，从而取代了前人的所有努力，使自己成了发现者。

哈勃指定威尔逊山天文台的一名技术人员——米尔顿·赫马森——来进行这一工作。夜复一夜，哈勃让赫马森在威尔逊山的望远镜上装上棱镜进行观察。这台望远镜位于加利福尼亚州帕萨迪纳的高山上，用于测量光谱。这是一项吃力不讨好的工作。圆顶观测室又冷又黑，铁地板使赫马森的脚变得麻木和疼痛。他的背长时间地弓着，以便从目镜里搜寻到他选择的星云的光谱线。他知道他必须做得比斯莱弗更好，看到真正的暗星云。它们越暗，表明它们的距离越远。而且他还必须对付观测仪器，这台望远镜原本不是用来做这类测量的。因此测一条光谱要花上他两三天时间，而别的望远镜则用几个小时就可以做到。

在赫马森寻找红移的同时，哈勃则把全副精力投入到确定距离上。他测量每个星云的发光强度然后对结果进行比较。由此他可以大致判断出该天体与他测得的仙女座的距离比起来有多远。然后，他将他的距离测量结果与斯莱弗的和赫马森的红移测量结果结合起来，以寻找二者间的线性关系，即德西特效应的警示信号。

到1929年1月，哈勃和赫马森已测得46个星云的红移。哈勃给出42了其中24个的距离，对于距离较近的那些星云，斯莱弗也曾测得其红移。哈勃将它们绘制在一张图上：x轴表示距离，y轴表示由观察到的红移确定的表观速度。尽管仍有很大的离散性，但图看起来要比伦德马克的或勒迈特的星图好很多，并且有一个明显的趋势：星云越远，红移越大。

哈勃投出了一篇短文，没署赫马森的名字：《河外星云的距离与视向速度之间的关系》。文中绘制了他的数据。虽然伦德马克在他之前已经做过同样的工作，但哈勃只是在文中顺带提到了伦德马克的工作，全文主要是说明他自己的结果的重要性。在最后一段里他写道："然而，一个突出特点是，这种速度–距离关系可能表征德西特效应，因此，数值数据可以被引用来对空间曲率进行一般性讨论。"不久，在这篇小论文提交的同一天，赫马森发表了他对某个星云的距离与其红移关系的测量结果，这个星云的距离是哈勃文章里考虑的所有星云距离的两倍。它似乎也处于哈勃发现的红移关系曲线上。就是说，它同样具有德西特效应。

虽然伦德马克和勒迈特此前都曾发现过，但哈勃发现的红移与距离之间的线性关系还是给宇宙学带来了一剂催化剂。在哈勃1929年的开创性论文发表后的那些年里，爱因斯坦、德西特、弗里德曼和勒迈特等人的想法已在过去十年间得到发酵，最终被调和成一个简单的图像。而且即使星系退行的证据已经在斯莱弗的数据，在伦德马克及勒迈特的初步分析结果里，但正是哈勃和赫马森的论文使天文学家确信，德西特效应可能是真实的。

哈勃提交论文的一年后，爱丁顿在《天文台》杂志上写了篇讨论德西特效应和哈勃观测结果的文章（在一战期间的那段黑暗日子里，[43]

这份杂志还发表过他呼吁和平的文章)。已坐稳鲁汶大学教授位子的勒迈特神甫读了爱丁顿的文章后，感到不知所措。文中没有提到他的工作——他的简单得多的膨胀宇宙模型已经被忘得一干二净。勒迈特立即给爱丁顿去了一封信，说明在1927年他就已在他的文章中表明了爱因斯坦方程还有其他的膨胀宇宙解。他在信的结尾补充道："我送你几份论文的单行本。也许你能找个时间将它送给德西特。我当时曾给他寄送过这篇文章，但他可能没有看过。"爱丁顿感到内心有愧。他的这位"才华横溢"且"慧眼独具"的学生在相对论方面曾一直处于最前沿，但爱丁顿没有给予重视，忘记了他的工作。他迅速着手推动勒迈特的宇宙观，并说服德西特撤下他自己的模型，改用勒迈特的模型。现在，只有等爱因斯坦转变，膨胀宇宙才能赢得最后的胜利。

爱因斯坦在这几年中一直是万众瞩目的焦点。这让他无心眷顾弗里德曼和勒迈特等人对他的理论所做出的令人激动的推进，他也无心关注对退行星系的观测结果。但到了1930年夏天，他不得不承认事情有了进展。在访问剑桥大学期间，他与爱丁顿和他的姐姐待在一起时，他对爱丁顿热情介绍的哈勃的结果和勒迈特宇宙感触颇深。在一次旅行中，他在加利福尼亚州停了一下，在威尔逊山上会见了哈勃，他们在一起一边沟通一边讨论了新的宇宙观。爱因斯坦的英语尚未精通，而哈勃又不能讲德语，但他们都看到了膨胀宇宙概念是如何在物理学家和天文学家中获得一致好评的。所以，在另一次旅行中，这次是去莱顿，爱因斯坦坐下来与德西特促膝长谈，对由他的理论长出的新宇宙论热情拥护，并提出了他自己的膨胀宇宙。双方同意放弃爱因斯坦为使他的理论奏效并给出静态宇宙而被迫做的修正。爱因斯坦于1917年后增添的宇宙学常数被剔除。

在发现爱因斯坦方程存在膨胀宇宙解之后，勒迈特打算进一步推进爱因斯坦的广义相对论。他意识到，爱因斯坦的理论可以用来说明时间的开始。事实上，如果你接受宇宙正在膨胀的观点，那么接下来的一个显而易见的问题是它如何开始以及为什么开始这么做。如果你将宇宙从时间上倒推回去，那么你就会来到这样一种状态，就是整个时空被挤压成一个点。这是一种十分离奇的状态，完全不同于我们从周围的自然世界看到的状态。然而，这正是弗里德曼和勒迈特模型所要表明的：时空从无到有的初始时刻。 44

为此勒迈特就宇宙如何开始的问题提出了一个十分激进的想法。它包括了万物的真正开端。在他看来，宇宙诞生于单个粒子：一种原始原子，或他所称的“原始卵”。这个原子孕育了充斥于当今宇宙的所有物质。原子会按照当时人们刚开始理解的量子物理学的法则衰变，就像当时在实验室中被观察到的粒子的放射性衰变。原子的后代将会衰变成更多的粒子，依此类推直到现在。

这是一个简单的、思辨性的模型，用的几乎是圣经的套路，但勒迈特煞费苦心地要让他的建议与宗教保持距离。作为一个牧师，他冒着比常人更大的被指控为将其信念带入到纯粹的科学假说的风险。他在《自然》上发表了一篇短文，标题为《从量子理论的观点看世界的起源》。这个标题已经能说明一切。这不是神的介入或神学构想。这是由物理学冰冷、公正的法则得来的实际结果。自然就是这么做的。他这样总结他的观点：“如果世界开始时是单个量子，那么空间和时间的概念在宇宙开始的那一瞬间就没有任何意义；只有当这个初始量子被分裂成足够数量的量子时，它们才开始有明确的含义。如果这个意见是正确的，那么世界的开始必定发生在时间和空间开始之前的那一瞬间。”

1931年1月，爱丁顿在英国数学学会年会上做主席致辞时对听众讲述了他对勒迈特的最新理念的感想。他宣布道：“这种关于大自然现存秩序的开端的概念令我厌恶。”爱丁顿曾热情倡导勒迈特的膨胀宇宙的工作，并说服爱因斯坦放弃了自己的静态宇宙。勒迈特也将他获得的国际声望归功于爱丁顿。但勒迈特的这个最新想法实在太出格，让爱丁顿难以接受。它将爱因斯坦的时空理论推出了其有效范围，抑或爱丁顿就是这么认为的，他要让大家都知道这一点。

正如爱因斯坦曾不认可弗里德曼的和勒迈特的空间膨胀一样，爱丁顿拒绝接受数学告诉他的东西。相反，他提出了另一种解决方案。随着哈勃和赫马森关于星系退行的证据的披露，爱因斯坦的静态宇宙已被丢弃，但这仅仅只是事情的一部分。勒迈特在探讨所有可能的宇宙解时已经表明，爱因斯坦的静态宇宙有一种灾难性的属性，而这种属性正是爱丁顿所需的，它就是不稳定性。如果你向爱因斯坦的静态宇宙添加一丁点东西——一个额外的星系、恒星，甚至只是一个原子，它都会开始收缩，最后收缩到一个点。相反，如果你拿走一点东西，它便会开始膨胀，最终变成弗里德曼和勒迈特所发现的那种宇宙。正是这种不稳定性让爱丁顿对宇宙膨胀进行了重新解释。

爱丁顿关于宇宙如何开始膨胀的看法就是个补丁，并不完整，但它可信而且简单。宇宙将从像爱因斯坦曾提出的静止和停滞的状态下开始。事实上，说宇宙曾有过开始并不准确。宇宙可能在无限长的时间里一直停留在这种状态下，正像爱丁顿提出的那样，物质会以某种方式，某种目前尚不能确定的方式，开始聚集。各种碎片会形成恒星和星系，而它们之间的虚空空间将起到爱因斯坦模型下的不稳定性作用，并开始膨胀。这样，一个时间上永恒的宇宙将漂亮地继之以一个膨胀的宇宙。

与爱丁顿始终不为勒迈特的关于宇宙开端的激进建议所动不同，爱因斯坦有着不同的想法。1933年冬，爱因斯坦和勒迈特神甫在美国旅行时都来到加州大学帕萨迪纳分校的技术研究所，在温暖的校园里，神甫被要求举办两场讲座。他们上一次见面还是在1927年的索尔维会议上，当时爱因斯坦曾驳斥了勒迈特的工作，认为他的理论固然正确，但与自己的理论不相关，从而使得勒迈特的工作很长一段时间没引起人们的注意。但是这一次不同了，勒迈特现在已被推崇为新[46]宇宙学的领军人物之一。在他们逗留期间，两人漫步穿过雅典娜花园，那里是加州理工学院教师谈天说地的社交中心。《洛杉矶时报》描述两人时这么写道："他们脸上严肃的表情表明，他们正在就当前宇宙学的状况展开激辩。"下面这种描述是恰当的：当勒迈特就已发现的星系退行现象进行说明时，爱因斯坦一直坐在那里听。在勒迈特的一次讲座结束时，爱因斯坦站起来说道："这是我听过的对宇宙创生的最漂亮、最满意的解释。"

在被他自己的错误直觉误导了10多年后，爱因斯坦终于看到了曙光。这是整个事件的一个有趣的转折。广义相对论理论的创建者没有足够的勇气去接受由他的理论推断出的关于宇宙的预言，而是试图通过引入某种修正来捏造答案。只是因为广义相对论的数学具有无比荣耀的挑战性，弗里德曼和勒迈特便投身其中，并由此能够提出一种不断发展演化、不断膨胀的宇宙模型，天文观测数据已证明他们是正确的。爱因斯坦的赞誉使得勒迈特在大众媒体的眼里变得十分高大。正如爱因斯坦自己曾被推到聚光灯下一样，勒迈特现在被誉为“世界领先的宇宙学家”。勒迈特将继续成为现代宇宙学的大佬级人物之一。他的想法和亚历山大·弗里德曼的那些想法一起，为差不多30年后的宇宙学革命搭建了舞台。

第 4 章
坍缩的恒星

罗伯特·奥本海默对广义相对论不是特别感兴趣。像其他明智的物理学家一样，他相信它，但不认为它与当时的物理学特别相关。于是就有了这样一个具有讽刺意味的结果：他居然会发现爱因斯坦理论的最奇特、最不可思议的预言之一：自然界黑洞的形成。 47

奥本海默的兴趣在一个过去10年里产生的新理论上。他早年靠量子力学起家，成为著名的量子物理学家。他曾在欧洲与大物理学家们一起研究现代物理学，并最终成为美国量子物理学领军团队的一员，这个团队的总部设在加州伯克利大学校园。在一定程度上，正是由于量子物理学和像奥本海默这样的人物的崛起，才使得爱因斯坦的理论在一段时间内变得停滞和孤立。然而，在1939年，当他与他的学生哈特兰·斯奈德一起，试图搞懂在大质量恒星的生命周期终点将会发生什么的时候，奥本海默发现广义相对论存在一种奇怪的、很难理解的解。这个解在理论背后已潜伏了近25年。奥本海默证明了，如果一颗星足够大且密度足够高，那么它将会坍缩到视线之外。正如他后来 48 所说的那样："恒星趋向于封闭自己，使得遥远的观察者得不到任何信息，只有它的引力场还存在。"这就像给这个正在坍缩的光和能量球披了件神秘的罩衣，将它隐藏起来不让外界看到，时空将自身包裹成一个不可能再紧的扭结。没有什么能够逃到罩外，甚至连光也不行。奥本海默的结果是从爱因斯坦方程导出的另一个数学怪物，许多人觉得它难以理解。

在奥本海默和斯奈德发现他们的结果的差不多25年前，德国天文学家卡尔·施瓦西曾致信爱因斯坦，他写道："正如你所看到的，战争对我是仁慈的，它允许我，尽管炮弹就落在决定生死的距离处，借此走入你的思想园地。"这是1915年12月施瓦西躲在东线战壕里写的话。1914年，第一次世界大战爆发后，他立即主动要求参军，尽管作为波茨坦天文台台长的他不必这么做。但是，正如爱丁顿后来对他评价的那样："施瓦西的顺应时势更为实际。"像弗里德曼一样，他将他作为一个物理学家的才能用到了军事上，他甚至向柏林科学院提交了一篇论文："风和空气密度对弹道的影响"。

在前线，施瓦西收到了最新一期的《普鲁士科学院院刊》。在其中他看到了爱因斯坦就他的新的广义相对性理论所作的简短而激动人心的演讲稿。他立即开始着手就他能想到的看着最简单，物理上又最感兴趣的情形来求解爱因斯坦的场方程。与亚历山大·弗里德曼和乔治·勒迈特不同，他们后来都将宇宙作为一个整体看待，施瓦西决定将对象放在较低一级的层次上：研究如行星或恒星这样的球形质量周围的时空。

在处理像爱因斯坦方程这样的一团乱麻时，这种处理有助于简化问题。通过观察恒星周围的时空，施瓦西可以把重点放在寻找静态的、不随着时间演化的解上。此外，他要的解应当在极点处看起来与在赤

49

道附近的性质完全相同，这样所有应考虑的因素就归结为空间上任意一点距恒星中心的距离。

施瓦西的解非常简单，就一个简明公式，几乎无需费时间就可以写出来。而且在一定程度上，这是显而易见的。如果你位于距恒星中心相当远的距离上，那么它的引力场就会表现得像以前牛顿世纪所预言的那样——恒星的引力取决于其质量并按距离的平方递减。施瓦西的公式与此不同，但差别很小——刚好足以说明水星轨道近日点进动的问题，这个问题曾让爱因斯坦费老鼻子劲了。

但是当你走近恒星后，怪事发生了。如果恒星体积很小但足够重，那么它会被一个球形曲面罩起来，使其背后的一切都不为外界所见——这种曲面正是多年后奥本海默和斯奈德所发现的东西。这种曲面对任何途经它的物体具有一种破坏性的影响。如果物体飞得离这颗恒星太近，它就会掉入这个球形曲面内，永远无法再逃出来——这是一条不归路。要逃离施瓦西的魔法球面，你打此经过时需要有大于光速的速度。而根据爱因斯坦理论，这是不可能的。因此说施瓦西发现的这种性质就是半个世纪后被称为黑洞的性质。

施瓦西迅速写下他的结果，并将这篇论文通过信件寄送爱因斯坦，请求爱因斯坦将它投稿到普鲁士科学院发表。爱因斯坦答应了，并回应说："我没料到有人可以用这么一种简单方法给出问题的精确解。"1916年1月末，爱因斯坦将施瓦西的解公之于众。

施瓦西永远也不能进一步探讨他的解，更不用说了解奥本海默和斯奈德的计算结果了。几个月后，还是在俄罗斯，施瓦西染上天疱疮，一个致命的起疱性自身免疫性疾病。天妒英才，他于1916年5月去世。

50　爱因斯坦及其追随者迅速采纳了施瓦西解。它很简单，易于运用，并且很适合进行预测。例如，它可以被用来对太阳系模型下的行星运动轨道进行计算，可以准确预言水星轨道的进动。它还能准确预言爱丁顿在普林西比观测确认的光线弯曲效应。新一代的相对论学者都善于运用施瓦西解，唯一感到迷惑的就是他的笼罩在某些致密小恒星星核外面屏蔽一切的神奇曲面的深不可测的性质。

没有任何理由可以否定场方程的解所蕴含的这种曲面。它是爱因斯坦广义相对论的一个有效的解。但它在自然界中是一种真实的存在吗？

在20世纪20年代，亚瑟·爱丁顿转向研究恒星的形成和演化问题。他想用由正确的数学方程给出的基本物理定律来全面刻画恒星的结构。他写道："当我们通过数学分析获得了对结果的理解时……我们所获得的知识适用于处理自然物理问题的流体假设。"基于他掌握的数学知识，解方程对他来说不是个事儿，就像对付广义相对论。1926年，爱丁顿出版了一本书——《恒星的内部结构》，这本书很快就成为恒星天体物理学的圣经。爱丁顿不仅在广义相对论方面是世界权威，他在恒星领域的研究也处于前沿。

在那之前，恒星一直被认为有点神秘。一开始，没有人对它们如何能发出如此巨大的能量这个问题有清晰的概念。正是爱丁顿最先想出了一种合理机制来解释恒星是如何获得动力的。要了解他的这一想法，我们需要好好研究一下最简单的原子。氢原子由两个粒子——质子（带正电荷）和电子（带负电荷）组成。质子和电子通过电磁力结合在一起（电磁力使得带相反电荷的物质彼此吸引）。质子比电子重约2000倍，因此集中了氢原子的几乎全部重量。

氦原子由两个电子和两个质子组成。但它的核内还包含两个中性粒子：中子。中子的重量几乎与质子相同。一种简单的氦原子模型表明，氦原子由两个质子和两个中子构成的原子核与绕核旋转的两个电子构成。氦原子的几乎全部重量都集中在原子核内的4个粒子上，因此我们可预料，氦要比氢重4倍。但实际上氦要稍轻些，其实际质量要比4个氢原子的预期质量总和约轻0.7%。似乎它的一些质量丢失了。而根据爱因斯坦的狭义相对论，质量的缺失就是能量的缺失。这正是爱丁顿的线索。

爱丁顿认为，氢和氦之间的转换可能是恒星能量的来源。在恒星致密高热的星核内，氢原子核被砸烂融合在一起。一些质子通过放射性衰变转化为中子，最后这些质子和中子结合形成氦核。在这个过程中，每个原子都将释放少量的能量。由原子释放的总能量将足以推动恒星并使之发光。如果说太阳的大部分能量始于氢原子的形式，那么在它完成由氢到氦的转换之前，它应该还能够燃烧近90亿年。已知地球的年龄目前约45亿岁，因此它还有很长的寿命可期。

爱丁顿在这本书中为解释恒星天体物理学构建了一整套理论。在提出了恒星的能量来源之后，他又解释了它们为什么没有崩溃：它们可以通过向外辐射所产生的所有能量来抵御引力的拉动作用。恒星是能够用他的方程来描述的完美的物理系统。然而，《恒星的内部结构》讲述了一个不完整的故事。爱丁顿可以用他的数学来描述恒星的寿命，但他始终未能解释其死亡。他自己给出了一种合乎逻辑的结论，在某个时刻，恒星的燃料将耗尽，阻止恒星在自身重力作用下坍缩的辐射将消失。正如他在书中所说："当亚原子能量的供应最终变得稀缺时，恒星将陷入一种尴尬的困境……这是一个奇特的问题，一个可能会招来很多稀奇古怪的建议以探求究竟会发生什么的问题。"当然，一个可能的异想天开的建议是采用爱因斯坦的理论和施瓦西的解，这样，52 正如爱丁顿写道："引力之力是如此之大，以至于光都无法摆脱它，光线折回恒星就像石头落回地面。"但这在爱丁顿看来太牵强，仅仅是一个数学结果。因为，正如他宣称的："当我们证明一个结果而不理解它时——当它落到不可预见的数学公式的迷宫里时——我们没有理由希望它能够适用。"

不做这种异想天开的设想，那么当恒星的燃料用尽时恒星上究竟会发生什么呢？1914年所作的观测给出了恒星坍缩后大致状态的提示。天文学家曾对天空中最亮的星——天狼星——进行过观测，它的亮度几乎是太阳的30倍。人们还观察到它有一个奇怪的、昏暗的伴星绕着它转。这颗伴星称为天狼星B，尽管它很暗，但它却热得令人难以置信，并具有下述显著特性：天狼星B的质量大约与太阳相同，但它的半径却比地球小得多。这意味着这颗伴星有着非常非常高的密度。在20世纪初，这种天体被命名为白矮星，是恒星家族中的一个谜，它可能是恒星生命周期的终点。解释白矮星及其命运的关键出自量子物理学这种新奇理论。

量子物理学将自然细分成最小的组成部分，再以一种古怪的方式将它们捏合回去。它诞生于19世纪观察到的一种奇异现象。当时物理学家发现，化合物和化学制品会以一种奇特的方式再发射或吸收光。物质不是在一定的波长范围内连续地发射或吸收光，而是只发射或吸收一组离散的特定波长的光，产生一套像条形码一样的光谱，也就是后来维斯托·斯莱弗和米尔顿·赫马森研究红移时所测得的那种光谱。当时牛顿物理学仍占统治地位，仅仅利用麦克斯韦的关于电磁和光的理论根本无法解释这种奇怪现象。

在1905年这个所谓爱因斯坦奇迹年里，爱因斯坦解释了另一项奇特的实验事实：光电效应。如果你用光去轰击金属，它的原子会吸收光，有时还会释放出电子。对此，这种现象的发现者——菲利普·勒纳德——是这样描述的："单纯用紫外光照射，金属板向空气中放出负电荷。"你可能会认为，你只需用足够强的光来照射金属板，[53]就一定能做到这一点，但事实并非如此。只有当光束具有完全合适的能量和频率时，电子才会被打出来。爱因斯坦看到这个效应后推测到，光是以具有一定能量的量子态存在的，就像物质被分解成基本粒子一样。只有当这些光粒子具有恰到好处的频率时，光电效应才开始起作用。爱因斯坦称这些粒子为"光量子"，后来它们被称为光子。

随着20世纪初实验技术的进步，大自然开始显现出团块和离散的一面，而不是平滑和连续性。换句话说，自然似乎被量子化了。在20世纪早期，开始出现一种在最小尺度上临时搭建的自然模型，它有一套全新的关于原子如何运动以及原子与光之间如何相互作用的法则。虽然爱因斯坦本人对这个新的科学领域偶有贡献，但他主要还是以某种不信任的眼光看待它的发展。针对量子化世界提出的新规则甚是繁琐，而且与他从相对论原理出发给出的优美的数学图像不协调。

1927年，量子物理学的法则终于落实到位。两位物理学家——维尔纳·海森伯和埃尔温·薛定谔——各自独立地提出了能够自洽地解释原子的量子性质的新理论。像当时爱因斯坦建构他的广义相对论一样，两人不得不采用新数学来构建各自的量子理论。海森伯采用的是矩阵方法，即一种用起来必须十分小心的数字表格。与普通数字不同，如果你将两个矩阵A和B相乘，通常你得到的A乘以B的结果将不同于B乘以A的结果。薛定谔则选择将实在——原子、原子核和电子这样的东西——描述成物质波。像海森伯理论的情形一样，这种古怪的客体会导致一些奇异的物理现象。

新量子物理学给出的最著名的结果是不确定性原理。在经典牛顿物理学里，物体在外力作用下的运动是以可预见的方式进行的。一旦你知道了一个系统中各质点的确切位置和速度，以及作用在系统上的力，你就可以预言系统中所有各质点未来的配置。预言变得特别方便，54你需要知道的只是每个质点在空间中的位置和它的速度的方向和大小。但在新的量子理论里，要想以很高的精确度同时确定粒子的位置和速度是不可能的。如果实验室里一位特别执著和固执的实验者想以理想的精度确定一个粒子的位置，那么他就完全不知道它的速度。你可以想象这种情形就像与关在笼子里的一头愤怒的动物打交道：你越是约束它，它就越猖狂，会不停地撞击笼子的四壁。如果你把它放在一个很小的笼子里，那么它撞击墙壁的压力将会变得很大很大。量子物理学将不确定性和随机性带入到物理学的核心。而正是这种随机性可用来解决白矮星的问题。

萨婆罗门扬·钱德拉塞卡渴望做伟大的事情，但这种希望差点变成绝望。钱德拉塞卡出生于印度的一个富裕的婆罗门家族，正像他后来变得家喻户晓一样，他从小就是一个有强烈求知欲和坚定信念的学生。他擅长数学，对计算考虑得非常仔细，而且什么难题都不怕。在马德拉斯大学学习期间，他接触到来自欧洲的新概念，热烈追随那些创建了20世纪新物理学的伟大人物。从年轻时代起，他便以一种狂热的激情开始尝试加入到现代物理学的竞争中来。正如他晚年所说的那样："当然，我最早的一个动机就是要向世界展示印度人可以做什么。"

钱德拉对新的量子物理学非常着迷。他读了他能搞到的所有新的教科书，其中就有爱丁顿最近出版的《恒星的内部结构》。但真正赢得他注重的是一本由德国物理学家阿诺德·索末菲写的有关物质的量子性质的书。在索末菲的工作的启发下，他开始着手写一篇有关量子系统的统计特性以及它们如何相互作用的文章。这篇早期论文发表在《英国皇家学会论文集》上，当时钱德拉尚未满十八岁。显然，去欧洲就能够参与到做出新量子物理学的伟大发现的热潮中，于是钱德拉选择了到英格兰去追求他的梦想，由此开始了他攻读剑桥博士学位的漫漫征程。

正是在乘坐"劳埃德·特里埃斯蒂诺"号远洋邮轮的长途航程

中，钱德拉做出了改变他一生的惊人发现。在船上，他放不下他的工作，于是决定利用这趟行程仔细研究一下由拉尔夫·福勒——爱丁顿的剑桥同事——写的一篇文章，这篇文章似乎解决了白矮星的问题。福勒援引了两条量子力学原理，并将它们引入到天体物理学当中。第一个是海森伯的不确定性原理。它陈述的是这样一个事实：你不可能固定一个粒子的空间位置，同时又确定它的运动状态或速度。第二个是不相容原理，它指出，原子内的两个电子（或质子）不能占据完全相同的物理状态（即薛定谔建议作为粒子的基本量子描述的奇异物质波）。就好像它们之间有一种根本性的、必然的排斥，使它们无法占据相同的量子态。

福勒将不确定性原理和不相容原理应用到天狼星B上。他的理由是，像天狼星B这样的白矮星，其物质密度是如此之高，以至于可以把它看作是电子和质子被挤压在一起的气体。因为电子要轻得多，因此它们能够更自由地到处漫游，晃荡得也更厉害。不相容原理意味着电子要小心，不要染指彼此的空间。但随着密度提高，每个电子可移动的空间越来越小。随着每个电子被越来越多地钉牢在某处，不确定性原理开始起作用，速度和动量变得越来越大，迫使电子彼此排斥。这些快速移动、晃荡的电子导致一种向外的推力，就是说，白矮星内部产生了一种量子压力，正是这种压力抵消了引力的作用。在一定的状态下，当引力恰好平衡了量子压力时，白矮星便能够平静地维持下去，它几乎不发光，但抵抗着灾难性的命运。福勒的解释澄清了爱丁顿的问题。恒星似乎可以白矮星作为最终归宿。它结束了恒星演化的叙述，解决了《恒星的内部结构》提出的难题——一切看起来就是这么回事儿。

钱德拉反复研究了福勒的结果，并做了件非常简单的事情。他把他预期的白矮星电子气体密度的数据代入公式。他给出的数字很大，[56] 但不令人吃惊，其实就是福勒在文中声称的值。但福勒没在文中给出电子的实际速度该有多大。当钱德拉做了这个简单计算后，他惊呆了：电子必须以接近光速的速度运动。而这正是福勒的论证不严密的地方，因为他完全忽视了狭义相对论的要求，即当物体的速度接近光速时，狭义相对论效应已重要到不可忽略。福勒的错误在于他假定白矮星内部的电子可以想运动多快就多快，即使这意味着它们有可能比光速还快。

钱德拉开始着手修正福勒的错误。他一路按照福勒的推理一直推到电子以接近光速的速度运动为止。如果白矮星确实过分致密，粒子确实是接近或就以光速运动，那么他依据爱因斯坦的狭义相对论可知，它们不可能移动得更快了。他得到的结果颇耐人寻味。他发现，如果白矮星变得过重，那么它也将变得过于致密，电子将无法被引力拉住。换句话说，白矮星的质量有一个最大值。钱德拉通过计算发现，这个值不会大于90%的太阳质量（多年后被证明，正确的值应是太阳质量的140%）。如果一颗以白矮星作为自己生命归宿的恒星其质量超过这个质量上限，那么它将无法支撑自己。引力会获胜，不可避免的崩塌将接踵而至。

当他来到剑桥后，钱德拉给爱丁顿和福勒看了他的计算结果，但他们没予以重视。这个结果里包含了一种让人深感不安的不稳定性，它会破坏爱丁顿精心构筑随后又得到福勒加强的理论大厦，所以剑桥人与钱德拉保持一定的距离。四年里，钱德拉不断完善他的论证，他对他的结果的信心在增长。1933年，钱德拉取得了他的博士学位，并在22岁时成了三一学院的研究员。到1935年，钱德拉已进一步细化了他的计算，并准备向每月一次的英国皇家天文学会会议提交他的结果。

57

1935年1月11日，在伦敦伯灵顿大厦，钱德拉站在英国皇家天文学会众多杰出的天文学家面前，向他们认真细致地讲述他的19页论文的具体结果，这篇文章将要发表在学会的《月报》上。最后，他这样说道："大质量的恒星不能过渡到白矮星阶段，这为我们揣测其他可能性留下了余地。"这个奇怪的结果在数学上和物理上都是站得住脚的，他们都相信这一点，并且不得不认真对待。当钱德拉讲完后，台下给予了有礼貌的掌声，并零零星星提了些问题，便告结束。

接着皇家天文学会主席转向爱丁顿并请他上台就他的论文《相对论性简并》做报告。爱丁顿站上来简明地做了15分钟的演讲。他小心地避开了对钱德拉的下述说法给予表态——钱德拉声称自己的计算已揭示福勒关于白矮星问题的解是不正确的。然后他用总结性的口吻贬低了钱德拉的严密论证。在爱丁顿看来，钱德拉的结果是用"相对论简并公式归谬法"得来的。实际上，他坚信"各种意外都可能介入来拯救恒星"。不仅如此，"我认为应有一条自然定律来阻止恒星以这种荒谬的方式行动！"爱丁顿以这种方式行使权威，使得大多数听众立刻对钱德拉的报告嗤之以鼻。如果爱丁顿认为这是错的，那它一定是错了。

钱德拉想上前反驳爱丁顿的武断但没能如愿。他正在破坏爱丁顿编织的关于恒星是如何生活和死亡的美丽动听的故事，爱丁顿当然不喜欢这种做法。如果引力坍缩战胜了一切，那么我们就必须面对施瓦西的奇异解及其所有的离奇后果。正如多年以后钱德拉自己说的那样："现在，问题很清楚……爱丁顿意识到，存在质量上限意味着自然界必然会出现黑洞。但他不接受这个结论……如果他接受了这一点，他会比其他人超前40年。在某种程度上说，这真是太糟糕了。"

钱德拉神情落寞地回到了剑桥。他与爱丁顿的这次交锋影响了他一生。几年后，他应邀受聘于芝加哥大学的叶凯士天文台。他停下了有关白矮星的工作，不愿去考虑如果恒星质量过大会发生什么情形的问题。它们是否必然会导致形成施瓦西解，或真会出现什么事情阻止这种结果的发生？这些问题将留待罗伯特·奥本海默来回答了。

58

奥本海默可谓量子的产儿。他自小在纽约的一个富裕家庭长大，家里的墙上挂着凡·高的画儿。奥本海默接受的是黄金般的教育：先就读于哈佛，然后在1925年又来到英国剑桥。奥本海默的哈佛导师在写给剑桥的推荐信里这样写道，奥本海默"显然深受他所不熟悉的普通物理操作的阻碍"，但他补充道，"你很少会发现比这更有趣的投注机会"。奥本海默在剑桥的逗留是个灾难，好在时间不长。在精神崩溃期间，他曾殴打他的一位同伴，并供认他试图毒死另一位好友。一年后，奥本海默决定离开，去格丁根碰碰运气。

格丁根，大卫·希尔伯特的故乡，当时已是量子物理学的发源地之一，奥本海默不可能有更好的地方来参加这场新的革命。在接下来的两年里，他与导师马克斯·玻恩（量子物理学史已不可磨灭地印刻下这个名字）合写了一系列文章。事实上，玻恩-奥本海默近似仍是当今大学物理学课程中的必修内容，是计算分子的量子行为的工具之一。奥本海默于1927年拿到博士学位，几年后回到美国，成为加州大学伯克利分校的教授。

在伯克利，奥本海默打造了一座20世纪30年代美国理论物理研究的灯塔。人们亲切地叫他奥比。他似乎在任何领域都能驾轻就熟，从艺术和诗歌到物理学和帆船。他对艰深的概念有着令人难以置信的敏锐性和快速接受能力，他从一个研究项目跳到另一个项目，而且一旦涉足新领域，便能很快做出贡献。这些成果虽不见得很深刻，但无疑是及时和巧妙的。如果他不赞同或不理解某个论证过程，他会变得不耐烦，有时甚至显得粗鲁。奥本海默身上的那种纯粹的磁性和能量使他成为天生的领袖，他在支持和鼓舞他的团队方面表现出色。他一步一个脚印地将那些才华出众且热情洋溢的学生和研究人员招募到麾下，与他们一起来设法解决那些他在欧洲就遇到的新问题。沃尔夫冈·泡利曾指出，热情的奥本海默有喃喃自语的习惯，并称他的研究小组是“一群玩火柴棍的男孩”。伯克利就是奥本海默的格丁根，他的哥本哈根。

在完全专注于量子近10年之后，1938年，奥本海默对爱因斯坦的广义相对论产生了强烈兴趣。像钱德拉一样，他从量子出发来处理这一理论，看看物质的量子效应是否能对空间和时间的引力内爆起作用。

每年夏天，奥本海默都会带着他的一帮学生和研究人员去南加州，造访位于阳光明媚的帕萨迪纳的加州理工学院。在那里，他不仅与其他物理学家交流，也与那些曾追随哈勃的成功，并亲耳聆听过勒迈特关于原始原子讲座的天文学家交流。在那里，他们仍高举广义相对论的火炬。正是在帕萨迪纳，奥本海默第一次读到了由俄国物理学家列夫·达维多维奇·朗道写的文章。这篇文章谈的是如果恒星的核心纯粹由致密的中子构成，那将会发生什么情形。

朗道是苏联物理学界的领军人物之一，他成长于俄国革命时期，是一位真正由席卷新俄罗斯的现代化浪潮哺育成长起来的天才型物理学家。像奥本海默一样，他有过国外的游学经历，在欧洲的大实验室做过研究，见证了量子物理学的诞生。在19岁那年，他已经写出将新物理学应用于研究原子和分子行为的论文。当他在23岁回到列宁格勒时，他赢得了他的年长同事的钦佩，并迅速得到了苏联体制的认可。

凭借着他用量子物理来处理困难而又复杂的物理系统的天赋，朗道决定考察一下恒星的一种新能源：中子，就是那种在原子的原子核内发现的电中性粒子。在过去10年里，人们已经很清楚，向原子核中添加或移去中子或质子，都可能导致核能的变化。因此朗道猜想，如果星核塞满中子，就有可能释放出足够的核能来产生光。如果堆积中子的密度达到原子核的密度，它们就可能成为必要的燃料。这种核材料将重到不可思议的地步——一小勺这种材料就会重达好几吨。如果恒星的大量原子掉进星核，它将被引力撕成碎片，部分被吸收，部分以辐射形式被释放掉。根据朗道的计算，中子构成的星核的燃烧将使恒星闪闪发光——太阳正是这样才变得熠熠生辉的。朗道着手研

60

究这种星核得有多大，它们是否稳定等问题，他认为它应当只有太阳质量的千分之一。这些核可能藏在恒星的中心，不断燃烧并推动着恒星发光。

但是，正当朗道将这些想法写成文章时，他也陷入了席卷全苏联的政治镇压的浪潮中。当朗道在《自然》上发表了他关于中子核的短文《恒星能量的起源》的两个月后，他被内务人民委员部逮捕，理由是他在1938年五一节的莫斯科大游行中散发编辑反斯大林的小册子。在这本小册子里，斯大林被指责为法西斯分子，“怀有对真正社会主义的狂热的仇恨”，已“变成像希特勒和墨索里尼”。朗道在卢比扬卡监狱被关押了一年，这之后，他在《自然》上发表文章的消息被苏联的主要报纸之一《消息报》披露出来，并作为苏联物理学的骄傲而受到热情赞扬。

奥本海默对朗道论文的简洁和它所提出的简单设想很感兴趣，他决定亲自再做一遍朗道的计算。通过与三个天资很高的学生的三次合作，他终于得到了他想要的东西。他的第一个合作者是罗伯特·瑟博。他们一起轻轻地解剖开朗道的观点——中子核可以很容易地隐藏在太阳内，由热气体罩住从而使这颗恒星不被外界所见——并证明它是错的。1938年10月，奥本海默和瑟博在《物理评论》上发表了他们的结果，全文几乎和朗道的文章一样短，而朗道此时正身陷卢比扬卡。接着奥本海默带着另一名学生——乔治·沃尔科夫——采取了下一步行动。他们研究了中子核的稳定性。计算结果发表于1939年1月，所采用的方法是将巧妙简化爱因斯坦理论的数学与有见地的物理直觉和硬计算漂亮地结合起来。他们发现，中子核是一种非常不稳定

61

的构形，因此不可能被用来做非常大的恒星的能源，这对朗道的想法是又一个打击。

在他们的文章的末尾，奥本海默和沃尔科夫指出，要理解中子核的长寿命，“考虑一种非静态的解是必不可少的”。这之后，奥本海默带着第三个学生——哈特兰·斯奈德——发起了最后冲刺，这次他们采用的是旁人根本没尝试过的广义相对论。奥本海默和斯奈德计算了如果中子星一旦变得不稳定，其空间和时间（和中子核）将如何演化。为了做到这一点，他们采用了一种巧妙的构思来使得到的结果变得易于理解：他们虚构了两个观察者，一个位于离中子核很远的地方，另一个位于中子核的表面，然后对比两位观察者看到的结果。他们发现，两位观察者会看到完全不同的景象。

远处观察者会看到中子核的内爆过程。但随着中子核的表面越来越接近施瓦西发现的奇异球罩层，坍缩过程似乎变得越来越慢。在某一点上，内爆会慢到几乎陷于停顿。任何试图从中子核逃逸出来的光束的波长都会被拉长，收缩着的中子核的表面越接近临界曲面，红移就越大。仿佛空间和时间都停止了演化，恒星不再与外界沟通。这种情形与十多年前爱丁顿在他的《恒星的内部结构》一书中所描述的情形非常相似：“质量会产生如此巨大的曲率……恒星周围的空间将完全闭合，把我们拒之门外（即无处可见）。”

而处于恒星表面的观察者在内爆时看到的则是另一幅完全不同的景象。他或她将见证中子核的必然的坍缩过程，看着中子核的表面真实地越过临界半径，落入施瓦西的魔法曲面之内。不仅如此，这个

62 可怜的、命中注定的观察者还会看到施瓦西所发现的可怕表面的形成，越过这个点，就再也没有什么能存在了。换句话说，不论你是坐在正确的（或是错误的）地方，你都可以看到施瓦西解的实际形成。

奥本海默和斯奈德通过证明完成了爱丁顿讲述的恒星的一生的故事。事实上，如果它们质量足够大，它们会坍缩成施瓦西的奇异解。这意味着施瓦西的解不只是一个有趣的、充满奇异性的广义相对论的解。这些奇怪的天体可能就实际存在于自然界中，并且像对恒星、行星和彗星的研究一样，必须被包含在天体物理学的框架内。广义相对论再次揭示了关于宇宙的某些意想不到的奇妙事情。

奥本海默和斯奈德的论文发表在1939年9月1日出版的《物理评论》上。这一天，纳粹军队跨过了波兰边境。在同一期杂志上，还刊登了由丹麦物理学家尼尔斯 · 玻尔和他的年轻的美国合作者约翰 · 阿奇博尔德 · 惠勒所写的另一篇论文。虽然他们也对中子有兴趣，也关心它们在极端情形下如何互动，但“核裂变机制”的主题是完全不同的。玻尔和惠勒感兴趣的是构建像铀及其同位素这样的非常重的原子的核结构模型。如果他们找对了路子，就有可能弄清楚如何从中提取巨大的能量。

在整个20世纪30年代，人们对原子核家族的不断增加的细节已经开始有了理解。爱丁顿曾提议，氢原子核能够在恒星的核心区聚合形成氦，并放出星光。这就是所谓的核聚变。在元素表的另一端，人们相信非常重的核可以裂解成较小的核，并释放出能量——这种情况称为核裂变。显然每个人都能想到的一个问题是如何才能有效地利用核裂变能。是否有可能用少量的能量来引发重原子的核裂变，使每个原子分裂，并且能触发另一次分裂？换句话说，是否有可能引发连锁反应？

玻尔和惠勒的文章指出了核裂变的方式，使得其他物理学家明白了为什么铀235和钚239有可能是备选元素。它们是元素周期表上最容易实现实际裂变的元素。在随后的几年里，核裂变几乎主宰了物理学，遮蔽了几乎所有其他领域。杰出科学家大军把他们的智慧全都运用到试图掌握如何驾驭裂变的研究中，罗伯特·奥本海默就是其中的一员。

63

奥本海默在伯克利期间，就已建成一支由年轻的研究人员和时刻准备解决任何问题的学生组成的出色的研究小组。作为组织者和小组的领导，他有着崇高的声誉，能够运用他的统帅能力驾驭他的团队去解决他感兴趣的各种问题。当时，他的伯克利同事已开始在伯克利山的回旋加速器上合成更重的不稳定元素。1941年，他的一个同事——格伦·西博格——发现了元素钚，从而打通了一条裂变途径。奥本海默被卷入到一系列事件和发现的旋涡之中。这些发现刻画了第二次世界大战期间核物理的发展。

奥本海默同时也被激怒了。各种有关纳粹德国如何处置犹太人，杰出的科学家被迫逃离纳粹的迫害登陆美国海岸的报道震撼了他。随着他在伯克利的研究小组的发展，他也开始观察他的周围，短暂地从事了一段随欧洲难民涌入而带来的各种思潮影响下的活动。虽然他克制自己不在政治上过于活跃，但他开始关注政治。而随着战争的爆发，核裂变成为奥本海默关注的主要问题之一。

1942年，奥本海默被要求领导一个设在新墨西哥州洛斯阿拉莫斯国家实验室的物理学家攻关小组，这个小组的唯一目的是生产和控制核裂变的链式反应。小组聚集了许多年轻的和不那么年轻的聪慧头脑，有像约翰·冯·诺伊曼、汉斯·贝特和爱德华·特勒这样的德高望重的资深专家，也有像理查德·费思曼这样的年轻人。曼哈顿计划的主要目的是要研制出第一颗原子弹。在短短的三年时间里，他们实现了这个目标。1945年8月，两颗原子弹"小男孩"和"胖子"分别被投掷到广岛和长崎，造成大约20万人死亡。这些破坏性后果虽然惨痛，但它证明了奥本海默在如此短的时间里驾驭核力的能力。随着原子弹的成功，量子牢牢占据了物理学世界的舞台中心。

64

战争和核项目吸引了这么多的注意力，使得奥本海默和斯奈德关于黑洞的开创性论文被搁在了一边，在以后的若干年里被忽略和遗忘了。这项可能是广义相对论中最伟大的概念之一的华丽诞生就这样被无限期推迟了。广义相对论的两位年长的巨人——阿尔伯特·爱因斯坦和亚瑟·爱丁顿——对如何让奥本海默和斯奈德的发现不被埋没则什么也没做。

爱丁顿继续坚持认为钱德拉的计算是错误的、误导性的，坚持认为白矮星是任何质量恒星的演化的终点。恒星持续的不受约束的坍缩，直到"引力变得强大到足以胜过辐射"的论断简直荒谬透顶。钱德拉回忆说，近半个世纪过去了，"就我而言，我只能说，我觉得很难理解的是，爱丁顿这位最早和最坚定的广义相对性论支持者，本该发现恒星在自然演化进程中是有可能形成黑洞的这一结论，但他为什么就不能接受这一结论呢？”

爱因斯坦本人则继续反对自然世界的任何地方都有可能出现施瓦西解的极端形式——黑洞——的想法。他对这一概念的反应与他对弗里德曼和勒迈特膨胀宇宙的态度大致相同：它在数学上很优美，但在物理上一文不值。在对施瓦西解的更稀奇古怪的特性进行不断反驳了20多年后，他终于坐了下来，开始考虑对为什么说它们本质上没有物理意义这个问题给予合理的论证。1939年，也就是奥本海默和斯奈德提出确定引力坍缩结果的同一年，爱因斯坦发表了一篇论文，他在文中探索了处于引力坍缩过程中的粒子群的表现。他认为粒子将永远不会落到太过靠近临界半径的地方。他太固执，以能取得他想要的答案——不存在黑洞——的方式来设定问题。他再一次错了，并且像爱丁顿一样，错过了探索他的广义相对论更辉煌前景的机会。[65]

现在，几乎每个人的注意力都在别处，都被量子物理学的胜利迷住了。大多数有天赋的年轻物理学家都把关注点放在进一步推动量子理论方面，寻找更壮观的发现和应用。爱因斯坦的广义相对论，包括它的各种新奇的预言和古怪的结果，都被弃之道边，不得不在荒野里艰难跋涉。

第 5 章
鹦鹉学舌

66 在他最后的岁月里，爱因斯坦过着简朴的生活。他会在他白色的带隔板的房子里睡到很晚才起床。这所房子位于新泽西州普林斯顿市中心的梅瑟街，在那里他与他的妹妹玛雅住在一起（在他们来到普林斯顿后不久，他的妻子爱尔莎便于1936年去世）。每周的工作日时间，爱因斯坦都会到高等研究院富尔德楼自己的办公室上班，自1933年后，他一直在这里上班。多年来，他已成为普林斯顿校园的一个熟悉的存在。然而，尽管此时他比以往任何时候都更出名，但却给人一种孤独的印象。

爱因斯坦很早就被聘为高等研究院的第一批常任理事。高等研究院是一所由私人资助的杰出人才聚集之地，由班贝格家族设立。爱因斯坦周围可谓群英荟萃。有数学家约翰 · 冯 · 诺伊曼，他也曾参与原子弹的设计，是现代计算机的发明人之一；有数学家赫尔曼 · 外尔，大卫 · 希尔伯特的弟子之一，也是第一个高举爱因斯坦时空理论旗帜的人；有哲学家兼逻辑学家库尔特 · 哥德尔，他用他的不完备性定理给20世纪哲学带来了破坏性的震荡。当然还有罗伯特 · 奥本海默，他 67 在1947年已成为高等研究院的院长。在走廊上，爱因斯坦可能会遇到某位尊贵的访客，某位量子物理学或现代数学的建筑大师。但大多数情况下，他会撤回到他的办公室。

几个小时后，爱因斯坦会回家吃午饭和午睡。起身后，他会在他的书房里踱步，然后坐回到他最喜欢的椅子上，腿上铺着小毛毯，开始计算、写作和处理来自世界各地的大量信件。这些信件占去了他很大一部分时间，有来自国家领导人和政要的，也有来自有抱负的青年科学家和球迷的请求。在一天结束的时候，他会很早就吃晚餐，然后听广播，睡前阅读点东西。

这就是一个取得如此巨大名望的人的异常平静的生活。他并没有被遗忘。对公众来说，他的名字就像查理 · 卓别林和玛丽莲 · 梦露一样响亮。他是无数学术团体的成员，并被许多城市赠予钥匙。《时代》杂志用他的照片做封面，以此象征新技术时代的到来。时不时地，就有名人前来造访，与这位伟人共度几个小时。尼赫鲁和他的女儿英迪拉 · 甘地，以色列前总理戴维 · 本古里安，都曾有过这样的顺访。朱莉亚弦乐四重奏小组还曾在他的客厅里举行过即兴音乐会。

尽管享誉全球，但大多数时间里爱因斯坦还是一个自在的人。虽然他有几个年轻的助手和他一起工作，但很多时候他还是会选择单独工作。他的广义相对论仍然是他的骄傲和最爱，他时不时还会钻研它，试图超越弗里德曼、勒迈特和施瓦西，寻找到新的、更复杂但可能更切合实际的解。广义相对论仍然有太多的东西值得探索，但不是很多人都愿意为此花费时间，他们宁愿把精力花在量子理论上。甚至连爱因斯坦本人都会选择将他的大部分时间花在新的更宏大的理论上。这个理论耗去了他近三十年的光阴，它一直躲着他。

20世纪50年代的爱因斯坦不可能与20年代的爱因斯坦有太大的不同。凭着早年的科学成就，爱因斯坦曾周游世界，享受过王族般的待遇，给公众演讲，与其他物理学家辩论，先是抵制后又欣然接受宇宙膨胀的发现。在柏林郊区，建有一座爱因斯坦塔以表彰他的贡献；在波茨坦天文台，基于他的理论的观测研究仍在持续进行。他曾多次应邀出席国际会议，就物理学的最新发展发表意见，并获得会议的热情称颂。

68

随着20世纪30年代的到来，爱因斯坦曾目睹在自己的祖国大地上掀起的反犹太人浪潮。那时他就已经感觉到纳粹党及其追随者崛起所带来的严酷现实。他的旅行变得更加受限，死亡的威胁开始多起来。虽然他的名声在不断提高，但他应约做欧洲旅行时会变得更加谨慎。

尽管他基本不受周围政治风暴的影响，国宝享有免除这种丑陋政治的特权，但爱因斯坦还是早早感觉到反犹太主义的黑暗。在他做出广义相对论的发现后不久，一个由科学家组成的团体，公开的名称是“德国科学家维护科学纯洁性工党”，发起了一场反对他的新理论的运动。该党派污蔑相对论是“公众错觉”的一个例证，并试图构建一个抄袭事例来反对爱因斯坦。这场运动招募来一位世界知名的科学家作为相对论的对手：菲利普·勒纳德。

匈牙利出生的菲利普·勒纳德曾于1905年因在阴极射线方面的工作而荣获诺贝尔物理学奖，他的实验工作曾是爱因斯坦早期关于光量子工作的立论基础之一。在广义相对论创立之前，他与爱因斯坦的关系算得上是彬彬有礼。但之后，他猛烈反对爱因斯坦的相对论，称它过于晦涩，违反他认为的一个物理学家的“常识”。接着勒纳德在《年鉴》上写文章抨击爱因斯坦理论。也正是在这份杂志上，1907年爱因斯坦首次提出了广义相对论原理的思想。舌战随之而来，爱因斯坦反驳道，勒纳德作为一个实验物理学家，不是特别能理解他的想法。勒纳德则采取攻势，要求对方公开道歉。爱因斯坦与勒纳德和“反相对论者”之间矛盾的公开化几乎发展到要聚众斗殴的地步。

到1933年，爱因斯坦已经受够了德国。在纳粹党上台后，他决定切断与柏林的联系。他离开了德国，因为它已进入最黑暗的时期，他的理论也已成为“德意志物理学”运动攻击的标靶。随着纳粹党的崛起，菲利普·勒纳德的反相对论图谋，在得到另一个物理学家、诺贝尔奖获得者约翰内斯·斯塔克的呼声响亮的支持下，已变得更容易实现。按照勒纳德和斯塔克的观点，爱因斯坦的理论根本就是阴谋毒害德国文化的“犹太物理学”的一部分。按照纳粹意识形态的宏伟计划的实施路线，犹太物理学必须从系统中消除。

69

在爱因斯坦离开德国后的几年里，德国科学界的物理学领域，这个在20世纪初推动物理学取得最重大进步的团体，遭到系统性破坏。截至第二次世界大战爆发，德国大学里的所有犹太籍物理学教授都已经被清除干净。近代物理学领域的一些最有远见的思想家，创建了新的量子物理学的前辈，如埃尔温·薛定谔和马克斯·玻恩，都被德国遗弃。正是他们中的一些人在二战期间为盟军的原子弹计划做出了重要贡献。

鉴于物理学界的严重残废，约翰内斯·斯塔克开始着手建立以自己为领袖的新的雅利安物理学。但现代量子理论之父，韦尔纳·海森伯，挡住了他的去路。海森伯不是犹太人，但这并不妨碍斯塔克排除异己。他给党卫军办事处写了张条子，给海森伯贴上了"白种犹太人"的标签，指称他像那些被清除的其他人一样是企图唱衰德国科学的有害分子。然而奇怪的是，斯塔克失败了。海森伯是党卫军司令海因里希·希姆莱的中学校友，希姆莱保护海森伯免受了进一步中伤。事实上，正是海森伯最终终止了德国原子弹计划的实施，这让他的那些逃离希特勒德国的同事们惊愕不已。

爱因斯坦的离去使他的理论在德国处于低迷状态。他曾被称赞为魏玛共和国时期的民族英雄，但在纳粹年代，他迅速从德国文化中消失了。[70]他的一些狭义相对论概念已被列入教科书，但主要物理教材，格里姆谢尔斯的《物理学教程》，却没有提及他的名字。只是到了战后，爱因斯坦的广义相对论才在德国被接纳。

爱因斯坦的理论不只是在德国受到抨击。在政治谱系的另一端苏联，相对论和量子力学也因与官方所持的哲学——作为马克思主义的一个组成部分的辩证唯物主义——有冲突而遇到麻烦。基于德国哲学家弗里德里希·黑格尔和路德维希·费尔巴哈的思想，马克思在19世纪中叶到后期发展了辩证唯物主义，后来，这一学说又拥有了弗里德里希·恩格斯及其众多的追随者，特别是列宁的进一步精致化。在他1938年的文章《辩证唯物主义和历史唯物主义》中，约瑟夫·斯大林不仅定义、解释了辩证唯物主义，并将这一哲学有效地册封为苏联官方意识形态的一部分。按照这一哲学理念，万物的基础是物质，其他一切都来源于物质。存在被定义为物质世界的行为方式，并且是相互关联的，它先于任何形式的思想和理想化客体。正如马克思在他的巨著《资本论》里表述的那样："理想世界不过是物质世界在人头脑中的反映，并被转化为思想的形式。"

马克思主义哲学实践者力图用自然世界的不同成分及其相互作用来解释一切。自然界的一切都对宇宙有贡献，宇宙的恒常状态就是不断变化和发展的，而这种演变时常会被那些由最微小变化的逐渐积累所产生的最富戏剧性的重大转变所打断。关键是，物质的存在和演化被看作是一种客观存在，其规律独立于人的观察和解释。人类的知识能够忠实地、通过一系列反思来逼近这一客观实在，但这个过程永远不会完结，永远走不到尽头。

即使不是所有，世界上大部分的物理学家对唯物论观点本身并不反对。事实上，在工作中他们全都是唯物主义的实践者，并不忌讳称自己是唯物主义者。但同样是这批物理学家，他们坚决不同意并强烈反对哲学家的下列做法：试图教他们如何运用由某个特定的哲学学派主张的"正确的方法论"来做研究。马克思列宁主义不只是一个特定的哲学概念，更是一种得到苏维埃国家政权全力支持的强大的、影响深远的学说。在20世纪30年代到50年代的紧张的政治氛围下，在对量子力学或相对论的解释方面的哲学争论很可能就被戴上不忠的大帽子，有时甚至会带来危险的后果。

71

诚然，爱因斯坦的相对论物理学以及有关量子的新的激进想法的出现，加上它们的复杂性和无止境性等因素，往往会使哲学思辨变得模糊不清，使得苏联的科学哲学家很容易落入陷阱。爱因斯坦的时空理论同样也逃不过被攻击的厄运。首先，它是理想化的极致范例。它源自爱因斯坦的著名的思想实验，与可感知的自然世界很少或者根本不相关。其次，它采用的是最深奥的数学语言，对其整套规则和原理的解释，对于那些对尖端数学不在行的哲学家来说，尤其显得模糊难懂。最后，也是最出格的，爱因斯坦理论提出了一种荒谬的有确定起源的宇宙。这种观点太过接近于苏联思想界正要大力将之从社会中根除的宗教的观点。更何况，它的一个重要贡献者还是一位牧师——勒迈特神甫，另一个腐朽的外国人来自正在做最后挣扎的颓废的资本主义社会。事实上，在这场激烈排斥非苏维埃思想的运动中，人们很轻易地忘记了，膨胀宇宙学说事实上最先是由杰出的俄国和苏联物理学家亚历山大·弗里德曼提出的。这场争论憋闷了多年，燃烧于一时，但如果仅仅将它看成是杰出的物理学家与无知的正统哲学家之间的思想斗争，那就想得过于简单了。在这场斗争中，许多物理学家和数学家，其中不乏知名学者，都加入了哲学家的行列，而群体的忠诚和其他与讨论的主题不相关的因素的加入，使得争论严重政治化。

72 1952年，亚历山大·马克西莫夫，一位很有影响力的苏联哲学家和科学史家，发表了一篇题为《反对反动的爱因斯坦物理学》的文章。虽然文章发表在很少有人读到的苏联北极海军报纸《红色舰队》上，但物理学家的反应非常强烈：弗拉基米尔·福克——弗里德曼的学生和当时的苏联主要的相对论学者——撰文予以反驳，他的文章标题是《反对对现代物理学理论的无知批评》。在文章发表之前，福克、朗道和其他物理学家呼吁苏联的政治领导人对文章予以支持。在给贝利亚（斯大林的亲密伙伴和苏联核武器和热核计划的负责人）的一封私人信件中，他们抱怨“苏联物理学界的不正常状态”，并以马克西莫夫的文章为例强调激进的无知正在阻碍苏联科学的进步。文章发表后，福克宣称在这件事情上他已获得政府的支持。马克西莫夫非常愤怒，他向贝利亚抱怨道，他坚持他的意见。但到1954年，福克和朗道为首的科学家集团已经占了上风。当然，苏联的最高政治领导层有比分析爱因斯坦理论的复杂性更急迫的事要做。不仅如此，朗道这边有一项非常有力的论据：他们已研制并拿出了苏联的原子弹，因此他们的工作所依据的理论，不论做何种哲学解释，无疑是正确的。到了20世纪50年代中期，苏联哲学家和物理学家之间的意识形态之争结束，而相对论学者则被孤独地扔在了一边。最后一次斗争的记录是1956年写给苏共中央委员会的一份说明。在其中哲学派抱怨叶夫根尼·利弗席兹——世界知名的朗道《理论物理学教程》的合著者——向全体会议发表的有关膨胀宇宙的演说“在意识形态上是不正确的”。中央委员会对该说明给予了及时认真的考虑，但没有任何结论。

这场与马克思主义哲学家之间的争论与1937—1938年间以及其他年份里发生的政治迫害没有关系。在那些年间，几位才华出众的苏联物理学家，如马特维·布朗斯坦、列夫·舒勃尼科夫、谢苗·舒宾和亚历山大·威特等，被杀害，其他的被逮捕、监禁或遭流放。然而，现在这场意识形态斗争似乎对爱因斯坦的相对论在苏联的发展影响很小（如果不说没有的话）。发展是缓慢的，这与在西方的情形类似，[73]原因主要是人们对量子理论的兴趣急速抬升，加上国家急需快速工业化以便战胜欧洲的法西斯主义，以及在战后冷战时期赢得核竞争以求生存等因素。

如果说苏联哲学家不赞同广义相对论所基于的数学理想主义思

想，那么他们肯定更不赞同爱因斯坦后来的工作。爱因斯坦来到普林斯顿以后，变得痴迷于寻找一个大统一理论。虽然他的广义相对论仍是他内心的珍爱，但他想做得更大、更好。他想将广义相对论变为一种更基本理论的一个分支，这种宏大理论可以将全部基础物理学纳入到一个简单的框架下。爱因斯坦希望能证明，不仅是引力，而且电动力和磁力，甚至包括量子效应的某些奇特作用，都起源于时空的几何性质。但与他创立广义相对论时所采用的将简单的物理洞察力与黎曼几何完美地结合起来的路径不同，爱因斯坦以一种完全不同的方式来应对新的挑战。他放弃了他的强大的物理直觉而采用跟着数学走。

爱因斯坦没有拿下大统一理论。30多年来，他艰难地在各种理论间跋涉，有时放弃了一种可能性若干年后又再次把它捡起来。他尝试过将时空扩展为五维而不是四维。这额外的空间维度被包裹起来，外界几乎看不见。其几何，或者说它的曲率，将在电磁场下发挥作用，以应对19世纪中叶詹姆斯 · 克拉克 · 麦克斯韦提出的电荷和电流。

五维宇宙的观念并不是爱因斯坦最先提出的。它来自两位年轻的科学家：西奥多 · 卡鲁扎，柯尼斯堡大学的数学教授，和奥斯卡 · 克莱因，一个曾在尼尔斯 · 玻尔手下工作过的年轻的瑞典物理学家。他们的工作合起来详细说明了他们是怎么用这些五维时空来几乎完美地模仿电磁学理论的。爱因斯坦花了近20年时间来琢磨卡鲁扎-克莱因宇宙，发现这种宇宙中充斥着一种奇怪的物质形式，即在我们的周围存在着质量范围非常宽广的无限多种粒子，它们蜷曲了时空的剩余几何。爱因斯坦希望，但从来没能够证明，这些额外的场与薛定谔在他的量子物理学里提出的量子波函数可能存在密不可分的联系。在

74

20世纪30年代末，爱因斯坦放弃了这些理论。但有趣的是，到70年代时，统一理论的想法已经牢牢地在理论物理学领域扎了根，卡鲁扎-克莱因理论又重新回来了。

爱因斯坦在另一项力图统一引力和电磁力的理论上花费了更多的时间。他拾起他的广义相对论的几何框架，即黎曼在几十年前提出的数学工具，并将它拓宽。用以描述时空的几何结构和动力学的原初理论用了10个必须由他的场方程确定的未知函数。有这么多的未知函数，而且它们在他原初的场方程里还都互相纠缠在一块儿，正是这个事实构成了广义相对论是如此难啃的主要原因。而在他的新理论里，爱因斯坦希望再增加6个函数，其中3个用于描述电的部分，另外3个描述磁的部分。困难在于如何将这16个函数弄到一块儿，而且还能保证他的理论仍具有非常清晰的定义和可预测性。如果他成功了，那么结果，就像广义相对论一样，应能够给出既符合广义相对论又满足电磁学的显著结果。他希望这个理论在数学上是漂亮的，但几十年过去了，他还是没弄清楚该怎么做到这一点。

爱因斯坦追求的目标并没错——追求大统一理论是20世纪后半叶物理学攻取的主要目标——但在他生活的年代，他是独自一人在探索这个不可能完成的任务。尽管他形单影只，一个人在构建新的、极其困难的理论的道路上跋涉前行，但外界却用一种艳羡的眼光来看待他。爱因斯坦时不时地就会登上主要报纸的头版。1928年11月，《纽约时报》的头条标题就是：《爱因斯坦又将做出伟大发现》。几个月后，又刊登了一篇对爱因斯坦的简短采访。文章称："爱因斯坦惊讶于理论引发的轰动：让100名记者苦苦等候一周而无法脱身。"

75

这种高度的关注和兴奋的期待持续了随后的四分之一个世纪。1949年，《纽约时报》再次宣称，“爱因斯坦的新理论给出了开启宇宙奥秘的密钥”。几年后的1953年，它又大肆宣扬，“爱因斯坦拿出了统一宇宙定律的新理论”。尽管大众媒体对这一切给予高度关注，但在他周围同事的眼里，爱因斯坦已变得有些无关紧要，他对大统一理论的尝试受到广泛的冷落。

虽然爱因斯坦逃脱了眼看着他的理论在德国被铲除的那种疯狂虐待，但他发现在他的新家——美国，广义相对论也正在慢慢淡出人们的视线。在他周围，那些有可能推进广义相对论的阳光的年轻科学家都被吸引到量子物理学理论上去了，都在从事将量子理论应用到基本粒子和基本力的研究。

从某种意义上说，这是可以理解的。广义相对论在早期已经取得了一些伟大的成功，如对水星的近日点进动和光线的引力弯曲的验证。它还导致了膨胀宇宙的发现，使我们的世界观发生了重大变化。但仅此而已。从那时起，事情好像变得有点不可思议，像施瓦西的或奥本海默和斯奈德的关于正在坍缩或已经坍缩了的恒星的解，都只是数学结果。这些离奇的解就存在于空间的某个地方，但没有人见过它们，所以人们真的不得不将它们看成是数学珍品。而量子物理学则不一样，它可以在实验室中得到检验，而且可用于构建实际东西。但很明显，广义相对论中有更奇怪的东西有待发现，就像逻辑学家哥德尔能够证明的那样。

爱因斯坦在从他家到高等研究院的路上并不总是独自一个人行

走。通常情况下，这个古怪的、看上去有点邋遢、头发散乱但目光亲切的教授，身旁总伴着一个小小的身影。这小个子总是裹着厚重的大衣，啤酒瓶般厚重的眼镜后面藏着一双眼睛。当爱因斯坦心烦意乱地慢慢走向富尔德楼时，这个人会在他身边亦步亦趋，静静地听着爱因斯坦的独白，偶尔用高亢的声调作回应。爱因斯坦非常享受与这个奇怪的小个子男人的漫步，他也在高等研究院做事，而且通常都在，爱因斯坦很信任他。这位朋友就是库尔特·哥德尔——拆毁现代数学墙角的人。爱因斯坦毫不怀疑，哥德尔也在他的广义相对论上捅了个大窟窿。 76

哥德尔出生于20世纪初维也纳的一个大知识分子家庭。维也纳，这座诞生过恩斯特·马赫、路德维希·玻尔兹曼、鲁道夫·卡尔纳普、古斯塔夫·克利姆特[1]和数不尽的辉煌思想家的城市，有着在街头咖啡馆辩论问题和探讨现代性的文化传统。其中最负盛名的不拘礼节的聚会当属维也纳学派。而要想成为维也纳学派的一员，你得受到邀请。哥德尔就是这样一位受邀的人物。

与爱因斯坦不同，哥德尔在童年就表现出优异的禀赋。从小学到大学，他在所有受教育方面都取得完美的成绩，是标准的优秀学生。他也涉猎物理学，但与爱因斯坦不同，他是被“数学怎么就能成为一种逻辑框架”这样的问题吸引过来的。他很快就掌握了当代数学的发展趋势。这种发展通常多是起自那些试图构建一座基础稳固的数学大厦的哲学家和偏好哲学的数学家，这种数学理论杜绝了不合理性、猜

1.古斯塔夫·克利姆特（Gustav Klimt，1862—1918），奥地利画家，“维也纳分离派”奠基人，追求装饰性效果，风格和“新艺术”派相似。——译者注

测和奇技淫巧。统治格丁根数学学派的大卫 · 希尔伯特想要建立的就是这样一种数学理论。

大卫 · 希尔伯特坚信，所有的数学都可以由几条陈述或叫公理构建出来。借助于对逻辑法则的认真、系统的应用，宇宙间的每一项数学事实都可以通过不超过半打的公理中推导出来。什么事都不会被排除在外。任何一个数学事实的验证，从2+2=4到费马大定理，应该都来自于逻辑证明。哥德尔看出，希尔伯特纲领正是数学背后的驱动力。

在哥德尔置身于维也纳的生活期间，他总是静静地参加维也纳学派小组的会议，看着逻辑学家和数学家之间就如何将希尔伯特纲领扩展到整个自然界研究的问题进行的无休止的争论。他先是缓慢而沉稳地凿去这一纲领的基本前提，然后，用他自己的不完备性定理一举拆除希尔伯特的全盘计划。

不完备性定理陈述起来简单得令人有些难以置信。无论你用数学来描述什么系统，你都得从一组公理和法则开始。哥德尔证明了，不论这些最初的陈述是什么，总是会有些东西是你无法从这些公理和法则推断出来的：这就是你无法证明的真实陈述。如果你遇到一条你不能用公理和逻辑推理法则予以证明的真理，你可以把它添加到你的公理集中。但哥德尔定理表明，事实上，这样的无法证明的真理性陈述永远都有无限多条。当您拾起那些你不能证明的真理将它们添加到你的公理集合中时，你的那个原本简单、优雅的演绎系统就会变得臃肿、庞大，但总是不完整的。[77]

哥德尔定理像鱼雷一样击中了希尔伯特纲领的要害，让他的很多同事完全失去平衡感。一开始希尔伯特本人粗暴地拒绝承认哥德尔的结果，但他最终还是接受了它，并企图将其纳入他的纲领但未能成功。其他哲学家发表了一些误导性的批评，受到哥德尔的驳斥。英国哲学家伯特兰·罗素从来就没有完全赞同过哥德尔的结果。20世纪上半叶曾完全统治了哲学思想的路德维希·维特根斯坦，则干脆驳斥不完备定理与数学不相干。但事实并非如此，哥德尔知道这一点。

哥德尔热爱维也纳，但他最终发现自己被爱因斯坦的所谓“地球上的一块奇妙之地……但同时又像是有许多两腿细长的精灵在举行令人发噱的庆典仪式的穷乡僻壤”吸引住了。经过20世纪30年代对普林斯顿的多次访问，他慢慢开始感觉到待在高等研究院很愉快，在这里不仅可以结交爱因斯坦，还可以与冯·诺伊曼进行讨论。他逐渐认识到普林斯顿竟有这么些高智慧的流亡者藏身于此。接下来在维也纳发生了一件特别令人讨厌的事件：他被说成是看起来像个犹太人。于是他决定逃离。

爱因斯坦和哥德尔马上一拍即合。正如爱因斯坦所说，他之所以会去办公室“只是为了能与哥德尔一块儿步行回家”。后来哥德尔病倒了，爱因斯坦还赶来照顾他。当哥德尔申请美国公民身份，准备入籍宣誓时，他发现美国宪法的相关条款上存在逻辑上的不一致，这种逻辑缺陷有可能使该国陷入暴政。爱因斯坦赶紧赶过来陪同哥德尔一起去办入籍手续，以防止他在此过程中破坏了自己的公民宣誓仪式。

哥德尔不仅痴迷数学，而且喜欢物理学，他经常花上几个小时与爱因斯坦一起讨论相对论和量子力学。他们都认为量子物理学的随机性难以接受，但哥德尔不会停在那里：他认为爱因斯坦的广义相对论似乎存在关键性缺陷。

哥德尔全身心地投入到爱因斯坦的场方程，像弗里德曼、勒迈特和他之前的许多人一样，他试图简化这些方程，寻找一种易于处理但仍然可代表真实宇宙的解。你可能还记得，爱因斯坦认为宇宙中充满了物质——原子、恒星、星系以及你看中的任何可能的东西，它们均匀分布无处不在。在任何时刻，不管你处于宇宙何处，它看起来都是一样的，全无特征，亦无中心或首善之地。弗里德曼和勒迈特各自以自己的方式跟随爱因斯坦的导向找到了简单的解。他们的解表明整个宇宙的几何结构随时间演变。哥德尔决定增加一个小的附加项，它足够小，不影响到他解场方程，但同时又足够大，足以导致一些有趣的事情发生。他假定，整个宇宙在围绕一根中心轴旋转，就像一个旋转木马，随着时间的推移在一圈又一圈地旋转。哥德尔发现的新宇宙的时空像弗里德曼和勒迈特提出的宇宙一样，也可以用时间加上三维空间坐标来描述时空各点的几何。但也有区别。弗里德曼和勒迈特宇宙从一开始就存在那种由斯莱弗和哈勃业已证明存在于真实宇宙中的红移效应。而哥德尔宇宙则不存在这种效应。很明显，它不能解释由斯莱弗、哈勃和赫马森观测到的宇宙膨胀。但这不是问题的关键。它仍然是一种有效的解，一种爱因斯坦广义相对论下的可能的宇宙。

然而，哥德尔的解与它之前的宇宙大大不同。在弗里德曼和勒迈特宇宙中，一个观察者可以四处漫游，探索时空的不同部分，并且随着时间的推移，他会衰老，将所经历的一切留在身后。就是说，过去、现在和未来有明显的区别。但哥德尔宇宙不是这样。在哥德尔宇宙里，如果观察者运动得足够快，她可以沿着旋转时空线奔走最后转回到自身。她可以足够的精度切入到她运动之前的年轻岁月。换句话说，在哥德尔宇宙中，有可能回到过去。

79

在哥德尔梦幻般的宇宙中，在时间上向后和向前都是可能的，你可以重温过去，去改正年轻时的错误，向长期分离的亲人道歉，对自己即将做出的有关未来的糟糕决定发出警告。但是，这也意味着你可以做某些没有意义的事情，从而产生某种令人不安的矛盾。譬如你加速回到过去，遇上你的祖母，那时她还是个年轻的姑娘，你采用某种过激的可怕行为杀了她。这等于你从地球上抹去了她的存在，因此她不可能生出你的父亲或母亲。由此你也否定了你自己的存在的可能性，这意味着你不可能回到过去去做可怕的事情。然而，如果你住在哥德尔宇宙里，那就没任何东西能够阻止你这样做，技术限制和道德困惑都靠边站。哥德尔的结果表明，爱因斯坦的广义相对论允许这样一种有可能在时间上回到过去的解，因此像这样的悖论如被允许存在，那将大大违背了我们对世界的体验。如果爱因斯坦的理论真实地体现了自然，那么哥德尔的荒谬宇宙就只是一种真实的物理可能性。

1949年，哥德尔在纪念爱因斯坦70寿辰的会议上提出了他的结果。他的结果漂亮地将几个简单的陈述和最后的解综合在一起。但这个解是如此古怪，没有人知道该怎么做。钱德拉，就是那个在过去20年里不断反驳爱丁顿的批评和攻击的人，写了一篇短文指出，他认为哥德尔的推导有错。但是这一次，一向细致和认真的钱德拉确确实实犯了一个数学上的错误。H.P.罗伯逊，曾与弗里德曼和勒迈特一道开创了膨胀宇宙学说的加州理工学院的天文学家，在一年后对相关领域的状态进行了综述，并轻蔑地驳斥了哥德尔宇宙。

那么此时爱因斯坦在做什么呢？爱因斯坦还是运用他的传奇的直觉来对付这个问题。这种直觉曾在狭义相对论和广义相对论这些伟大的发现中起到过关键性作用。当然，同样是这种直觉使他拒绝了弗里德曼和勒迈特的解，也忽视了施瓦西的解。他这样回应了哥德尔的工作，说哥德尔宇宙是对"广义相对论的一个重要贡献"，但他保留对它是否应"基于物理的考虑予以排除"做出判断。

80

哥德尔的爱因斯坦场方程解似乎过于离奇，与任何真实的自然世界都不存在关系。直到他1978年去世前，哥德尔一直在寻找天文学证据以图证明他的解具有真实的物理意义。但在某种意义上，哥德尔的解是以例证的方式表明，广义相对论是一种有奇异的数学解的数学理论，与真实宇宙无关。

当高等研究院在1935年[1]首次尝试聘请罗伯特·奥本海默时，恰逢他所在的那所充满活力的加州大学伯克利分校开始扬名，因此他拒绝了普林斯顿的邀请。在一次对普林斯顿的短暂访问后，他写信给他的弟弟道："普林斯顿就是一所疯人院：孤星闪亮的境况里透着无奈和悲凉。爱因斯坦完全是鹦鹉学舌。"他从来没有动摇过对爱因斯坦后半生工作的否定态度。

1.在其他著作如凯·伯德等著《奥本海默传》（英文原名*American Prometheus*，直译：美国的普罗米修斯）里，这个时间是1934年。——译者注

1947年，奥本海默终于接受了领导高等研究院的职位。对他的任命并非没有反对意见。爱因斯坦和赫尔曼·外尔都全力推荐奥地利物理学家沃尔夫冈·泡利——就是那位发现了量子物理学的基石不相容原理的人——来担当此任。他们向教师游说，斩钉截铁地指出："奥本海默对于物理学根本没做出过像泡利不相容原理这样的基本性质方面的贡献。"但正是奥本海默作为组织者的突出能力和辉煌成就使他得到了这个职位。他一上任就着手提振普林斯顿的学术氛围。他给普林斯顿带来了一片生机和荣光。1948年，《时代》杂志封面文章这样写道："今年奥比的来宾名单上还将包括历史学家阿诺德·汤因比、诗人T.S.艾略特、法哲学家马克斯·雷丁，以及一位文学评论家、一位官员和一位航空公司主管。没人知道下一个会是谁，也许是一位心理学家、一位总理、作曲家或画家。"这里再也不会荒凉如昨。

奥本海默曾与他的伯克利学生一起对广义相对论有过短暂的探索，但之后便对它失去了兴趣。他和他的学生哈特兰·斯奈德曾发表过一篇后来被列为广义相对论研究中最重要的文献之一的文章。这是一篇有关时空坍缩的发现的文章。后来他幡然醒悟，不再沉迷于这种在他看来过于陈旧、深奥的理论，他也不鼓励高等研究院的年轻人从事这一工作。研究院的一位年轻人弗里曼·戴森曾在给家人的信中这样写道，在奥本海默统治时期，"广义相对论是最有前途的研究领域之一，但在目前不宜考虑"。在能够揭示出空间和时间更多的奇异性质的新实验出来之前，或某个人能将广义相对性理论纳入量子理论之前，爱因斯坦理论没有太多的用处。

81

奥本海默不是唯一一位引领物理学家抛弃广义相对论的人。量子理论的崛起已经使爱因斯坦理论黯然失色到这样一种程度，有关广义相对论的论文已变得很难发表。《物理评论》的编辑塞缪尔·古德斯米特是一位生活在美国的德国科学家，对量子理论的早期发展曾做出过重要贡献。古德斯米特移民美国后成为《物理评论》的编辑，他一直努力要将这本杂志办成物理学领域的最重要的期刊，使之能够直接与欧洲的杂志竞争。古德斯米特不看好广义相对论。像奥本海默一样，他觉得这个深奥且有用性和可检验性都很有限的理论已经没有太多的事儿可做了。他扬言要发一篇刊论来有效禁止有关“引力和基本理论”方面的论文的发表。但普林斯顿大学教授约翰·阿奇博尔德·惠勒已开始看出爱因斯坦理论的魅力，只是在他的恳求下，古德斯米特才撤回了要取缔发表广义相对论论文的主张。

奥本海默和爱因斯坦最终还是发展出珍贵的友谊。它亲切而不亲密，并不断因彼此间的忠诚和倾慕而得到加强。有一次，奥本海默让人给梅瑟街爱因斯坦住处安装上无线电天线，以便老人能在晚上收听到他心爱的音乐节目。在爱因斯坦生日那天，奥本海默带着一台新收音机来为老人贺寿，这让爱因斯坦十分意外和感动。奥本海默知道，在他最黑暗的那段日子里，爱因斯坦始终坚定地支持他。奥本海默在伯克利时就已显露出管理方面的天才，并因此被赋予曼哈顿原子弹计划的技术总管一职。作为美国原子能委员会七人理事会的成员，他是建立有关战后原子项目和原子能利用发展的监督机构的坚定支持者。他还因不愿意批准某些更为出格的核项目而得罪了好些人。这些核项目包括可以连续飞行的核动力飞机，建造相当数量的“超级炸弹”即氢弹，其威力将远远超过投向广岛和长崎的原子弹。这些做法让奥本海默树敌不少。到了20世纪50年代的麦卡锡反共时期，这些政敌终于歇斯底里地奋起反击。

在《财富》杂志1953年的一篇文章中，奥本海默因其“坚持不懈地反对美国的军事政策”而受到严厉批评，并被指控策划阴谋来阻止氢弹的发展。这一年，奥本海默被剥夺了国家安全许可的权力，并被视为对美国的安全构成威胁。1954年，他在针对他举行的听证会上为自己辩护。他的名誉得到了部分洗刷，但他的安全许可却再也没能恢复。听证会的报告明确指出：“我们发现，奥本海默博士不断地与共产党交往的行为说明他对国家安全体制极端不尊重。”奥本海默被从他作为华盛顿精英的位置上赶了下来。

爱因斯坦永远无法理解奥本海默对权力的迷恋。为什么奥本海默会对做一名高级公务员这么感兴趣？作为一名世界和平主义的旗手，爱因斯坦捉摸不透为什么奥本海默既然衷心拥护他所从事的事业，却不希望更多地发声，让公众更多地了解他不赞同军备竞赛的态度。爱因斯坦没忍住，他在电视上对全国发表讲话，公开反对“超级炸弹”的罪恶，对此报纸以“爱因斯坦警告世界：要么取缔氢弹要么灭亡”为通栏标题予以报道。

在他最后也是最孤独的日子里，爱因斯坦还是那么有影响力。在局外人看来，这种情形甚是讽刺：研究院的一层楼里，爱因斯坦正在帮助起草防止核武器扩散的和平呼吁书；而在另一层楼里，奥本海默正忙着钻研氢弹计划。但爱因斯坦能够畅所欲言。他的影响力太大，以至于反共势力不敢与他交锋。因此，与奥本海默不同（奥本海默作为美国核霸权背后的关键人物，尽管被罢免了权力并通过安全听证会而受辱，但说话行事仍非常谨慎，以免授人以支持共产党的口实而被威胁），爱因斯坦把一切警告都当作耳旁风。他公开诋毁听证会，在给《纽约时报》的一封信里他这样写道："少数知识分子应该怎么做来反对这种恶行？坦率地说，我能看到只有甘地那样的不合作的革命办法。"他不断地公开告诫那些被听证会传唤的人，要他们通过援引宪法第五修正案——公民有不回答问题的权利——来拒绝给予配合。

爱因斯坦的最后几年一直被疾病的阴影所笼罩。1948年，他被诊断出腹部主动脉上患有致命危险的动脉瘤。多年来，动脉瘤一直在缓慢生长，爱因斯坦对这个谁也逃不脱的命运有思想准备。1955年，在他过完了76岁生日后，爱因斯坦意识到他已病得无法前往伯尔尼出席庆祝他的狭义相对论诞生50周年的会议了。4月中旬，他的动脉瘤破裂，几天后爱因斯坦在医院去世。

葬礼非常简单，没有铺张的追悼仪式。只有少数几个人参加了他的遗体火化，他的骨灰被家属不公开地撒掉。葬礼留了几张照片，告诉人们这是一个安静、实际的处理。他的大脑被保存下来，以便为后人探求他的辉煌的原因提供线索。伯尔尼的会议照常进行，只是现在对爱因斯坦工作的祝词改成了悼词。

奥本海默，作为高等研究院的主管，曾多次被要求对爱因斯坦的生活和工作进行评价。他也这么做了，他称赞爱因斯坦的成就。但当被进一步追问时，他发现无法掩饰自己对爱因斯坦最后岁月的工作的不太赞同的态度。虽然他在1948年为《时代》杂志撰写的介绍高等研究院的一篇文章里爽快地指出："爱因斯坦是物理学家、自然哲学家，是我们这个时代真正伟大的人物。”但他也向记者流露过这样的缺少热情的评价：“以物理学家圈内人的观点看，我得遗憾地承认爱因斯坦是一个具有里程碑意义的人物，但不是一盏明灯；在物理学飞速进步的过程中，他已经被落在了后面。”在爱因斯坦去世10年后的一次接受《快报》的采访中，奥本海默进一步指出：“在他生命的尽头，爱因斯坦的确没有什么好。”

84

爱因斯坦去世后，他留下的广义相对论处于无人问津的境地，在量子理论光辉的映衬下显得黯然失色。当时的一些顶尖物理学家对它不屑一顾。它的重生需要新的血液和新的发现。

第 6 章
无线电时代

85　1949年，英国广播公司（BBC）的听众对弗雷德·霍伊尔的系列讲座《宇宙的本质》可谓印象深刻。这个口齿伶俐的年轻的剑桥大学讲师通过电波与数以百万计的听众接触，教授他们关于宇宙的历史和演化知识。像爱因斯坦、勒迈特和在他之前的许多其他人一样，他向群众普及相对论知识，群众也都乐于接受这些知识。还不到40岁，霍伊尔就已成为兜售广义相对论的新的报童，成为爱因斯坦、爱丁顿和勒迈特之后的接棒人。

但霍伊尔认为勒迈特的观点是不对的。按照霍伊尔的理解，宇宙从无到有是无稽之谈，从事广义相对论的前辈们本应修正这一理论来得到更合理的结果。他声称宇宙由某个瞬间突然开始是一种荒谬的假设。正如他所说的那样："这些理论全都基于这样一个假设：宇宙中的所有物质是在遥远的过去的某一特定时刻的一次大爆炸中突然产生的。"他用"Big Bang（大爆炸）"一词以示轻蔑；他认为存在一种更好的解：无尽的宇宙是在物质不断创造出来的常态下反复再生的。

86　霍伊尔准备与相对论者战斗，他有这么多的听众，他有实力这么做。对于英国广播公司的普通听众来说，他的稳恒态理论听起来就像是标准的宇宙学，而20世纪20年代出现的成功的膨胀宇宙学说反倒像是一种反叛理论。这当然不是真的。霍伊尔和他的两个合作者——赫尔曼·邦迪和托马斯·戈尔德——是一群特立独行的人，他们歪曲了大众对理论物理学领域正在发生的进展的认知，这深深地激怒了他们的同事。正如一位天文学家在回应霍伊尔讲座时说的那样，学界有"一种感觉，他已经远远超出了对天文学知识做体面的介绍的限度，我们很担心他的这种不慎和片面性已经损害了这个学科"。

尽管霍伊尔具有媒体号召力，但他的稳恒态理论永远只是一种山寨产业，一种主要流行于剑桥的非正统学说。然而，稳恒态理论所提出的问题，在它的启发下立志从事这一学科的年轻科学家，以及它所提供的新的观察宇宙的窗口，将成为随后几十年中广义相对论理论浴火重生的关键。

像弗雷德·霍伊尔这样的特立独行者出现在剑桥一点都不奇怪。剑桥是亚瑟·爱丁顿的根据地。与爱因斯坦有点像，爱丁顿在后半生也迷失了自己，沉迷于他自己的很深奥的宇宙理论而不能自拔。在他去世前的几十年里，爱丁顿一直试图搞出一种能够将一切——引力理论、相对论、电学、磁学和量子理论——统一起来的基本理论。在外人看来，他的这幅由数字、符号以及各种神奇的联系编织成的统一世界似乎更像是一种命理学说和一堆巧合，而不是广义相对论核心的优雅的数学。比爱因斯坦更有过之的是，爱丁顿一直过着一种避世的生活，在他1944年去世之前的最后几年，他生活在一种相对隔绝的状态下。他留下了一部不完整的手稿。手稿于去世后的1947年出版，标题宏大：《基本理论》。这是一部晦涩难懂的书，不易读，早被世人完全忘记了。谁曾想，当年促成广义相对论横空出世的英雄人物竟只有这么一点可悲的遗产。正如当时一位天文学家所说："不论它是否能作为一项伟大的科学工作留存于后世，它肯定都是一件值得注意的艺术作品。"不相容原理（这一原理对理解白矮星非常重要）的发明者沃尔夫冈·泡利对爱丁顿的工作甚是不屑。在泡利看来，爱丁顿的基本理论"完全是一派胡言。更确切地说，是一首浪漫的诗，而不是物理学"。

87

弗雷德·霍伊尔在1933年来到剑桥。当时爱丁顿正在发展他的恒星理论，并与年轻的钱德拉就重白矮星的归宿进行论战。霍伊尔是英国人，长着一张圆脸，戴着一副眼镜。他首次阅读爱丁顿的科普著作《恒星和原子》时年仅12岁。与之形成强烈对比的是，他感觉自己受到的教育很不充分，正如他所说的："那时我或多或少都有些放任自流。"然而到了剑桥后，他的发展势头很猛，本科生期间就赢得了许多奖项，并打算完成量子物理学博士学位。到1939年，霍伊尔已经取得了圣约翰资深会员的资格，并拿到了著名的研究奖学金。他决定换个领域，他放弃了在量子物理学方面的工作，尝试在天体物理学方面一试身手。受到爱丁顿的《恒星的内部结构》的启发，霍伊尔决定钻研恒星如何燃烧以及如何获得燃料方面的问题。他后来的工作成为理解"恒星内部的核过程如何导致重元素形成"的关键。

当霍伊尔在1939年转换研究领域时，他还面临着第二次世界大战的开始。在接下来的六年里，他致力于为战争服务，从事军用雷达的研究。正像美国的原子弹计划吸引了各路美国精英一样，二战期间的无线电波技术在雷达上的应用也吸引了英国的一些最聪明的人才。

各种令人瞠目的点子和绝妙的想法被用于捕捉飞机、舰船和潜艇。战时雷达研究的遗产到现在还在影响我们的生活——现代社会充斥着各种无线电波。我们将它们用于广播电视，用于无线网络和移动电话，用于飞机的导航和引导导弹。

在从事雷达研究工作期间，霍伊尔认识了两位年轻的物理学家：赫尔曼·邦迪和托马斯·戈尔德。邦迪是一位出身于维也纳的犹太流亡者，16岁时他就去听讲爱丁顿在维也纳举办的公开讲座。他觉得必须去剑桥大学学习数学。在那里，他完全陶醉在知识环境里。他后来写道："我想我的余生就应该这么生活。"由于来自敌对国家，邦迪二战初期在加拿大被拘留，由此他认识了另一位来自维也纳的犹太流亡者托马斯·戈尔德，后者也对爱丁顿的科普读物非常着迷，当时正在剑桥大学攻读工程学。邦迪和戈尔德从拘留所出来后，便跟着霍伊尔做战时勤务工作。在空闲时间里，他们一起讨论宇宙学和天体物理学的最新进展，每个人都按自己的方式做事：霍伊尔生性乐观，邦迪擅长数学，而戈尔德行事务实。 88

战争结束后，三人取得了剑桥不同学院的研究员职位回到剑桥。战后剑桥的学术环境变得严酷荒凉。不少教师走了，战时取得的经验让他们被吸引去追求学术之外的事业。但房地产变得十分看好，战争期间工人的涌入使得租金看涨。邦迪和戈尔德结束了在城郊与人合租一套房子的生活搬回了校内。霍伊尔经常会在他们的空余房间里住上一周，只在周末才回到他在乡村的家。

晚上，霍伊尔大部分空闲时间都与邦迪和戈尔德在一起，和他们一起讨论他脑子里思索的问题。戈尔德这样描述道，霍伊尔“一直在说……有时还相当啰唆，甚至咄咄逼人，漫无目的地在某个问题上绕来绕去”。霍伊尔执著的问题之一就是哈勃对宇宙膨胀速度的观测。

自哈勃和赫马森测得了德西特效应后，多年来，弗里德曼和勒迈特的膨胀宇宙概念已经成为天体物理学的标准学问。虽然勒迈特的原始原子过于深奥，被从观察对象中移去而没被完全采纳，但大家普遍认为他的宇宙模型大体是正确的——宇宙从某个初始时间点开始膨胀，至于它如何开始的细节则可由以后的数据来支持。毫无疑问，这是天体物理学和广义相对论的一个巨大的成功。

然而，弗里德曼和勒迈特的宇宙有一个似乎难以摆脱的莫名其妙的问题。这个问题在哈勃进行开创性观测的那一刻起就已显现出来。哈勃发现，宇宙的膨胀速度大约是500千米每秒每百万秒差距（megaparsec）。这意味着一个距离我们100万秒差距（约300万光年）的星系会以每秒500千米的速度离我们远去；一个距离我们200万秒差距的星系逃离我们的速度差不多是每秒1000千米，依此类推。哈勃的后续测量似乎证实了这个值。从这个数字（现在被称为哈勃常数）出发，我们可以用弗里德曼和勒迈特的宇宙模型来回溯宇宙演化的起始点，找出宇宙从无到有的确切时刻。结果表明，宇宙的年龄大约是10亿年。

10亿年似乎是一个相当长的时间，但实际上它还不够长。在20世纪20年代，放射性断代术确定的地球年龄超过20亿岁。而天文学家詹姆斯·金斯的工作确定的星团的年龄在数千亿到数万亿年之间。

后来星团的年龄被向下修正，但有一点毫无疑问：似乎宇宙的年龄要小于它所包含的东西的年龄。这根本不可能是真实的，但对这个悖论似乎还没有好的解决办法。1932年威廉·德西特在总结这种情况时说："恐怕我们所能做的就是接受这个悖论，并尝试适应它。"这种情况直到霍伊尔、邦迪和戈尔德开始对膨胀宇宙感兴趣的那会儿都没什么改善。

当剑桥三人组开始思考宇宙学问题时，年龄悖论似乎成了弗里德曼和勒迈特模型的一个明显的缺陷。但真正困扰霍伊尔、邦迪和戈尔德的是一个更深刻也更加概念性的问题。按照弗里德曼的或勒迈特的模型的时钟回溯到宇宙开端所对应的时刻，整个空间被无限集中在一个点上。换句话说，空间、时间和物质都起始于这个初始时刻。在霍伊尔和他的朋友看来，这是绝对不能接受的。霍伊尔将它看成是"一种无法用科学术语来描述的非理性的过程"。什么样的物理定律可以用来描述无中生有？这是不可想象的，对此霍伊尔称之为"一个明显不尽如人意的概念，因为它使基本假设淡出了人们的视线，它可以永远不用直接面对观察的挑战"。他们的这种否定态度就像是爱丁顿当年对勒迈特的原始卵给予令人震惊的评判的回声。 90

让霍伊尔及其同事采用新的视角来看待世界的是一部电影：《夜深人静时》（*Dead of Night*）。这部制作于1945年的电影是一部恐怖片，有着循环的故事结构，影片的结尾正好呼应着故事的开头。没有真正的开始和结束，这正是一种看待无穷无尽的宇宙的幽闭恐惧症的愿景。它吸引了霍伊尔、邦迪和戈尔德。会不会宇宙事实上就是这样的呢？没有最初的时刻，也不存在原始的卵。

邦迪和戈尔德则是从一种几乎抽象的、审美的观点来看待初始时刻（即霍伊尔后来称之为“大爆炸”）的问题。几个世纪过去了，对宇宙的描述早已超越了对特定的、首选的空间位置的关注。弗里德曼和勒迈特像他们之前的爱因斯坦一样，假定宇宙是完全没有特征的，无论是事物的演化还是从观察的角度看，都不存在中心或首选之处。空间中的所有的点都处于真正的平等地位。既然如此，那为什么不将这一原理——宇宙学原理——提升到高于一切的地位呢？为什么不假设在时间和空间四维坐标下的所有的点都是一样的呢？宇宙就没有什么开始，它就是一种永恒，在所有的时间上保持着一种稳恒的状态。

霍伊尔着手理清这个设想的细节。在弗里德曼和勒迈特的宇宙里，能量会因为膨胀而被稀释，并随时间缓慢减少。如果宇宙真处于稳恒态，那么能量就不得不以某种方式得到补充，以保持宇宙的车轮继续滚滚向前。为此霍伊尔决定修改爱因斯坦场方程，就像爱因斯坦当年在构建他的现已失去魅力的静态宇宙时所做的那样。霍伊尔推测，存在一种他所谓的创生场，或叫C场，由它随时间推移而不断地产生能量。霍伊尔的稳恒态宇宙就是由这种神秘的、前所未有的能源来维持的。在霍伊尔的宇宙里，物理学的一条神圣定律——能量守恒定律——成了泡影。霍伊尔认为这不是什么大不了的事，所需能量的增加“大约只相当于每个世纪在如帝国大厦的体积上产生一个原子”。[91]这种增加几乎不改变什么。

1948年，英国皇家天文学学会的《每月评论》（*Monthly Notices*）上发表了两篇文章，一篇是霍伊尔的，另一篇由邦迪和戈尔德所写。收到的反应可谓喜忧参半。量子物理学之父海森伯，在霍伊尔提出他的C场时正好在剑桥访问，认为这是他的访问行程中收获的最有趣的想法。而牛津大学的数学教授E.A.米尔恩则直接拒绝了这一概念，他陈述道："我不相信物质不断产生的假设是必要的，我也不认为它与宇宙整体上产生于某一特定时刻的假设可以置于同一基础上。"马克斯·玻恩，这位当年罗伯特·奥本海默在格丁根的导师，根本无法接受霍伊尔提出的这种变革，"如果说有一条法则能够经受得住物理学的所有变化和革命，它只能是能量守恒定律"。而伟大的阿尔伯特·爱因斯坦对霍伊尔的模型很少给予关注，声称它只是一个"浪漫的炒作"。三位天文学家感到，他们给出的这个宇宙学基本问题的解明显被斥为离奇古怪且无必要。霍伊尔对他的同事的这种不合理的判断感到非常沮丧。正如他所说，他被"向那些迟钝的头脑解释物理上、数学上、事实上和逻辑上的要点搞得精疲力竭"。

接着，事情有了转机：霍伊尔得到了一个促使他的模型得到更多理解的机会。这个机会远比任何文章或系列研讨会更具影响力。英国广播公司正计划一个由剑桥大学历史学家赫伯特·巴特菲尔德主持的系列广播讲座。结果巴特菲尔德在最后一分钟退缩了。年轻的弗雷德·霍伊尔，凭着一点点广播经验，应邀接替巴特菲尔德前来救场，节目内容改为关于宇宙和宇宙学的系列讲座，总共五讲。在讲座中，霍伊尔可以深入阐述宇宙学所面临的问题，年轻的宇宙为什么会有年老的星系，以及为什么弗里德曼和勒迈特的宇宙产生的问题要比它解决的问题更多。他可以描述他的稳恒态宇宙的种种优点。霍伊尔可以绕过所有的常规方法来向全国的听众陈述他的想法，就好像这些已经是既成事实。每个人都知道他的理论。

92　霍伊尔的BBC讲座取得了令人难以置信的成功。霍伊尔成了知名人物，上了媒体头条。他对宇宙的描述受到公众的热捧，它抓住了大众的想象力。但通过采用这种公共平台来将自己的模型置于弗里德曼和勒迈特发现的远更完善且已为学界所接受的膨胀宇宙模型之上的做法，使得霍伊尔的同事被激怒了，结果是稳恒态宇宙的概念在业内遭到进一步冷遇。尽管霍伊尔成功地将稳恒态宇宙置于公共平台上，但他与同事之间的交流障碍则变得更加根深蒂固。正如霍伊尔后来回忆时说的那样："在20世纪50年代的头两三年里，我发现我的论文很难发表。"

但不管怎样，稳恒态宇宙已经成为替代弗里德曼和勒迈特的膨胀宇宙的一种可行的方案，尽管后者曾击败过爱因斯坦的静态宇宙模型。宇宙学和广义相对论在20世纪20年代的伟大发现处于受攻状态。但在接下来的几年里，关于宇宙的全新的窗口会打开，所有这些模型都将经受全然不同的光线的照射。

"我不认为这么说有什么不对，[马丁]赖尔开发射电源计数程序的动机……就是要复仇。"霍伊尔对他的这位前同事回忆道。这个说法虽显得不近人情，但确有一定道理。因为马丁·赖尔确实是个性情不稳定、脾气暴躁的主儿，他喜欢竞争而且多疑。即使在剑桥，赖尔也是离群索居，远离同事，每天径直去曾被用作主桥（Lord's Bridge）火车站的射电望远镜天文台工作。"一棚一天地"，他的一位同事这样回忆道。他的职业生涯可谓辉煌——他1972年成为皇家天文学家，1974年又赢得了诺贝尔物理学奖。然而自始至终，赖尔的表现就好像他不断受到威胁，在组里强迫自己表现出一种令人反感的掩体心态。

马丁·赖尔也出自于雷达一代。作为剑桥大学教授的儿子，赖尔于1939年以优等生的佳绩毕业于牛津大学。和邦迪、戈尔德及霍伊尔一样，二战期间马丁·赖尔也研究雷达。他设计了多种雷达干扰机来对付德国的雷达系统，使德国的火箭制导系统失灵。战争结束后，赖尔去了剑桥，他打算运用他的技能来发展，从某种意义上说应是主导，[93] 射电天文学这一新领域。他并不孤单，因为随后伯纳德·洛维尔搬到了曼彻斯特。洛维尔在二战期间也对雷达的发展倾注了全部精力，现在他要在焦德雷尔班克天文台着手建造世界上最大的可转向射电望远镜。而在澳大利亚，约瑟夫·波西在悉尼建立了自己的射电天文学研究组。在二战期间，波西效力于澳大利亚皇家海军，在开发雷达的过程中度过了他的战争年代。

几年前，射电天文学的前几步已经迈出。早在20世纪30年代，美国新泽西州贝尔电话实验室的一位工程师，卡尔·央斯基，就已认识到宇宙空间在不断地发出嘶嘶声。央斯基被要求找出这种恼人的静态波源。这种电波使得无线电通信受到严重干扰，甚至有时使广播电台的节目都无法听到。央斯基只想修理收音机——因为他对外层空间的奥秘兴趣不大。

无线电波的表现就像光波，只是其波长比可见光的更长，大约是可见光波长的10亿倍。我们能够实际看到的光（它占据了太阳光的一大部分）其波长小于1米的百万分之一。而无线电波则具有巨长的波长，其范围从毫米一直延长至几百米。央斯基曾发现，银河系一直在发出强度特别巨大的无线电波，日复一日，从不停息。尽管太阳发出的光要比整个银河系发出的光全部加在一起还要亮，但它发出的无线电波却不多。在1933年发表的一篇题为《明显的地外电性干扰源》的文章里，央斯基对所有可能的静态源进行了系统区分，并给出了射电波的波源分布图。他的方法揭示了一种不同的看待宇宙的方式。这种观测方法不是用架设在山顶上的巨型望远镜，而是采用架设在开阔平原上的轻质镀锌六角铁丝网、钢管和金属盘来进行。天文学家不是去看远处星体发出的微光，而是拾取来自外太空的无线电波。

央斯基的发现基本没受到重视。当他向贝尔实验室提议建立一个新的改进天线时，他被拒绝了。他们的业务不在天文学。于是央斯基只好转去做其他事情。但他的工作并没有被完全遗忘。一位来自伊利诺伊州惠顿镇的特别喜欢摆弄无线电的工程师和业余天文学家格罗特·雷伯在《通俗天文学》期刊上读到了央斯基的发现，于是他着手在惠顿自己家的后院里建造一个更大也更好的观测天线。雷伯的天线是一个口径达9米的抛物面，前端用金属支架支撑着，用于捕捉反射波。它是第一个真正意义上的射电望远镜，很像我们今天看到的那些射电观测设备。雷伯用它绘制了一幅更为详细的银河系射电源分布图，并建立了详细的射电天图。他把他的工作写成论文投递到《天体物理学杂志》。当时该期刊的编辑正好是钱德拉，他对雷伯的结果很感兴趣，并被他的坚持不懈所感动，于是他接受了这篇论文并予以发表。这样，在1940年，雷伯的“静宇宙（Cosmic Static）”用他自己的天图发表了。

雷伯的新的银河系射电天图非常有意思，它对从细节上搞清楚所有神秘的波来自何处很有帮助。但雷伯的观测还透露出别的东西：图上几个孤立的点也都在辐射很强的无线电波。虽然雷伯能够指明每个点附近的星座——天鹅座、仙后座和金牛座——但它们都没有发出可见光的对应物。雷伯已经发现了一种新型天体，这就是如今被称为射电源或射电星的天体。

“静宇宙”为观测宇宙开辟了一个新窗口。它在新一代人的眼前展现了一个完全未知的领域，马丁·赖尔已准备好前去探索。与洛维尔小组和波西小组一道，从20世纪40年代后期开始，赖尔及其小组在剑桥开始了绘制宇宙。凭借在从事雷达研究时所学到的技术，赖尔设计了新一代射电望远镜，从而将剑桥变成了首屈一指的射电天文学研究中心之一。但这也让他与霍伊尔及其合作者的矛盾进一步加深了。

马丁·赖尔与其说是一位宇宙学家，不如说是一名业余无线电爱好者和电气工程师更为恰当。所以他敢与“理论家”（他用这词来戏称霍伊尔和他的同事）过招这点着实令人惊讶。但他这一步走对了。[95]他试图先找到更强的射电源，譬如像雷伯观察到的那些射电源，然后标出它们的位置。但不幸的是他做错了。他似乎看明白了：所有这些射电源都牢牢镶嵌在银河系。在1950年发表的一篇论文中，他明确指出，他所测得的大部分射电源应该都位于我们银河系内。可能有个别奇怪的异常值，但就整体而言，它们必然都在附近。他说的有道理，也完全合理。

1951年，在英国皇家天文学会的一次会议上，赖尔提交了他的结果。听众里有他的剑桥同事戈尔德和霍伊尔，他们站起来，随口猜测道，射电源实际上可能在银河系外。赖尔对他提出的论据早就仔细想过，因此听了很恼火，当场反驳戈尔德和霍伊尔道：“我认为理论家误解了实验数据。”

这是一场文化之间的碰撞。一边是自认为造诣很高的理论天文学家，精通数学、物理和各种用于解释整个宇宙的优雅而又奇怪的理论；另一边是能工巧匠，无线电操作员，他能建造各种玩意儿，能玩转电子学。赖尔无法忍受他的同事们所感知到的那种屈辱。他觉得他理解数据的方式是这些成天只是动动笔和纸的家伙所不能理解的。不幸的是，赖尔错了。随着越来越多的射电源关联到银河系外的对象，戈尔德和霍伊尔的猜想最终被证明是正确的。它们确实来自河外星系，赖尔不得不承认，理论家确实读懂了数据。

但是赖尔暗地里并不接受失败。假如这些射电源都位于银河系外，那它们就可以被用来说明宇宙。因此赖尔转而去积累更多的观察数据，并用他的数据去关照霍伊尔和戈尔德的宝宝——稳恒态理论。他将射电源的计数作为其亮度的函数，试图将这个函数与宇宙的基本特性联系起来。越远的射电源，其亮度就越暗，因此射电源的亮度可用作其距离远近的指示器。宇宙是个很大的场所，有足够大的空间让你深入，因此我们可以预料，遥远的射电源看起来要比较近的射电源昏暗。因此暗源数目对亮源数目的比值是搞清楚我们生活的宇宙属于什么类型的一个很好的指标。当我们看到远处的射电源时，它们的光要走很长时间才能到达我们这里，因此我们看到的宇宙是它年轻时的样子。如果我们是生活在霍伊尔、戈尔德和邦迪的稳恒态宇宙里，那么射电源的密度应不随时间而变化，因此一定体积内的源的总数应与该体积成正比。而在像弗里德曼和勒迈特提出的不断膨胀的宇宙里，宇宙在过去应比现在致密，因此遥远的暗源应比较近的亮源多。这样，通过计算暗源的数目对亮源数目的比值，就能够确定我们的宇宙是支持大爆炸模型还是支持稳恒态模型。

赖尔将近两千个射电源编制成星表，他称这个星表为2C星表（C代表剑桥），以区别其前身仅有50个射电源的小得多的星表（被称为1C星表）。让赖尔感到满意的是，比起亮源，暗源的数目要多得多。这表明我们的宇宙与稳恒态理论不一致。赖尔认为这是打击霍伊尔理论的杀手锏，于是立即着手宣传自己的结果。在1955年5月他应邀去牛津大学做的一次著名的演讲上，他对他的对手进行了大胆的控诉："如果我们接受大多数射电星都处于河外这样一个结论，而且这个结论似乎很难避免，那么这个观测结果好像没有办法可以用稳恒态理论来解释。"赖尔似乎已经捣毁了霍伊尔和戈尔德的模型。

赖尔在牛津演讲后，霍伊尔和他的合作者处于防守态势。霍伊尔认真地对待这些数据，但戈尔德则怀疑这些结果，他向霍伊尔建议道："不要相信它们，里面可能有很多错误，不值得认真对待。"戈尔德说对了。这一次赖尔受到了他自己阵营里的人的阻挠。阻挠他的是和他一样的能工巧匠，他们把射电天文学打造成一门真正的科学。两个年轻的澳大利亚射电天文学家，来自悉尼的伯纳德·米尔斯和布鲁斯·斯利，他们重新分析了2C数据，得出了与赖尔完全不同的结论。他们不是试图拿出一个有上千个射电源的星表来反对赖尔的星表，而是选择重点考虑全部调查数据当中的一小部分，约300个射电源，并对它们进行十分细致的测量。这个小星表在挑选上与赖尔的星表有重叠，因此可用来实际检验赖尔的测量。

米尔斯和斯利公布的结果完全破坏了赖尔的调查的可信性。在他们的论文中，他们说他们的“星表与最近的剑桥星表进行了细节上的比较……可以发现，二者几乎完全对不上”。米尔斯和斯利接着暗示道：“剑桥星表受到他们的射电干涉仪的低分辨率的影响。”赖尔的结果只是不够好——米尔斯和斯利用的是更好的望远镜，观测精度更高，他们的结果不能排除稳恒态模型作为宇宙的可能模式。来自英国焦德雷尔班克的竞争对手小组的一名射电天文学家这时也出来帮腔，说：“射电天文学家必须做出相当大的进步，才可以为宇宙学家提供任何有价值的东西。”这似乎是在说射电天文学家也不能同意他们的数据，更不用说用它来检验宇宙学模型了，因此最好是从现在起抹掉这些数据。霍伊尔和他的合作者意外地得到了喘息。

赖尔撤回到剑桥认真准备他的下一代星表。鉴于被这些有疑问的结果弄得焦头烂额的教训，赖尔和他的团队又花了三年时间编制了一份新的星表，不用想都知道它该叫3C星表。新的结果将果断地戳穿霍伊尔和他的团队兜售的废话，或者说至少赖尔是这么想的。1958年，当3C星表终于昭告天下时，马丁·赖尔觉得他终于有一块坚实的盾牌了：一张每个人都认可的射电源大全。但它仍然不够好。邦迪就持怀疑态度，并指出赖尔有一种倾向，就是总声称他的测量结果好于这些结果的实际水平。赖尔经常声称已经排除了稳恒态模型，但事后总发现他把话说得太满，他只是达到了能用他的数据支持的极限。每当有人回击，并重新分析赖尔的数据后，总会发现其数据的误差要比他之前声称的大，稳恒态模型在这场游戏中被排除了又拉了回来。的确像邦迪公开表示的那样：“在过去10年里，这种情况已经发生了不止一次。”

1961年2月，赖尔向皇家天文学会会议提交了他对他的4C星表的分析结果。他认为，结果与稳恒态模型根本不相容——相对于暗星亮源太少。他说道：观察“似乎提供了推翻稳恒态理论的确凿证据”。报纸拾起赖尔的宣告，拟了个耸人听闻的标题声称“圣经是正确的”，创世的初始时刻确实存在。在澳大利亚和美国的其他团队重复测得了赖尔的结果。赖尔似乎终于有了出头之日。 98

霍伊尔和他的合作者又变得忧心忡忡，但不服气。正像赖尔宣布了他的分析结果后不久邦迪对《纽约时报》说的那样：“我当然不认为这是对不断创生理论的死亡宣判。”并称：“类似的话赖尔教授在1955年就说过，但根据后来的观察，发现那是不正确的。”赖尔个人在追杀稳恒态理论时确实掺杂了一些非理性的东西，即使数据质量在逐年提高。对于霍伊尔、邦迪和戈尔德来说，无线电并没有杀死稳恒态理论，至少目前还没有。

霍伊尔和赖尔之间的斗争主要集中在剑桥，对它的描述似乎是对广义相对论和宇宙论的必然进步的一种不必要的分心。英国以外没有几个人对霍伊尔的模型感兴趣。对大多数人来说，这场辩论似乎因个性和复仇心理的驱动而显得扑朔迷离，几乎跟科学不沾边。到访剑桥的来宾都对赖尔和霍伊尔小组之间的这种肃杀气氛提出批评。

但他们的交锋带来了显著的科学进步。弗雷德·霍伊尔不久将步入20世纪下半叶伟大的天体物理学家的行列。他将与来自美国的威廉·福勒、杰弗里·伯比吉和玛格丽特·伯比吉一起，最终发展出一个有关恒星中元素起源的辉煌理论。有些人可能会认为，正是他的特立独行的个性和他坚持稳恒态模型的态度使他没有被列入1983年诺贝尔物理学奖的获奖者之一。1973年，他离开了剑桥，住到了湖区，开始写小说。

赫尔曼·邦迪将结束在伦敦大学国王学院充满活力的广义相对论组的学术生涯，和托马斯·戈尔德去波多黎各的阿雷西博建造世界上最大的射电望远镜。马丁·赖尔的研究小组继续发扬他们偏执的精神，但他们被后来20年里射电天文学的伟大发现甩在了后面。1974年赖尔荣获了诺贝尔物理学奖。射电天文学的兴起和射电源的难以捉摸的性质将在广义相对论的进步过程中发挥至关重要的作用，我们即将进入一个新的阶段。

99

第 7 章
惠勒叫法

约翰 · 阿奇博尔德 · 惠勒是通过对核物理和量子理论的研究使自[100]己走向相对论的。1952年春，惠勒对由中子构成的恒星在临终时究竟是一种什么状态感到好奇。对于中子这种核物理学的基本研究对象，惠勒可以说是再熟悉不过了，但今天它看起来显然有再研究的必要，因为他对罗伯特 · 奥本海默的下述预言感到困惑：这类恒星的引力坍缩的终点可能是一个奇点，一个在恒星中心其曲率和质量密度均为无限大的空间几何点。在惠勒看来，这些奇点在物理上不可能是真实的，一定存在某种处理方法能够避免这种数学上的结果。而要理解这项怪异的预言，就必须学习广义相对论。惠勒认为，学习广义相对论的最佳途径就是在普林斯顿给学生教授这门课。于是在1952年，在这所爱因斯坦、哥德尔和奥本海默的家园里，约翰 · 阿奇博尔德 · 惠勒开始给普林斯顿大学物理系的学生讲授广义相对论课程。在这之前，这门课一直被认为是一门更适合数学系学生学习的抽象课程。这是一次重要的启程，正如惠勒在多年后的回忆录中所陈述的那样："这便是我踏入这个领域的第一步。这个领域成为我后半生思考和研究的重点。"正像他的一个学生评价他时所说的那样，惠勒是个"激进的保守派"。他看上去无疑是保守的：总是穿着得体，深色西装加领带，头[101]发梳得纹丝不乱，皮鞋擦得油光可鉴——一副完美的传统绅士派头的形象。在他的学生和合作者的眼里，他待人彬彬有礼，举手投足之间透着一股老式的非常讲究分寸的气质。但他一张口会吐出相当古怪的事情，经常喷出一些有关宇宙谜团的神秘词汇，这使他让人感到更像是一位新派的宇宙大师或开明的嬉皮士。

作为一个科学家，惠勒将自己看作既是梦想家又是“实干家”。他的兴趣非常宽泛——从抽象深奥的概念到非常实用的知识，应有尽有。早年他对炸药和机械设备的着迷程度一点不亚于他对原子理论的神奇的新规则的着迷程度。在大学里，惠勒先是主修工程学，后来又对数学情有独钟。他的一位数学老师曾给过他关于如何解题的建议。据惠勒的回忆，他“喜欢在课堂上传授我们如何掌握爱尔兰人在碰到问题时设法绕过去的新颖的数学技巧”。这个建议影响了惠勒一生的解决问题的方式。他会毫不畏惧地跳进问题里，疯狂吸收解决该问题所需的任何知识。1932年，他才21岁，就已经拿到了量子物理学博士学位。

约翰·惠勒钻研量子物理学时所处的年代正逢薛定谔和海森伯的所有伟大发现结出硕果的物理学黄金时期。作为普林斯顿大学的年轻教员，他曾就原子核的量子性质以及核子之间相互作用等问题的研究与丹麦物理学家尼尔斯·玻尔有过合作。惠勒和玻尔关于核裂变的工作正好与奥本海默和斯奈德关于引力坍缩的工作发表在同一天出版的《物理学评论》上，前者的工作在曼哈顿计划的筹备阶段发挥了重要作用。

惠勒的保守主义来自于他作为一个美国人对其生活方式、对其供职的机构和对国防的充满激情的信念。在珍珠港事件后，他立即投身于原子弹项目的工作，从事产钚的巨型反应堆的研制工作，钚是制造原子弹所必需的燃料。1944年，他的兄弟在战斗中阵亡。这使他在此后的余生中一直认为，他本应该更早更积极地投入到推动发展核弹的事业中。正如他后来与同事谈到的那样，如果美国能够早一点发展核弹，能够不失时机地对德国使用核弹，那么，在他看来，盟军就不必像战争最后一年那样付出如此沉重的伤亡的代价。他的这种爱国主义情怀有时让他显得与他周围的同事们格格不入。20世纪50年代初，他应邀参与旨在发展热核武器氢弹的马特峰计划，与爱德华·特勒一起就核聚变问题进行合作研究。尽管他的很多同事，包括罗伯特·奥本海默，都坚决反对这项研究，但他还是义无反顾地投身进去。当奥本海默因被指控犯有违反国家安全的罪名而遭到国会听证时，惠勒是少数站出来支持奥本海默的物理学家之一。

102

虽然政治上保守，但他在科学上却是一个特立独行的人，属于激进派，喜欢琢磨与当下物理学公认的观点相左的稀奇古怪的想法。惠勒在普林斯顿有个学生叫理查德·费恩曼，一个来自纽约的才华横溢的年轻人，日后成了战后量子物理学的旗手。在惠勒的调教下，费恩曼想出了一种完全革命性的解释和计算粒子和力如何在时空舞台上相互作用的方式。正是惠勒的鼓励才使得费恩曼会产生如此不同和大胆的想法。

惠勒是重拾广义相对论的最理想的人选。他既实际又富于远见。他对那些已上升到理论形态的物理学和天体物理学的态度是保守的和尊重的，但同时他又热衷于尝试各种不同的、新的、未经检验的方法。最重要的是，他是一位善于给人启发的导师，能够培养并热心支持新一代物理学家，为广义相对论的发展注入新的活力。

惠勒自学广义相对论之后，便立刻喜欢上了这门学问。它太优美，加上给予支撑的实验事实是那么稀少，却又太过引人注目，以至于让人觉得这个理论不是真的。但这并不意味着他反对在极限情形下对其进行检验。他认为："将理论推演到极致，我们还可以发现其结构中所隐藏的破绽。"因此他下决心要发现广义相对论到底会有多奇特。在这个过程中，他经常会用一种凝练、简单的俏皮话来概括他的古怪想法，俗称惠勒叫法。

103

他和他的天才的学生查尔斯·米斯纳曾提出一个想法用来将电荷结合进广义相对论而无须再存在实际的电荷。"不带电的电荷"就是惠勒想出来用以描述这一概念的一个惠勒叫法。这个思想实验采用了一系列数学技巧，如果我们在两个相距遥远的时空位置上戳两个洞，再用一根称为"虫洞"的时空管道将它们连起来。通过这些隧道般的虫洞，我们就可以将电场线首尾连在一起。场线从虫洞穿出的一端相当于一个正电荷，吸引负电荷向它靠近；场线穿入虫洞的一端相当于负电荷。虫洞的作用就像一对相距很远的正负电荷，但实际上，这里不牵涉任何带电粒子。这是一种巧妙的构思，想象起来容易，但实际操作起来极度困难。

"无质量的物质"是另一个惠勒叫法。爱因斯坦的理论解释了有质量的物质之间是如何相互作用的，但惠勒想找到一种方法，能够在不涉及任何质量的条件下导出爱因斯坦的结果。在爱因斯坦理论里，光可以像物质一样让空间弯曲，于是惠勒提出，如果他能将一束光压缩到这样一种程度，使得其所在的时空足够弯曲，这样这束光线看起来就像一团物质。但光束，或者如惠勒所称的“京子（geon）”，会有重量，并能够吸引其他京子。光线必然会向内弯曲成一个环形线圈，并且能够很容易被拆开，但是它们有质量效应而无需具有实际质量。惠勒与另一名学生基普·索恩一起着手确定这些对象是否有可能存在于自然界，而不是甫一出现就立即变得不稳定。

再有，当然就是量子与广义相对论之间如何嫁接的问题了。对惠勒来说，这个问题太好了，也够极端，让他很难抑制想解决该问题的冲动。他又有事情可做了。惠勒推测，如果你在最小尺度上观察时空，你会开始看到出现某些奇怪的效应。虽然时空在大尺度上看起来是光滑的，但由于有质量物体（包括惠勒的京子和虫洞）都存在轻微的弯曲，因此在小尺度上，你会看到你以前从没有意识到的粗糙度。在一个真正强大的显微镜下你会发现，时空呈现为一种动荡的混乱态，所有东西都在那儿活蹦乱跳。事实上，量子的不确定性使时空在最小尺度上看起来就像是一个翻滚的泡沫。只是因为我们是以模糊的视力来看世界，所以我们才无法观察到它的根本性的粗糙性质。

104

然而，尽管惠勒喜欢提出古怪的想法，平日里以提出大胆的方案为乐事，但他对潜伏在施瓦西、奥本海默和斯奈德的有关坍缩的大质量恒星的工作的核心里的奇点问题仍深感不安。这个问题是引发他对广义相对论感兴趣的第一朵火花。在惠勒看来，奇怪的奇点必定是一种奇怪的数学产物，它不会出现在自然界中。惠勒曾回忆道：“有好些年，我对这种现今被称为黑洞的坍缩概念接受不了。我实在不喜欢这个概念。”

于是，他着手通过发明新的物理过程来修改这个问题。他认为，当坍缩使得星核物质被压缩到极高的密度时这一过程将开始发挥作用。这对他来说是个新领域，因为虽然惠勒已经是核物理领域的世界级专家之一，但要描述引力坍缩中心的中子行为，这在物理学上仍是一个完全不同的问题。他需要弄清楚，当中子被挤压到其密度远远高于朗道或奥本海默的中子星的密度，或远远高于他在美国军工部门工作时所能设想的核弹爆炸时产生的中子密度的状态时，会发生什么。猜测和想象是他最擅长的思考形式。但是，尽管他像他之前的朗道和奥本海默那样富于创造力，惠勒和他的研究小组却发现，恒星的质量有一个最大值。超过这个值，且不论它们的细节，能够猜想到的物质的最后状态只能是与引力竞争，而无论它做什么，最终都不可能避免引力坍缩到终了形成奇点。然而惠勒就是不能接受奇点，他拒绝屈服。

随着惠勒对广义相对论越来越着迷，他追求摆脱奇点的雄心丝毫不减，他鼓动他的学生和博士后加入他的旅程。这些后生像他们的导师一样，他们被理论的力量所诱惑，被所能做的事情所迷倒。年复一年，惠勒小组想出了一个又一个的新点子，有些想法怪异，有些想法明智，但所有的设想都动人心魄。惠勒对广义相对论的影响力远远超出普林斯顿。他最大的贡献是他对北卡罗来纳大学（坐落在查珀尔丘[1]）的布赖斯·德威特的默默支持。

105

---

1. 也有译作“教堂山”的。——译者注

关于布赖斯 · 德威特，可有些了不起的事儿值得一说。他个子很高，表情严肃，就像《旧约》里的先知。当他走进一个房间时，腰是不弯的。他没有时间马虎——事情必须做好，所以当一些想法最终被写成论文拿去发表时，稿件整洁得都不用排版直接付印即可。

德威特也是个旅行家，一个“太空旅行家”——他喜欢这样称呼自己。年轻时，他曾在二战中当过飞行员。在哈佛研究生毕业后，他是满世界地跑，在普林斯顿、苏黎世和孟买的塔塔研究所都工作过。塔塔研究所的一个同事后来将他描述为“一个没有良好敬业意识的寄居者，但……这符合他的游荡气质”。

德威特与妻子起先在加州定居。妻子名叫塞西尔 · 德威特-莫瑞特，是一位法国数学家。他们在普林斯顿大学相识，塞西尔毕业后在劳伦斯 · 利弗莫尔实验室找了份开发计算机模拟程序来模拟核弹的工作。但是有家了就需要挣更多的钱来买房，于是有一天晚上，德威特决定参加一等奖可获1000美元的征文比赛。这篇论文改变了一切——不只是德威特，还有广义相对论。

重力研究基金会主办的这场竞赛是热衷于重力研究的商人罗杰 · 巴布森想出的点子。他将他自己版本的物理学牛顿定律应用于玩股票发了财：“上得高便跌得狠……股市会因为自身的重量而下跌。”这不是火箭科学，但巴布森是个有心结的男人。在他还是个孩子时，他的姐姐落水淹死了，对此他责怪重力。他是这么来看这场悲剧的：“她无力抵抗重力，它像一条巨龙一般游过来抓走了她。”在他的整个生活中，巴布森不断地以这种或那种方式投资重力研究，收集牛顿纪念品，促进各种稀奇古怪的想法，而最重大的举措，当属创建“重力研究基金会”。

巴布森最初设想重力研究基金会只是年度征文比赛的赞助商。候选人提交一篇不超过2000字的随笔，内容是如何驾驭重力并实现巴布森的最终目标：反重力。该基金会将引导反重力装置的开发：一种可以隔绝、吸收，甚至反射重力的装置。巴布森认为，既然原子能够被利用，那么控制重力就只是时间问题。他打算用他的征文比赛来带动战后物理学的繁荣。

巴布森的挑战最初得到的反应乏善可陈。从1949年到1953年，提交的论文都是些令人哑然失笑的建议。征文的主题分散，应征者中有学者、研究生和一些绞尽脑汁想方设法弄出满足巴布森要求的各种点子的业余爱好者。但主题太离谱，谈的都是奇技淫巧而不是鼓舞人心的真正科学。

巴布森的挑战当然算不上值得推崇——没有一个脑子正常的物理学家真的相信有可能建造一台反重力机器——但它确实激起了人们对重力的潜在价值的日益广泛的兴趣。二战后，美国经济蓬勃发展，百姓生活洋溢着一股乐观情绪。这是原子时代开始，新科技时代诞生的年代。投资机构和生意人都将重力开发当作核能之后的下一件大事押上了巨额赌注。还真有一些有吸引力的和革命性的想法，但基本上直接来自一部科幻小说。这是H.G.威尔斯在1901年写的一部作品，名叫《月球第一人》。里面说到发现了一种神奇的物质“cavorite”，可以反转重力将人送上月球。

在整个20世纪50年代中期，各大报都有固定专栏来畅谈克服重力的新太空旅行方案。文章的标题如“如果重力被克服，空间飞船的奇迹将指日可待”，“新的航空之梦——飞行将超出重力范围之外”，“未来飞机可以克服地心引力，航空器将允许太空旅行”，“重力推进系统将成为未来的奇迹”等，不一而足。大众媒体想象中的飞机或航天器都是利用重力而不是喷气发动机来推进的。《纽约先驱论坛报》的一篇题为《美国顶级科学家的目标——征服重力》的文章就描述了像康维尔、贝尔飞机和李尔公司等航空企业是怎样看待重力的：它可能“最终会像光和无线电波那样被控制”。 107

格伦·L.马丁公司（即后来著名的洛克希德·马丁公司）成立了先进技术研究所。该研究所将探索理论物理学的新思路，特别强调对如何克服重力和寻求重力推进方面的研究，他们聘请物理学家和相对论专家来帮助他们实现未来的目标。美国空军提出的投资计划较为清醒，不是那么离谱。它在俄亥俄州代顿的赖特-帕特森空军基地建立了航空研究实验室。该实验室也招募了一批真诚善意的相对论学者，但他们做的是引力和统一理论这样的基础性研究。他们不研究反引力。不久，航空研究实验室的研究组成为可媲美少数分散在世界各地的其他研究团队的广义相对论研究中心。空军还资助进行广义相对论研究的其他团队。少数科学家认真研究反重力，研究人员避免做出任何可笑的预言，但他们都乐意接受给他们的捐款，使他们能够集中精力研究有关实在基础的某些深奥的思想。

正是在这种幸福欢快的氛围下，布赖斯·德威特对巴布森比赛做出的响应无疑成为赢得征文比赛的一着怪招。他攻击赞助商。在他

1953年提交给重力研究基金会的作文里，德威特公然驳斥了巴布森的雄心勃勃的目标——发展“非常实用的东西，诸如可以将重力转化为热量的重力反射器或绝缘体或魔法合金等设备”。他援引爱因斯坦的时空理论来解释为什么“沿以上思路来正面解决驯服重力的问题都是在浪费时间……我们可以放心大胆地宣布，所有重力电站方案都是不可能的”。德威特关断了各种奇思异想的宣泄口，他赢了。

德威特的论文与他之前的那些选手的文章有一个重大的不同。它是正确的科学研究，每一步都牢实地走在远离猜测的道路上，讨论的是一个在重力研究方面需要认真面对的真正的科学问题。这是一项艰巨的任务，而且，正如他所说，“引力在过去30年里引起的注意相当少”。它“特别难”，涉及“深奥的数学”，而且“基本方程几乎没有希望能够求解”。事实上，“引力现象甚至连最聪明的头脑也理解甚少”。108

罗杰·巴布森非但没感到被侮辱，并且对他的竞赛的这位第一个真正的竞争者很感兴趣。他看到了一个严肃对待这一问题的人，一位能够让他的竞赛变得受人尊敬的真正的科学家。德威特的文章的确增添了巴布森竞赛的合规性，在随后几年里，参赛者的水准有了明显提升。事实上，在接下来的几十年里，许多对广义相对论的复兴起到至关重要作用的物理学家最后都赢得了重力研究基金会的这个奖。此外，参赛论文几乎全都是有关重力理解方面的，反重力设计已被遗忘。德威特后来说，赢得这场竞赛是“我有生以来挣得最快的1000美元”，但是，德威特从竞赛中收获的远远不止这些，多到超乎他的想象。

罗杰·巴布森有一个朋友叫阿格纽·巴森，他也对重力研究着迷。

巴森靠销售工业空调机组挣到了钱。像巴布森一样，他也想设立重力研究基金。但他不知道怎么做合适。巴布森向巴森展示了德威特的获奖论文，告诉他正是这个人帮他成就了一件大事：建立了一个正规的、受人尊敬的机构，在那里思想家们可以按他们自己的兴趣来思考。正像巴森在他为新创建的场物理研究所（简称IOFP）的宣传小册子里所写的那样："在公众的脑海里，重力的主题往往与梦幻般的可能性相关联。而从本研究所的观点来看，可以预见，在我们这个时代，这种研究不会有任何实际结果。"不会有反重力机器，不会有重力推进器。巴森可以用另一种方式——写科幻小说，而将真正的重力研究留给科学家——来满足他对重力的个人幻想。

巴森转而向约翰·惠勒求教如何来运营他的研究所。惠勒曾因其核武器方面的工作而在华盛顿赢得了崇高的声誉，不仅如此，作为资深物理学家，他愿意在一切有关国防的事务上支持政府。他与德威特虽相距甚远，但一直在步其后尘。因此他悄悄地支持这样的想法：布赖斯和塞西尔应被邀请成为总部设在北卡罗来纳州查珀尔丘的新研究所的第一批研究人员。

109

这个研究所开始时可能是一个面子工程，但有了惠勒的支持和作为第一批被聘用的德威特夫妇，因此得到了来自全国各地的科学家的认真对待，并得到了许多秘密代理人的支持，他们欢迎能有这样一个地方可以不受工业界、军方或新的原子时代的要求而无拘无束地开展纯理论的研究。新研究所的核心将是引力。

1957年1月，德威特夫妇主持召开了题为"引力在物理学中的地位”的会议。这次会议主要是庆祝新研究所的成立。它也开创了一个新时代。与会者大都是年轻人和名不见经传者，但其中包含了一些广义相对论研究领域的新领袖。几天里，他们聚集在查珀尔丘，对爱因斯坦理论进行分析。会议得到了阿格纽·巴森和美国空军的资助。空军甚至有部分人员专程飞来出席新成立的场物理研究所的成立庆典。

专程赶来查珀尔丘的不仅有相对论学者，约翰·惠勒的得意门生，曾全面整顿量子物理学，并提出了一种新的量化性质方式的理查德·费恩曼，也决定参加。作为来自量子世界的人，他对广义相对论领域所发生的事情感到好奇。费恩曼后来回忆道，抵达查珀尔丘机场后，他不知道去哪里。上了出租车后，他估计司机可能不知道这次会议——他为什么要知道呢？于是费恩曼对司机说：“大会昨天就开始了，所以肯定有一大堆人昨天就来到了这里。我来向你描述一下他们：他们应该都光着脑袋，彼此只顾着互相交谈，不关心要去哪里，满嘴里说的都是像‘gee-mu-nu, gee-mu-nu’这样的词儿。”gee-mu-nu（就是$g_{\mu\nu}$）是刻画时空几何的度规的数学符号。司机知道要去哪里了。

每一位与会者都清楚必须做些工作将广义相对论从它过去30年的沉睡状态唤醒过来。在理查德·费恩曼看来，广义相对论之所以会被忽视，原因是显而易见的：“它存在……一个严重的困难，那就是缺乏实验基础。此外，我们从中不会得到任何实验，所以我们只能采取怎样才能在没有实验可依靠的条件下来处理问题的观点。”没有实验，这个领域不可能进步，但费恩曼坚持认为实验问题必须略过。正如他所说的那样，广义相对论是困难的，但并不是难到无法处理，“最

110

好的观点就是假装有实验和计算，在这个领域，我们不是由实验来推动，而是跟着想象力前行”。

在查珀尔丘会议上，费恩曼的这一观点反映了与会者的共同心声。与会者大都是即将毕业或刚毕业的新一代相对论学者，他们带着新的想法准备投入战斗。随着会议的展开，各种稀奇古怪的想法与老专家提出的清醒论断形成鲜明的对照。白天的议程充满了激烈的争辩。当托马斯·戈尔德提出他的新版本的稳态宇宙理论后，德威特当即凿去了其关键前提——霍伊尔的物质创生场，质疑它违反了能量守恒原理；当有人提出我们需要一种理论，沿着爱因斯坦在过去几十年一直努力构建的思路将引力和电磁力统一起来时，费恩曼给予了无情的批驳。为什么电磁力是唯一需要与引力统一的力？自然界里的其他一切怎么办，所有其他的力不需要统一？德威特和惠勒最看重的如何将广义相对论与量子力学相结合的问题在会上以各种形式和伪装流传并得到讨论。引力波引起的时空褶皱就像湖面的涟漪，其情形就像麦克斯韦理论里的电磁波？与会者对此进行了热烈的讨论。

约翰·惠勒展开了他的宏伟计划——通过相对论彻底改变物理学，他和他的一帮学生和博士后向会议展示了他们的新想法。他们以前所未有的力度推进了相对论，以至于在某种程度上就像在打趣。讨论议题的菜单上满是“没有电磁的电磁学”“不带电的电荷”“无自旋的自旋”和“无基本粒子的基本粒子”这样的概念。整个会议中，惠勒“家族”占据了中心舞台，扔向听众的想法都是经过精心考虑或信手抛出的。约翰·惠勒可谓主宰了整个会议。

111

在查珀尔丘会议上，相对论者向自己提出了一个更基本层面上的问题，是否真能依据爱因斯坦的理论做出现实可行的预言。如果一个理论要能站得住脚，它必须具有预言能力。例如，电磁学之所以取得巨大成功就在于凡涉及光、电和磁的一切现象它都能准确预言。但对于广义相对论，尽管施瓦西、弗里德曼、勒迈特和奥本海默都能够做出预言，但他们均局限于那种高度简化的理想化系统。而且，目前还不清楚如何超越这些简化。事实上，查珀尔丘会议的与会者问自己，爱因斯坦场方程是否真的存在一般解，并就时空如何演化给出真正合意的预言？情况似乎是，广义相对论的令人抓狂的纠缠性质使得选择合适的初始条件都几乎不可能，遑论演化了。试图在电脑上来解这个方程更是一项艰巨的任务。

这次会议为相对论的新信徒提供了一个令人兴奋的论坛，约翰·惠勒的创造性思考和费恩曼的丰富想象力使会议充满了创造力和激励气氛。但时空理论仍没有多大进步。所有数学上的别出心裁，关于统一的建议，有关引力波的争论，以及惠勒的“虫洞”“京子”和“时空泡沫”等概念，如果不能与现实世界联系起来，都是无用的。

自爱丁顿日食测量——爱因斯坦理论的第一个重大检验——后，差不多40年过去了。哈勃的宇宙膨胀测量也已经过去了近30年。查珀尔丘会议既没有提出新的测量方法，也没有进一步证实或甚至动摇爱因斯坦的理论。惠勒的普林斯顿大学的同事罗伯特·迪克在对这种情况做题为“爱因斯坦理论的实验基础”的总结性发言时指出：“相对论看起来几乎就是一个纯数学的形式化体系，与实验室中观察到的现象基本无关。”因此问题的答案不能在实验室里找，而应该到恒星上

112

去寻找。

1963年，荷兰天文学家马尔腾·施密特有了一台新的望远镜。这台望远镜以帕洛玛天文台的赞助人乔治·埃勒里·海耳的名字命名。施密特想研究的是射电天文学家马丁·赖尔和伯纳德·洛维尔的3C星表中的一颗星。与惠勒及其团队重振广义相对论不同，射电天文学家们密切关注的是他们要调查的射电源。像对待其他星宿一样，他们的目标是要弄清楚射电源实际上是什么。为此，他们需要找到更多的射电源，并且需要对它们进行更仔细的观测，以便弄清楚到底是什么在发出无线电波。

10多年间，凭着助其开发雷达的聪明才智，赖尔和洛维尔已经将他们的观测精度提高了好几个数量级，使他们能够像天文学家用普通望远镜找准一颗星并指出它是什么那样，以足够高的准确性来确定天空中的射电源。赖尔的3C射电星表包括了数以百计的精确定位的射电源。

洛维尔小组观测了天鹅座A。这是一个格罗特·雷伯在他的静态宇宙上已确认是来自于该星座的射电源，它在赖尔的星表上的名字是3C405。天鹅座A是一个很奇特的星体，它的无线电波有两个瓣状翼，每个瓣的形状几乎是矩形。它们呈巨大的结构，每一瓣都有数百光年大小，似乎由两瓣之间的什么东西提供能源。当天文学家将望远镜指向被称为3C48的另一个射电源时，他们看到的不是像天鹅座A上所呈现的复杂结构，而是一个简单的亮点，它发出的光基本处于光谱的蓝端。它看起来就像一颗简单且无任何特征的恒星。但当他们试图测量其光谱以便弄清楚3C48是由什么构成的时候，光谱仪上显示的森林般谱线不与他们知道的任何恒星的谱线相匹配，也不能确认其所构成的任何元素。像这样的他们不能识别的射电体还有很多。宇宙射电源是如此丰富和不同，没有人能说明它们是什么或有多远。

113

马尔腾·施密特重点关注的是一颗称为3C273的不知名的射电源。它看起来像颗恒星，但其谱线与他以前见过的任何一套都不同。他在对观测结果进行仔细分析后，发现了一些相当显著的特征：如果考虑到谱线存在16%的显著红移，那么该射电源的谱线正好与氢的谱线匹配。他可以将两套光谱一条条线地逐一配对。但鉴于这么大的红移，说明3C273要么是以接近光速的速度远离我们而去；要么表明宇宙已膨胀得如此之大以至于其光谱有如此明显的红移。施密特目瞪口呆。那天晚上他对妻子说："今天在办公室里发生了可怕的事情。"

这是一项重大发现。施密特发现，这些散布在整个宇宙各个角落的天体有几十亿光年远，而这么远的天体却能被射电调查和大型光学望远镜如此容易地看到，说明它们必定具有极高的能量。事实上，3C273和3C48的产能要比100个星系加起来所放出的光还要强。它们就像超星系，要比我们之前曾见过的任何天体都更亮。

这些射电源也必定非常非常小，其体积只有其他任何星系的几分之一。3C星表中的其他射电源同样如此——有些甚至只有普通星系的十分之一甚至百分之一。经过严密监测，这些射电源的大小似乎都不到几万亿千米，"按宇宙学的标准看小得就像花生豆"，《时代》杂志当时这么写道。在如此遥远的距离上，如此巨大的能量正从如此狭小的空间区域产生出来。

在弗雷德·霍伊尔看来，这些难以名状的奇观实在是太诱人了。同时他继续为捍卫他的稳恒态宇宙模型而战斗。霍伊尔作为恒星结构方面的专家享有崇高的声誉。他与威廉（“威利”）·福勒、杰弗里·伯比奇和玛格丽特·伯比奇一起，想出了对自然界中所有元素是如何能够在恒星的核反应中合成的一个详细解释。

114

福勒和霍伊尔提出，射电星确实是恒星，但不是像其他恒星。这些射电星应是超级恒星，其质量是太阳质量的一百万或上亿倍，它们在生命周期内可以产生巨大的能量。但其寿命很短，因为它们的能量消耗速率是如此之快，以至于很快就会在短促、狂暴的坍缩过程中消亡。通过他们的超级恒星，霍伊尔和福勒将由爱丁顿发展出来的理解恒星的法则推进到广义相对论领域。爱因斯坦理论复活了。

1963年的夏天酷热难耐，一小群相对论学者聚集在得克萨斯州的达拉斯。他们围坐在游泳池旁，一边喝着马提尼酒，一边聊着马尔腾·施密特新近发现的奇特的重天体。他们是生活在达拉斯的一群国际人士，就像其中的一位所说的那样：“地球物理学和地质学领域之外的美国科学家很少会屈尊在那里定居。而对于他们大多数人来说，这个地区就像巴拉圭一样富有吸引力。”不过得州原本不大可能变成相对论研究中心。促成这种转变的推手主要是阿尔弗雷德·席尔德——一个不善言谈但具有群体号召力的维也纳犹太人。

席尔德的童年和青年时代是在四处迁徙中度过的，这是20世纪

30～40年代动荡的产物。他出生在土耳其，孩提时期住在英格兰。像邦迪和戈尔德一样，二战时期他在加拿大遭到拘留，在那里他师从利奥波德·英费尔德——爱因斯坦的门徒之一——学习物理学，并撰写了宇宙学方面的论文。他出席了1957年的查珀尔丘会议，参加了对广义相对论下一阶段的令人兴奋的讨论，那年他在得克萨斯大学奥斯汀分校谋得了一个教授职位。

当阿尔弗雷德·席尔德来到奥斯汀时，得克萨斯州还是一潭死水。但它有丰富的石油收入，当地经济最不缺的就是钱了。席尔德能够哄着大学把油钱用好，让他建立起自己的相对论研究中心。随着空军热衷于开发重力的潜在神通，研究经费可谓富足。虽然奥斯汀的数学家看不起席尔德的工作，但物理学家愿意接纳他。

115

席尔德四处延揽人才，这方面他的确有本事。他从德国、英国和新西兰招揽了一批年轻的相对论学者，将奥斯汀打造成一个对相对论学者非常有吸引力的学术中心。但席尔德没有止步于奥斯汀。在达拉斯，新创建的西南地区高等研究中心正在寻找年轻教师以壮大“南方科学中心”，于是席尔德找上门来。席尔德动员他们投资相对论研究，他们依言而行，打造该中心自己的国际研究小组来提升得克萨斯州的相对论研究的水平。

7月的这个下午，得州的相对论学者在游泳池畔炮制了一个计划：将全世界的学者聚集到得州来讨论相对论。这可不是另一次查珀尔丘会议，规模小、主题散。这一次，他们将聚拢一批全新的学者，一批天文学家，试图通过主办主题为“类星体射电源”的射电源专题讨论会来让他们集中思考爱因斯坦理论。鉴于施密特这年3月份的测量结果，很明显，这些奇特的天体太庞大也太遥远，不可能用旧的牛顿引力理论来处理。这些就是钱德拉和奥本海默曾提醒大家注意的大家伙，一种质量太大以至于无法承受自身引力的拉力的恒星，它们正是广义相对论可以发挥作用的用武之地。在发出的邀请函中，主办方提出“导致射电源形成的能量可能来自于超级巨星的引力坍缩”。相对论学者称这次会议为“得克萨斯相对论天体物理学研讨会”，会议定于1963年12月在达拉斯举行。

第一届得克萨斯相对论天体物理学研讨会差一点被取消。临近会期的当儿，约翰·肯尼迪总统正巧在达拉斯遇刺身亡，与会者被吓得都不敢来达拉斯，怕遭到被枪杀的危险。达拉斯的相对论学者要求市长与潜在的参会者单独接触，使他们确信城市的安全。这个办法奏效了。超过300人出席了达拉斯会议，了解到有关射电星的最新信息以及它们可能的组成成分。与会者中有罗伯特·奥本海默，他在普林斯顿的高等研究院曾劝阻对广义相对论的研究。现在他对这些新的射电星颇感好奇，就像他形容的那样，它们“空前壮观……美得令人难以置信”。他评论道，这次会议与近20年前的有关量子物理学的那次会议何其相似，“当时人们有的只是迷茫和大量数据”。对他来说，这是一个激动人心的时刻。

116

会议持续了三天，天文学家和相对论学者对赖尔的3C星表上奇特的“类星射电源”的起源进行了辩论。一位与会者开始称它们“类星体”，这个叫法既明快又易发音。在相对论学者看来，这些类星体的质量和密度是如此之大，以至于无论从任何方面说，对其数据进行解读时，我们都必须考虑采用施瓦西的奇异解和奥本海默及斯奈德的计算方法。天文学家和天体物理学家发现，类星体是如此离奇而神秘，他们必须开始关注相对论学者给出的解释。也许，只是也许，只有广义相对论才能使这些新发现得到合理的解释。

在从事广义相对论研究十余年后，约翰 · 惠勒来到达拉斯，准备进一步推进他的宇宙学研究。他心中的一个尚无答案的大问题是所谓的“终态问题”。他想知道在引力坍缩的终点究竟会发生什么。他仍然觉得奥本海默和斯奈德预言的形成奇点一说不可信。而且他确信，广义相对论在解释为什么不会形成奇点的问题上将起到关键作用。尽管固执己见，但他觉得有义务来解释所有的可能性，以便争取他的听众加入到他所追求的宇宙终态的事业上来。在演讲之前，惠勒拾起一节粉笔，他用来说明思考了近十年的问题的精心构造的图案和公式很快就填满了黑板。他在黑板上用曲线展示了他认为恒星是如何在自身的重量下坍缩的，以及广义相对论是如何预言恒星以不可逆转的趋势走向其生命终点的。黑板上四处写下的方程，爱因斯坦的场方程，量子物理学的提要，像一道无与伦比的大拼盘——正是这些概念帮助他奠定了过去十年的研究结果。最重要的是，惠勒的演讲给出了广义相对论的严密论证，值得任何头脑清楚的天体物理学家认真对待。

在许多天文学家看来，这些结果过于天马行空了。一位与会者回忆说，“一位杰出的与会者”满脸写着“根本不相信”的神情。但更多的人是惊叹：宇宙终于让惠勒给破解了。他一直思考了这么久的广义相对论现在终于与实际建立了联系，可以被用来解释射电观测的新结果。

《生活》杂志是这么来描述会议的："科学家们已经将他们的想象力伸展到让科幻作家一度感到尴尬的地方，他们听了演讲后感到的迷惑几乎并没有减少……射电源的性质是如此奇妙，乃至于任何可能性都不能排除。"在晚餐后的演讲中，托马斯·戈尔德总结道，他们在这次研讨会上目睹了这项研究的非比寻常的转折，"在此我们有机会向人证明了一点：相对论学者的精湛工作不只是文化上的瑰丽首饰，而且是一种有实际用途的科学！每个人都非常高兴：相对论学者觉得他们……突然成了他们以前几乎不了解的领域的专家；天体物理学家高兴是因为……他们的帝国因为另一主体——广义相对论——的并入而得到了扩充。"最后，他用谨慎的口气说道："我们都希望这种状况是对的。如果我们不得不回到过去，再次将相对论学者关在门外，那才真叫可耻。" [117]

约翰·惠勒用他那令人难以置信的眼光和执着，将爱因斯坦的这一濒临消亡的理论复活了。他以令人击节的智慧和创造力培养了新一代年轻有为的相对论学者，他支持在全国各地建立新的相对论研究中心，他已经孕育出一个新的、充满活力的学科来深入思考引力问题。最后，观测数据起到了正面向好的作用，天文学家、物理学家和数学家已跃跃欲试，准备解决大问题，得克萨斯研讨会预示着一个新时代即将到来。广义相对论又回来了。

第 8 章
奇点

118　虽然听约翰 · 惠勒在1963年得克萨斯研讨会上演讲的大多数听众未必全听懂了，但有一位年轻的数学家在惠勒演讲时却对他在黑板上给出的精心准备的方程和图形看得如醉如痴。“惠勒的演讲给我留下了很深的印象。”罗杰 · 彭罗斯回忆道。在彭罗斯看来，即使惠勒顽固地拒绝接受奇点的存在，但他提出了正确的问题：这些奇点能够成为广义相对论的一个重要组成部分吗？惠勒在得克萨斯研讨会上的演讲预示着一个被戏称为“广义相对论的黄金时代”（惠勒的学生之一基普 · 索恩提出）的10年的开始，而罗杰 · 彭罗斯则是见证这一辉煌的杰出思想家之一。

彭罗斯一生都在摆弄时空：将它切开，再黏合到一起，并把它推到极限。他看问题与众不同，他拥有数学家的眼光，对空间和时间的认识颇为独到。他画的图（被称为彭罗斯图）将时空拆解开，揭示了其最奇特的性质。这些图形象地解释了当光穿越施瓦西曲面时会发生什么，当你跟着光回到宇宙大爆炸初始的那一刻光将有怎样的表现，甚至空间和时间为什么可以看起来像海面的泡沫那样被拉长也能够从中得到理解。

当第一次受到广义相对论的触动时，彭罗斯还只是一名大学生，[119] 在伦敦大学学习数学。他是从阅读埃尔温·薛定谔的一本名为《时空结构》的书开始接触到广义相对论的基础知识的。但真正让他从细节上思考这些问题的是弗雷德·霍伊尔关于他的稳恒态理论的广播讲座。霍伊尔描述的宇宙不仅有趣，而且奇特——它与彭罗斯理解的相对论不是完全吻合。他决定求教于他的兄长奥利弗——一位正在剑桥大学攻读博士学位的数学家。他认为奥利弗可以帮助他理解这种让他如此感兴趣的奇怪理论。

20世纪50年代的剑桥，尽管还弥漫着几个世纪以来的那种令人窒息的修道院气氛，有着学院和大学的庄重沉稳的气质，但正在成为一个令人兴奋的地方。保罗·狄拉克，这位在量子理论方面与海森伯和薛定谔齐名的英国物理学家，在此开设了别具一格的原创性量子力学讲座。赫尔曼·邦迪讲授广义相对论和宇宙论，并与弗雷德·霍伊尔一起积极推动他们的稳恒态宇宙理论。更重要的是，这里还有丹尼斯·席艾玛。

彭罗斯和他兄长相聚在剑桥的嘉湖餐厅，讨论弗雷德·霍伊尔的广播讲座。彭罗斯根本不能理解霍伊尔关于他的稳恒态模型的说法——星系会加速逃逸得如此之快，以至于在某个时刻它们会从宇宙视界上消失。他回忆道，他认为应该有别的事情发生，他能用他的图证明这一点。奥利弗指着另一个表说道："嗯，你可以问问丹尼斯。所有这些他都懂。"他带着罗杰去见丹尼斯·席艾玛并介绍他们认识。两人大有相见恨晚的感觉。

席艾玛只比彭罗斯大4岁，但已满怀激情地投入到对爱因斯坦理论的研究中。在长达50年的时间里，他带学生，搞合作，把这份激情传递了下去。在这个领域度过了近50年。在爱因斯坦去世之前，他曾在普林斯顿高等研究院做了一年的访问学者。在他与爱因斯坦的一次交谈中，席艾玛大胆而且有点草率地宣布他在这里“支持‘过去的爱因斯坦’，反对‘现在的爱因斯坦’”。爱因斯坦对他的鲁莽报之以一笑。席艾玛曾师从保罗·狄拉克。从某种程度上说，这种事情是可能的，而且是出于受到霍伊尔、邦迪和戈尔德的工作的诱惑。然而，尽管他坚定地支持稳恒态宇宙理论，但他非常注意了解射电天文学家的发现。赖尔小组的结果吸引了他。他能看出这些结果是如何让霍伊尔的模型破产的。

120

在嘉湖餐厅的那个晚上，彭罗斯向席艾玛解释了为什么星系不会从视线中消失的原因。它们会变得很暗，并且从远处看，似乎不再随时间变化，就像奥本海默和斯奈德已证明的内爆恒星在其表面越过施瓦西视界时所发生的那样。席艾玛看到彭罗斯的眼睛里闪着火花，他非常喜欢彭罗斯看待时空的新方法。在这之后的50年里他们成了好朋友。

彭罗斯最终转到剑桥大学来攻读他的数学博士学位，但他仍对他在时空几何上发现的数学奇异性恋恋不舍。他拼命想更好地理解它们。当他拿到了他的博士学位后，他便一头扎进来，决定深入研究广义相对论。在接下来的几年里，他周游了世界：在普林斯顿与惠勒合作，在伦敦与赫尔曼·邦迪共事，在锡拉丘兹跟彼得·伯格曼一起工作。1963年秋天，他终于加入到席尔德的得州奥斯汀小组。

得克萨斯州成为广义相对论研究的热点，研究人员手里可谓经费充足。“我们从没问过这些钱是从哪里来，或为什么人们认为在相对论上花那么多钱是值得的，”彭罗斯说道，“我总觉得肯定有什么东西弄错了。”彭罗斯有一位同事名叫罗伊·克尔，是一个年轻的新西兰人。克尔忍受着得克萨斯州湿热的天气，每天都在与爱因斯坦场方程搏斗，试图找到更复杂、更现实的解。他想出了一组对应于一种简单的时空几何的优雅的方程组。克尔解可以看作是施瓦西几何的更一般的形式。与施瓦西描述的时空对一个点——即著名的奇点——具有完全对称性不同，克尔解是关于一条贯穿整个时空的线对称。就好像他将施瓦西的解变成绕一根轴转动，时空绕着它扭曲变形。如果他想回到施瓦西的原始解，只需让他的解停止转动即可。

121

彭罗斯立即采纳了克尔的结果。他与他奥斯汀的新同事花了几个小时来讨论这个发现，并用他自己的方式改写了新时空。像席艾玛一样，席尔德也为彭罗斯特有的看待事物的方式所折服。彭罗斯的数学洞察力和彭罗斯图用一种全新的方式诠释了克尔解。克尔将他的非常简单而又强大的结果写成文章投递到《物理评论快报》——一份仅仅在几年后便考虑禁止刊登有关“相对论”方面文章的美国杂志。文章很快被接受并于1963年9月发表，短短几个月后，得克萨斯研讨会便在达拉斯召开了。在那里，他可以向天体物理学家介绍他的结果。

席尔德怕克尔的介绍太过简洁，也太数学化，于是便试着劝说彭罗斯来提出新解而不是让克尔来介绍。彭罗斯感到很为难，因为这是克尔的成果。席尔德的担忧并非全无道理。当克尔走上讲台进行演讲时，有一半的与会者离开了大厅。克尔太年轻，尚未出名，那情景就像一个相对论学者站到了一帮有更重要的事情要做的天体物理学家当中。克尔只好对着留下来的散漫的听众演讲。彭罗斯这样回忆道："他们没太注意他。"很少有人理解克尔的结果的重要性——这是使得施瓦西的解向更普遍、更实际也更有助于天体物理学家理解的方向上迈出的第一大步。克尔为会议论文集写了一篇简短的说明，但负责整理研讨会主要成果的老兄竟将它完全略去了。对于天体物理学家来说，克尔的广义相对论结果太过抽象，难以接受。

第一届得克萨斯研讨会上没有一个苏联物理学家参加。苏联物理学界的大部分宝贵精英都在从事苏联的核项目，没有多少时间和精力放在广义相对论上。然而，正如美国的新一代相对论学者来自曼哈顿计划，英国的来自于雷达研究一样，许多苏联核科学家最终在20世纪60年代引领了苏联的广义相对论的复兴。

122

苏联核项目起步较晚。在第二次世界大战期间，宝贵的资源被抽调到苏德战争前线，这使得斯大林无法将他的科研力量集中于核弹的研制。从1939年开始，在约翰·惠勒和尼尔斯·玻尔关于重元素的核裂变伴随大量的能量释放的论文发表后，西方关于核裂变的科学论文似乎已经枯竭。苏联人认为，这像是西方的核裂变研究已经陷于停顿。1942年，苏联物理学家格奥尔基·弗廖罗夫写信给斯大林，提醒他警觉这种奇怪的事态。斯大林起了疑心。他猜测美国人正在研制一种炸弹，他意识到他必须加入到这场游戏当中。因此战争一结束，斯大林便将自己的科研精英投入到核弹项目。项目成员中就包括列夫·朗道和雅科夫·泽尔多维奇。

列夫 · 朗道曾在20世纪30年代末的大清洗期间遭受到迫害。狱中折磨让他饱受摧残，这种体制带给他深深的幻灭感，但他只有任其摆布。朗道已经成为一个传奇，他的名字通过一系列发现从量子力学传播到天体物理学。他创造了一个物理学派，你要想了解你的知识能力，方法很简单，就是看你能不能成为朗道的弟子与他共事。事实上，要想被接纳为朗道的门徒，有志者必须通过11项惩罚性考试。这项考试被学界称为“朗道的理论及格线”，由朗道亲自设置和监督实施，考核过程可能长达两年。只有少数人闯关成功，取得了与伟人本人共事的机会。

雅科夫 · 泽尔多维奇是来自白俄罗斯的犹太人，比朗道年轻几岁，曾是一个早熟的学生。他17岁就成了实验室助理，24岁获得博士学位，并且很快成为燃烧和点火方面的苏联权威之一。他参与核弹研制是一种必然，他有做这事情的天赋。从1945年到1963年，泽尔多维奇参加了苏联第一颗原子弹的实验（美国人称其为“约瑟夫1号”，1949年8月，他们检测到它的爆炸）和随后的“超级炸弹”的研制。苏联赶上了美国，成为一个核大国。

123

与泽尔多维奇热衷于核项目不同，朗道，尽管还没有从卢比扬卡的磨难中解脱出来，对斯大林还满怀怨恨，但也被迫参加到核项目中来。虽然泽尔多维奇非常钦佩朗道，但朗道对他的同事和核项目总体上说不太宽容。当泽尔多维奇试图扩大苏联的核弹项目，朗道称他为“那个婊子”。斯大林去世后，他对同事说：“这下好了。他走了。我再也不用怕他了，我不会再为（核武器）工作了。”尽管如此，鉴于他们对苏联原子弹项目的贡献，两人被多次授予斯大林奖章和社会主义劳动英雄奖章。朗道还于1962年荣获诺贝尔物理学奖。

在60年代中期，泽尔多维奇作为明星仍在上升，但朗道已经无行为能力了，车祸让他成了残废，他再也不能做物理了。所有事由朗道的亲信弟子代其进行。他们也是苏联第一批研究时空奇点的人。两个年轻人，伊萨克·哈拉尼科夫和叶夫根尼·利弗席兹，是在朗道的严格教育要求下成长起来的，他们对运用爱因斯坦理论来处理物质在自身引力作用下坍缩时会发生什么的复杂性做好了充分准备。

奥本海默和斯奈德用一种简单的近似得到了他们的解，一个完全对称的向内坍缩的球面。这种完美的对称性最初曾困扰了包括惠勒在内的好些人，他们认为它过于理想化了。地球表面充满了各种不规则性：巨大的山脉和深深的海洋及峡谷。如果坍缩的恒星也同样这么参差不齐怎么办？这种不规则性和不完美性会不会使坍缩严重扭曲，以至于使部分表面坍缩得比其他地方快得多，从而形成一种不稳定性？如果是这样的话，奇点就可能永远不会形成。

俄国人通过放宽对奥本海默和斯奈德设置的对称性的要求来解这个问题。在哈拉尼科夫和利弗席兹的计算中，时空在每个方向上都可以按不同的方式扭曲和翻腾。想象我们正观察一颗因内爆正朝中心向内坍缩的大质量恒星的熊熊燃烧的表面。一般情况下，你会料到它将出现不对称。星球的顶部和底部可能会坍缩得比周边快，以至于快到在周边还没来得及坍缩便又反弹回来。就是说不是一切都向内下落以不可阻挡之势形成奇点，而是总会有一些部分向外移动来维持时空。只有在塌缩过程完全围绕中心对称地进行，而且所有东西在相同时间

124

内都严格下落，坍缩才可能形成奇点。哈拉尼科夫和利弗席兹发表在苏联杂志《苏联物理学》上的论文给出了一个惊人的结论：在实际情况下，奇点永远不会形成。施瓦西的解和克尔的解都是抽象的，在自然界永远不可能形成。爱因斯坦和爱丁顿似乎从一开始就是对的。

苏联科学家偶尔被允许参加西方的学术会议。1965年，第三届广义相对论和宇宙学大会——查珀尔丘会议的后继会议——在伦敦举行。有超过200位相对论学者出席。当哈拉尼科夫报告了他的结果后，所有与会的相对论学者都给予密切关注。虽然很明显爱因斯坦理论已经在苏联起飞，但西方科学家很难确切知道事情进展到什么程度。主要苏联杂志《苏联物理学》的译本总是滞后。

彭罗斯静静地坐着，听着哈拉尼科夫演讲。他知道他们是错的，但认为就这么直白地指出是“非常不礼貌的”。“如果你像他们那样做，你其实证明不了任何东西，”他说，“有太多的假设。像这样他们不可能排除奇点。”事实上，与哈拉尼科夫的说法相反，彭罗斯能够证明奇点总能形成。彭罗斯的结果是完全普适的，因为他用的是他自己看待时空的新方法。

自从大约10年前他在剑桥的嘉湖餐厅第一次与席艾玛相遇后，彭罗斯已经将他的图发展成一套如何看待光或任何通过时空传播的物质的规则。他可以处理任意时空，通过审视它的一些最基本属性和它所包含的东西，他就能够确定会发生什么，它是坍缩到一个点还是爆炸到无限大。当他将他的规则运用到引力塌缩问题，即惠勒所谓的“终态问题”上时，结局只有一个：奇点。彭罗斯写就他的论文《引力坍缩和时空奇点》并投给了《物理评论快报》。正如他在文中总结的那样，“偏离球对称性并不能阻止时空奇点的产生”。差不多半个世纪后，这篇文章仍然是简洁、清晰、严谨的杰作：在不到三页纸的篇幅下，对问题给予了简要说明，凭借数学工具包和一小段证明，彭罗斯用一张图说明了一切。

在哈拉尼科夫做演讲时，彭罗斯已经投出了他的论文。文章即将被接受，并将发表在当年12月出版的那一期上。但他采用的技术不为听众中的大多数相对论学者所熟悉，尤其是俄国人。当查尔斯·米斯纳——约翰·惠勒的学生之一——站起来用彭罗斯的结果向哈拉尼科夫发出挑战时，却吃了败仗。俄国人怀疑彭罗斯的结果，他拒绝承认他们的处理中有可能存在错误。“我只好躲在角落里，”彭罗斯回忆说，“这太尴尬了。”

但彭罗斯是正确的。这条被称为“彭罗斯奇点定理”的定理产生了深远的影响。它意味着，如果广义相对论是正确的，那么施瓦西解和克尔解这些在其中心存在奇点的奇特时空在宇宙中就是存在的。它们不只是某种数学结构。爱因斯坦和爱丁顿在这个问题上是错的。四年后，哈拉尼科夫和利弗席兹承认失败。1969年，他们再次检查了他们的计算，这一次他们的一个学生弗拉基米尔·别林斯基也参加进来。令他们沮丧的是，他们发现了一个错误。而在1961年，他们曾认为，导致奇点形成的坍缩太过奇特、太不自然，不太可能出现在现实世界中。而与别林斯基一起检查后他们却发现结论完全相反。他们以自己的方式证实了彭罗斯定理：奇点总能够形成。他们谦逊地在西方杂志上发表了他们的结果，公开承认了自己的错误。

彭罗斯证明了在引力坍缩中出现奇点的必然性，并回答了惠勒有关终态的问题。更深入的确认很快接踵而来。126

马丁·赖尔首次尝试通过他的最初的射电源测量来捣毁剑桥的稳恒态宇宙正统观念以失败告终，但他的数据在不断改进。1961年，当他发布了射电源的4C星表后，大部分射电天文学家一致认为，以前数据中的许多问题已被修正。但稳恒态理论的终结也随着这一理论本身的追随者的努力而开始到来。

丹尼斯·席艾玛曾是霍伊尔的稳恒态理论的坚定拥护者。但他同时也对类星体深感兴趣，他交给他的一个学生马丁·里斯一个任务：用不同方式审视赖尔的新的观测结果。里斯采用了一种比赖尔将类星体数量作为光通量函数来做图的技术更简单也更聪明的方法。他取了35颗已测得其红移的类星体，将它们划分成三片。第一片表现为低红移，对应于在时间和距离上均接近地球的类星体，第二片包含中等红移的类星体，最后一片由看上去距离遥远的大红移对象组成。

里斯的想法很简单，但明显透着聪明。在稳恒态模型下，宇宙是不随时间演化的，因此每片的类星体数目应基本相同。但里斯发现，在时间和距离上最近的一片里几乎没有类星体。几乎所有的类星体都处在最远的那一片里。换句话说，类星体的数量似乎是随时间而变化的——越早的过去类星体越多——因此宇宙不可能处于稳恒态。图表说明了一切——稳恒态宇宙无效。“正是这张图让丹尼斯改弦易辙。”里斯回忆道。从此席艾玛改信勒迈特理论（即霍伊尔在他的演讲中所称的大爆炸宇宙学说），以及它所包含的一切。

将稳恒态理论彻底钉死的最后一颗钉子来自于新泽西州。阿诺·彭齐亚斯和罗伯特·威尔逊一直在霍尔姆德尔努力改进天线，该处属于贝尔实验室的电信通信网站之一。他们想改装天线（即那种用于捕捉射电波的巨大牛角形天线），并用它来测量星系。为了准确绘制银河系的结构，他们首先需要确定自己仪器的精度。为此他们将天线对着虚空，来检查他们能用它看得有多清楚。

127

但他们看到的并非空无一物。彭齐亚斯和威尔逊确凿无疑地看到，或更准确地说，听到某种东西：一种来自深空的低沉绵软的嘶嘶声。不论他们如何调整仪器，他们都无法去掉它。两人就这样无意中偶然发现了早期宇宙留下的遗迹——宇宙大爆炸的化石。

在20世纪40年代末，一位在美国工作的俄裔物理学家，乔治·伽莫夫，曾预言宇宙中存在着弥漫的极冷的光。他从勒迈特神甫的想法出发，认为宇宙始于一锅炽热、致密的汤，所有元素最终都由此产生。其论证如下：想象宇宙处于最简单的状态，有的只是氢原子。氢原子是化学的基本构件，一个质子和一个电子通过电磁力结合在一起。如果您用足够大的能量轰击氢原子，你能够剥去电子，留下一个孤独的质子飘浮在太空中。

现在想象一团氢原子气体被约束在一个热澡盆里。它们相互碰撞，来回移动，并受到来自周围的高能光子的轰击。它们变得越来越热，电子变得越来越可能被剥离。如果环境非常热，那么很少有氢原子能保持不变。因此宇宙间充满的实际上不是氢原子气体，而是自由的质子和电子。宇宙早期，当宇宙的温度大于几千度时，你几乎不可能找到原子，能找到的大多是自由的质子和电子。随着时间推移，宇宙冷却下来，电子被原子核俘获，这样才有了氢原子和氦原子，更重的元素几乎少得微不足道，留下的还有微弱得几乎看不见的背景光。这便是阿诺·彭齐亚斯和罗伯特·威尔逊所看到的东西——宇宙早期炽热致密状态的明确证据。它们近得让我们可以随时取来证明大爆炸（霍伊尔曾轻蔑地这样称呼它）的存在。而迈出最后一步的则是丹尼斯·席艾玛的另一个学生——史蒂芬·霍金。

年轻的霍金身上确实有某种爱因斯坦的东西，他童年时代的朋友就经常这么说他。他在中学时默默无闻，一直就是个懒散、调皮和淘气的人，一个单瘦、衣冠不整的男孩，整日就喜欢跟小伙伴戏耍闹腾。霍金开始对科学越来越感兴趣是在上大学后。在申请牛津大学时，他的入学考试和面试都名列前茅。他发现牛津的课程太容易了，各门课都给他的导师和授课老师留下了深刻印象。后来他去了剑桥大学，在席艾玛的指导下攻读博士学位。正是在此期间，霍金转向宇宙学研究，确立了他在科学上的地位——他发掘出彭齐亚斯和威尔逊发现的重大意义。 128

史蒂芬·霍金比马丁·里斯大一岁，也对广义相对论的数学十分着迷。在他做博士研究之初，他被诊断出患有卢伽雷病，并被告知只有短短几年好活。这个初步诊断讯息让他十分泄气，但读了两年多的博士学位，他仍然活得好好的。持续的健康激励他专注于工作，他试着去理解在宇宙膨胀的开端——大爆炸本身——究竟发生了什么。有没有可能在时间的起始点也像惠勒的终态一样，奇点是不可避免的？

在他与疾病带来的可能的厄运赛跑的过程中，霍金证明了，在正常情况下，一个膨胀的宇宙确实不可避免地始于奇点。经过多年努力，他与席艾玛的另一位才华横溢的学生，南非的物理学家乔治·埃利斯一起证明了，一个带有由彭齐亚斯和威尔逊发现的残留辐射的宇宙必然始于一个奇点。最后，他与罗杰·彭罗斯一起构建了一整套完备的定理，这组定理能够涵盖当时已有的几乎所有可能的膨胀宇宙模型。用彭罗斯和霍金的数学语言来表述就是，无论是在未来还是在过去，奇点都是不可避免的。

在第一届得克萨斯研讨会上，曾有传言称赖尔星表中的遥远、丰富的射电波源很可能与超大质量恒星的广义相对论坍缩有某种关系。129 钱德拉曾指出，超重白矮星会是不稳定的，而且可能内爆。奥本海默和斯奈德已经表明，如果恒星更重，那么它必然坍缩到下一阶段——中子星。虽然白矮星的存在已经有相当有说服力的证据，但却没有任何迹象表明存在中子星。到1965年，这种情形有了改变。这一年，乔斯琳·贝尔来到剑桥，开始了她在马丁·赖尔小组的博士学位工作。

贝尔并没有跟随赖尔本人做研究，而是跟一位比他年轻的同事安东尼·休伊什做工作。休伊什用木桩和铁丝网帮她搭建了一台射电望远镜，她可以用它来定位和研究81.5兆赫波段的类星体的位置。正如她后来所说的那样，她“最初几年就是在这种条件下，或者说在这样一个非常寒冷的棚子里，参与了很多繁重的工作”。要说这项工作也有它的好处：“当我离开这里时，我已经练得可以挥得动大锤。”到1967年，贝尔已经可以用图表记录仪来读取数据，她每天分析的数据纸带长度超过30米，目的就是找出类星体泄密的信号。大约120米长的纸带就可覆盖整个天空。

她做的记录里有一个奇怪的现象。每120米的纸带，就有一段四分之一英寸长的数据是贝尔无法理解的。她无法弄清楚这是什么信号或它来自何方。它无疑就在那里，天空中一个非常具体方向上传来的一阵啁啾声。“我们开始戏称它为‘小绿人’，”贝尔回忆说，“我回到家感到非常闹心。”于是小组决定先就这样直接发表他们的神秘发现。

1968年2月，一篇题为《对一个快速脉动射电源的观测》的文章出现在《自然》上。在文中，贝尔、休伊什及其合作者公布了他们的发现，宣告“米拉德天文台记录下来自脉动射电源的异常信号”，随后做出了一项大胆的断言：“该辐射似乎来自星系内的局部对象，并可能与白矮星或中子星的振荡相关联。”他们推测，记录纸带上的尖峰是这些致密的袖珍射电源的振荡或脉动。

新闻界抓住这一发现，就其重要性采访休伊什。但是，正如贝尔回忆中所说：“记者们净问些不相关的问题，如我的身高是超过了还是与玛格丽特公主一样高。”她说：“他们转向我，问我三围是多少或有多少个男朋友……这是所有女人都关心的问题。”《太阳报》将这则新闻配以《看见小绿人的女孩》标题排在头条。而《每日电讯报》则为这个古怪的对象想出了一个名称，一位记者建议称它为“脉冲星”，即“脉动射电星”的简称。

130

射电天文学再次火了一把，而且还是出于偶然。这一发现意义非常重大，1974年，诺贝尔奖评奖委员会将当年度的物理学奖授予贝尔的导师托尼·休伊什和马丁·赖尔。贝尔被完全排除在外。在许多人看来，这是诺贝尔奖历史上最严重的不公正事例之一。近20年后的1993年，贝尔作为另一位天文学家小约瑟夫·泰勒的嘉宾出席了诺贝尔奖的颁奖典礼，当时泰勒获得了当年度的物理学奖。"最后我还是去了。"她不带一点儿苦涩地回忆说。

脉冲星是中子星的第一个切实的证据。它们实际上并不脉动——它们转动，这使它们发出周期性信号。但它们是引力坍缩过程中所缺失的环节，这个环节曾由朗道假定，奥本海默做过研究，惠勒和他的弟子更是进行过详细的探索。它们是彭罗斯的奇点不可避免地形成前的最后一步。

雅科夫·泽尔多维奇转入新领域时毫不犹豫。他的一个学生回忆过泽尔多维奇的建议："掌握……任何领域……百分之十的知识是困难的，但有趣。从百分之十到百分之九十的路径是纯粹的快乐和真正的创造力……但要再掌握百分之九就无限困难了，这远不是每个人的能力所能达到的……最后的那百分之一就更是毫无希望。"由此泽尔多维奇总结道："因此在还不太晚之前转换到一个新问题就显得更合理。"

像惠勒一样，泽尔多维奇40多岁才从核物理研究转向相对论，继而他建立起的研究团队成为世界上最专注的团队之一。泽尔多维奇与他的学生一起写的论文几乎篇篇都具有印象派风格，文章经常以这样一种古怪的口吻开篇："精神分析的教父弗洛伊德教授告诉我们，成年人的行为取决于他们早期的童年经验。本着同样的精神，目前的……宇宙结构……问题可以从……其早期的行为中推断出来。”这些文章读起来就像是一篇篇浓缩的散文，段落之间还不时点缀着方程，用以充实自己的观点。当翻译成英文时，它们可让译者难受了。但随着时间的推移，它们得到了应有的赞赏：相对论天体物理学的名副其实的宝石。

131

泽尔多维奇转入新领域的第一件事，就是去寻找“冻结星”，这是东方世界对施瓦西和克尔的坍缩恒星的称呼。这些冻结星是看不见的，它不发光，也没有可用来反射光或发光的表面。但泽尔多维奇不认为这些奇特的星体会从视线中隐去，因为它们会造成它们周围的空间和时间强烈的扭曲。事实上，正如他开始与他的学生讨论的那样，这些星体会对它附近的一切东西有一种必然的拉动作用。因此他推测，通过观测冻结星对其他东西作用的效应，也许就有可能看到它们，只不过不是直接而是间接的。例如，如果太阳太靠近冻结星，它就会被强制纳入围绕它旋转的轨道，就像月亮围绕地球转一样。因为冻结星看不见，所以此时太阳看起来就好像是自己在那里转圈跳舞，沿着一条没有中心的轨道在摇摆。由此泽尔多维奇和他的团队提出：寻找摇晃的恒星，这种恒星看上去是自己在运动，但其行为就像是双星系统中的一颗星的行为。

但是，泽尔多维奇推测，冻结明星不应该只是轻推身边的伙伴，它们会主动地将伙伴撕裂。他做了一个非常简单的假设：当有东西落入冻结星的引力场时，其运动速度将接近光速，并在这个过程中凝聚和升温。随着物质的混合和碰撞，其温度随它落入冻结星的过程而升高，这个过程称为吸积过程，该过程伴有能量辐射。在施瓦西视界附近，吸积是如此高效，以至于高达10%的静质量能量都会被辐射掉。数量如此惊人的能量辐射使得这一过程成为宇宙中最高效的产能过程。为此在1964年，泽尔多维奇在《科学院院刊》上发表了一篇短文，进一步推测认为，冻结星周围的能量生产将是压倒性的，足以解释射电天文学家所发现的类星体的高亮度。几乎是同时，美国康奈尔大学的一位天文学家，埃德温·萨尔皮特，也得出了同样的结论，即强大的射电辐射可能来自一个其质量为100多万倍太阳质量的大质量天体，或如他所说，来自“体积相对较小但质量极其巨大的天体”。

132

泽尔多维奇并没有就此止步。他与年轻同事伊戈尔·诺维科夫一起，将他的想法运用于一颗正常恒星围绕冻结星旋转的双星系统。他们推测，冻结星的巨大引力会剥去这颗正常恒星的所有外层气体和燃料。就像罗杰·彭罗斯形容的那样，“用正常大小的下水口来排干……萝梦湖那么大的一池水”。气体受到的力是如此巨大，以至于它发出非常高能量的光，即X射线。找寻X射线，泽尔多维奇和他的学生对世界说。

随着坍缩星（或称“冻结星”）与类星体之间的联系变得越来越引人注目，施瓦西这个名字不断地被天文学家和天体物理学家在科学文献中提及。但是，正如惠勒多年后回忆起的那样，他和他的美国同事使用的是“完全坍缩引力体”，显得非常拗口，“你转着圈儿说了10遍后，你就会拼命想找一个更好的词儿来表达。”在1967年的巴尔的摩会议上，一位听众帮他想出来一个词儿，建议叫“黑洞”。惠勒采纳了，这个术语就这么诞生了。

1969年，丹尼斯·席艾玛在剑桥的同事之一——唐纳德·林登-贝尔——在他的一篇论文的引言中陈述道：“然而，我们之前得出的结论——时空中这种大质量天体将是不可观测的——可能是错的。我的论文要说的就是我们多年来一直在间接地观察它们。”他认为，星系中心的大质量黑洞会像彭罗斯形容的那样吸食周围的物质，就像水落入排水口，一圈圈地旋转着流下去。黑洞周围的旋转气体会形成一个扁平的盘，就像土星环，整个系统将被锁定绕轴旋转。星系的核，由这些吸积盘提供能源，将成为名副其实的光信标。林登-贝尔可以证明能量是如何被创造和释放的。马丁·里斯与丹尼斯·席艾玛一起，也着手尝试建立细致的类星体模型来解释各种不同的奇特性质——它们的大小、距离，它们闪烁、脉动得有多快，它们释放的能量在什么范围，等等。在接下来的几年里，里斯与林登-贝尔以及他们的剑桥学生和博士后能够想出一种类星体和射电源周围喷洒着美丽烟花的细致模型。所有的环节都已各就其位。

133

接着，泽尔多维奇和诺维科夫的X射线观测计划终于起步了。20世纪60年代，意大利物理学家里卡多·贾科内将火箭发射到地球大气层外去寻找X射线源。几分钟后，他们就发现了它们，X射线的亮斑横越整个天际，让太阳系的行星黯然失色。20世纪70年代初，卫星“乌呼鲁”从肯尼亚蒙巴萨附近的一个发射塔上升空，其唯一的任务就是绘制出X射线天图。它取得了巨大的成功，精确测量的X射线天体超过300个。

乌呼鲁测量的众多X射线源中有一个是天鹅座X-1，天鹅座里一个特别明亮的源。1964年早期火箭探测时人们首次见到了它。但乌呼鲁发现，它的X射线闪烁得非常快，一秒钟闪好几次，这是一个非常肯定的信号，表明它是一个极其袖珍的天体。乌呼鲁的测量得到了射频频率观测和光学频率观测的迅速跟进，它们确认了泽尔多维奇和诺维科夫的预言——这是一颗在被慢慢剥离外壳的恒星，它被一颗看不见的致密天体拖拽着轻轻摇晃，这个隐身天体的质量超过八个太阳质量。这是黑洞的第一个证据，虽不能完全确定，但极有可能。它很小，但能量大，看不见却发出X射线。

1972年的夏天，布莱斯和塞西尔·德威特夫妇在法国阿尔卑斯山的莱苏什举办暑期学校。出席的好些年轻的相对论学者——都受过席艾玛、惠勒和泽尔多维奇的训练——现在都已经成为世界级权威：剑桥的布兰登·卡特和史蒂芬·霍金，基普·索恩和他的学生詹姆斯·巴丁以及来自加州理工学院和普林斯顿的雷莫·鲁菲尼，伊戈尔·诺维科夫代表莫斯科出席。他们是黑洞领域的新的先知。

134

"近10年来，广义相对论从一个仅有少数理论家在那里吭哧吭哧做研究的沉寂领域转变成一个蓬勃发展的、吸引来众多才华横溢的年轻人投身其中的前沿的故事……现在已为大家所熟悉，"德威特在莱苏什会议论文集的序言中写道，"没有一个对象或概念能比黑洞更集中体现了现阶段的完全演进。"这次会议将近10年的惊人发现推向了高潮。

爱因斯坦与爱丁顿已被证实确实错了。甚至连惠勒也妥协了，到1967年他已经承认，自然不痛恨广义相对论的奇点。东线战场很久以前就发现的施瓦西的解，与得克萨斯州炎热夏季里发现的克尔解，都是真实的，它们必定存在于自然界中。它们是引力坍缩的真实终点。它们由广义相对论预言，既简单又不可避免，它们能做自然中神奇的事情：强大的类星体并剥去伴星的外衣。射电天空一遍又一遍地向我们眨着眼睛，那些被发现的X射线暴虐似乎指向小而致密的天体。测量结果尚谈不上确凿无疑，但黑洞的真实存在已变得不可避免。有人开始信誓旦旦地断定天空中的各种奇怪的事情其实都是黑洞在捣鬼。它们几成现实。

聚集在莱苏什的相对论学者早在几年前就已意识到，如果黑洞在自然界中被发现，那么从数学上说，它们必定像施瓦西的解和克尔的解那么简单。虽然来自锡拉丘兹大学的埃兹拉（"泰德"）·纽曼已将克尔解扩展到包括带电的黑洞，但由爱因斯坦的理论得到的黑洞全解可能仅用三个数就能完全刻画：它的质量、旋转速度以及所带的电荷量。这是一个令人吃惊的结果。为什么黑洞不能像地球表面上的高山那样某一侧质量大些，另一侧质量小些？或为什么它不能一侧凹进去，另一侧突出来？其实你可以想象具有相同质量、自旋和电荷的黑洞看起来各不相同，各有其自身的个体特征。但数学证明是另一回事，而且广义相对论已表明，这些个性会很快消失。山峦将变平，山谷会填满，凹进去的将鼓起来。具有相同质量、自旋和电荷的黑洞很快就会演化成看起来彼此完全一样，完全没有区别。惠勒将这种一致性描述为"黑洞无毛"，对它的证明被称为"无毛"定理。

135

莱苏什会议表明当伟大的思想解决重大问题后会发生什么。正如马丁·里斯在回忆这段时光时说的那样："有三个小组都在试图理解黑洞：莫斯科小组、剑桥小组和普林斯顿小组。而且我觉得他们之间气氛一直很融洽。”确实，在东、西方之间隔绝很深的这一时期，他们的合作交流推动了科学的进步。基普·索恩和史蒂芬·霍金将访问莫斯科的泽尔多维奇，对吸积盘、引力坍缩和奇点等资料进行比较。苏联物理学家前往西方时间虽短，困难重重，但同样重要。正像诺维科夫回忆起他1967年参加得州的一次研讨会时说的那样，这次在纽约，“尽管我们拼命努力来收集尽可能多的信息，与尽可能多的同事交流，但我们体力有限，不可能涵盖所有我们感兴趣的东西”。多年后，在1972年的这次莱苏什会议上，诺维科夫和索恩合作献上了一篇有关吸积盘的论文。

10年来，爱因斯坦的广义相对论理论已经转变。得州研讨会已经成为几百位天体物理学家的定期聚会。他们中的许多人现在认为自己就是相对论者。正如罗杰·彭罗斯所说的那样：“我看到，黑洞正由数学上的一个推论变成人们真心相信其存在的东西。”广义相对论黄金时代带来的这种普及也反映在几所顶尖大学的重要教职的人选上。在英国，马丁·里斯和史蒂芬·霍金被剑桥大学授予久负盛名的教席，就如同罗杰·彭罗斯在牛津。在美国，惠勒的学生分别被加州理工学院、马里兰大学和其他一些顶尖大学的院系聘请为教授，泽尔多维奇的学生在苏联也同样受到重用。所有这一切都是因为他们在广义相对论方面的工作。爱因斯坦的相对论似乎终于以一种蔚为壮观的方式成为主流物理学的一部分。

136

第 9 章
统一的困境

1947年，刚从学校（哈佛大学）毕业的布莱斯·德威特遇见了沃尔夫冈·泡利，告诉他自己正在从事引力场量子化的研究。德威特不明白，为什么20世纪的两大理论——量子物理和广义相对论——会走不到一块儿。“引力场到底在做什么，这么与世隔绝？”他感到好奇。“如果你干脆把它强行拖进理论物理的主流，将它量子化会怎样？”泡利并不完全赞同德威特的计划。“这是一个非常重要的问题，”他告诉他，“但需要有非常聪明的人来干。”没人会否认德威特具有相当高的智慧，但半个世纪过去了，广义相对论对他的努力显示出顽强的抗拒性。 137

广义相对论独自待在那里，就是不与量子物理学兼容。二战后，量子力学已上升为一种全新的、功能强大的理论，它将所有的力——但引力除外——与物质的基本成分汇集成一个简单、协调的整体。几十年来，阿尔伯特·爱因斯坦和亚瑟·爱丁顿曾数度尝试建立起各自的统一理论，但都失败了。而量子理论则不同。它以惊人的高精度经受住了欧洲和美国的大型对撞机实验的检验，讲述了一个个优美的数学公式和绝妙的概念怎样与实实在在的物理测量成功嫁接的故事。 138

尽管它如此成功，但有一个人拒绝为战后新量子物理学鼓掌。他就是保罗·狄拉克。狄拉克认为，有关粒子和力的量子理论是个山寨货，思想上一团乱麻。它是在变戏法，通过将某些无限大的数神奇地隐去来回避基本问题。狄拉克确信，正是这个诡计阻挠了广义相对论加盟到所有力的统一的盛宴中来。

保罗·狄拉克身上有些东西令人费解。他是个身材颀长的人，平时几乎不与人客套。当他要说话时，用词也是直接明了，重点突出。他经常会感到害羞，宁愿一个人独自工作。他非常迷恋数学中的美，认为正是这种美支撑着实在。他的论文堪称数学珍品，同时对现实世界又具有深远的意义。他在布里斯托尔大学读书时学的是机电工程，但当他20岁刚出头来到剑桥后，很快就确立了作为新量子的先知之一的地位。他很快被吸收为剑桥大学圣约翰学院的资深会员，不久又成为数学卢卡斯讲席教授，这可是艾萨克·牛顿在17世纪就曾居有的职位。剑桥给了他一个避风港，他在这里可以隐居世外著书立说，而他的学说则影响了好几代物理学家，其中一些天体物理学家和相对论学者后来成为20世纪60年代广义相对论复活的核心人物。弗雷德·霍伊尔和丹尼斯·席艾玛都曾是他的博士研究生，罗杰·彭罗斯曾听过他的讲座，对他讲课时所表现出的概念清晰性和表述的准确性惊叹不已。

具有讽刺意味的是，正是保罗·狄拉克的电子基本方程——著名的狄拉克方程——迈出了将爱因斯坦的狭义相对论原理与量子物理学基础相结合的大统一道路上的第一步。量子物理学方程告诉我们，一个系统（譬如一个电子被一个质子束缚住所构成的氢原子体系）的量子态是随时间演化的，它对空间和时间做了明显的区分。而爱因斯坦的狭义相对论则将空间和时间组合成一个不可分割的东西——时空，它还可以将力学定律和光的定律结合成一个自洽的理论框架。而借助于狄拉克方程，所有的物理学，包括量子物理，都可以服从狭义相对性原理。

139

宇宙中的粒子可分为两类——费米子和玻色子。作为一个经验法则，可以认为构成各种东西的粒子大多是费米子，而携带大自然的基本力的粒子大多是玻色子。费米子包括构成原子的基本成分，例如电子、质子和中子。正如我们前面在阅读有关白矮星和中子星的内容时所读到的，这些粒子具有源自泡利不相容原理的奇异的量子属性：任何两个费米子不可以占用相同的物理状态。当挤在同一个空间里时，它们借助量子简并压强来相互排斥。福勒、钱德拉和朗道曾用这种压强来解释当白矮星和中子星处于未达到临界质量时是如何靠它来维持自身寿命延续的。与费米子不同，玻色子不遵从泡利不相容原理，它们可以被随意地压缩在一起。玻色子的一个例子是光子——电磁力的传递者。

狄拉克发现的方程不仅描述了电子——费米子——的量子物理特性，同时也能满足爱因斯坦的狭义相对论。这个方程描述了在给定空间位置或给定速度的条件下找到电子的概率。狄拉克方程是按狭义相对论的要求以自洽连贯的方式定义在整个时空上的，而不是仅定义在局部空间上。狄拉克方程包含了关于自然世界及其基本粒子的丰富见解和信息。出乎他的意料，他的方程还预言了反粒子的存在。反粒子是一种具有与其相应的粒子相同的质量，但电荷符号相反的粒子。

电子的反粒子被称为正电子。它看起来完全像一个电子，但它的电荷是正的而不是负的。根据狄拉克方程，电子和正电子都能够在自然界中存在。这个方程还预言了，电子和正电子构成的正负电子对能够从真空中蹦出来，有效地无中生有。这很奇怪，也很难理解，特别是考虑到在狄拉克第一次写下了他的方程时还没有人见过正电子。直到 140 1932年，人们在宇宙射线中检测出正电子后，狄拉克的实际存在正电子的预言才得以实现。第二年狄拉克因此获得了诺贝尔物理学奖。

当狄拉克第一次提出他的方程时，他开始了一场理解自然界中粒子和力的革命。如果电子的量子物理可以在与电磁场相同的框架下得到描述，即它服从爱因斯坦的狭义相对论原理，那么电磁场本身为什么不能像电子一样量子化？它应当不仅仅是描述光波，还应能够自然地描述光子，即爱因斯坦于1905年曾认定其存在的光量子。关于电子和光的量子理论称为量子电动力学，简称QED，它是统一粒子和力的征途上的下一步。二战后，由理查德·费恩曼、朱利安·施温格和朝永振一郎发展起来的这一理论标志着研究量子物理学的新方法：用一种自洽连贯的统一方法来量子化粒子（电子）和力（电磁场）。QED取得了惊人的成功，它允许其创建者以前所未有的精度来预言电子和电磁场的行为，从而使他们共同分享了1965年度的诺贝尔物理学奖。

尽管QED绩效突出，但保罗·狄拉克却以一种极其厌恶的态度来看待它。因为其成功的核心是采用了一种有悖于他的数学简单性和优美理念的计算方法。该方法美其名曰重正化。要了解重正化，我们需要看看物理学家是如何利用量子电动力学来计算电子的质量的。电子的质量已在实验室得到精确测定，等于1克的十亿分之一的十亿分

之一的十亿分之一的十分之九点一——一个非常非常小的数值。然而，采用量子电动力学方程来计算，您得到的电子质量是无穷大的值。这是因为QED允许光子和短命电子-正电子对——由狄拉克方程得到的粒子和反粒子——创生和湮灭，有效地无中生有。所有这些虚粒子可以从真空中飞出，提升电子的自能（self-energy）和质量，最终使之成为无穷大。因此如果QED运用得不恰当，就会导致到处都出现无穷大，并给出错误的答案。但费恩曼、施温格和朝永振一郎认为，因为我们从观察中知道，电子的最终质量是有限的，因此我们可以简单地去掉计算中出现的无穷大的结果，用已知的测量值来取代[141]它——这就是“重正化”。

对于不留情面的观察者来说，这种做法听起来就像是所有的重正化无非就是扔掉无穷大，然后用任意有限值来替换它们。保罗·狄拉克公开表示自己对“这种情况非常不满”。他认为：“这不是有理智的数学。合理的数学运算确实涉及如何舍弃小量，当它很小时——但不会因为它是无穷大，你不想要它就舍弃它！”这确乎是种混乱的稍显神奇的想法，但不可否认，它确实有效。

量子电动力学只是在统一长征路上的一步，但从20世纪30年代到60年代，人们逐步认识到，除了电磁力和引力，还有其他两种基本力，它们都需要被纳入最终的框架。一个是弱作用力，由意大利物理学家恩里科·费米在20世纪30年代为解释一种特定类型的放射性（称为β衰变）而提出来。在β衰变过程中，中子吐出一个电子而衰变成一个质子。这个过程用电磁学是解释不通的，于是费米提出了一种新的力，它允许这种转变发生。这种新的力的作用距离非常短，只在核子间的尺度上，而且比电磁力弱得多，因此给它起个名字叫弱作用力。另一种力叫强作用力，就是将质子和中子粘在一起构成原子核的那种力。它还将更基本的粒子，称为夸克，结合起来组成质子、中子和其他各种粒子。虽然它的力程也非常短，但它比弱力强多了（因此有了这个名称）。我们面临的挑战，正如詹姆斯·克拉克·麦克斯韦在19世纪中叶将电场力和磁场力统一成单一的电磁力时一样，就是要以一种普适的方式来处理所有这四种基本力：引力、电磁力、弱作用力和强作用力。

在整个20世纪50年代和60年代，强作用力和弱作用力得到了系统的、由表及里的详细研究。随着它们得到更好的理解，数学上对它们的描述与对电磁力的描述开始显现出相似性，这提示我们可能存在一种统一的力，而这三种力只不过是这种统一力在不同条件下的不同表现而已。142 到了60年代末，麻省理工学院的斯蒂芬·温伯格、哈佛大学的谢尔顿·格拉肖和伦敦帝国学院的阿卜杜勒·萨拉姆建议了一种新的至少可以将两种力——电磁力和弱作用力——统一成电弱作用力的方法。强作用力还不能被结合进来，但它看起来与其他的力是如此相似，以至于让我们有信心认为，一定存在一种可将电磁力、弱作用力和强作用力统一在一起的“大统一理论”。到70年代，电弱理论和强作用力理论被证明都像量子电动力学一样是可重正化的。所有出现在计算中的令人讨厌的无穷大都可以通过已知值的替换去掉，使理论具有突出的可预测性。电弱理论和强作用理论的结合被称为标准模型，它做出的准确预言已被位于瑞士日内瓦的欧洲核子研究中心实验室的巨大的粒子加速器所证实。关于这三种基本力——电磁力、弱作用力和强作用力——几乎完全统一且具有强大预言能力的量子理论已被普遍接受。

这里说的普遍性有一个人例外，那就是保罗·狄拉克。虽然他对综合出标准模型的年轻一代印象深刻，并对他们采用的某些数学表示惊叹，但他还是多次抨击无穷大和在他看来等同于恶毒伎俩的重正化方法。在一些公开讲座上，虽然他也屈尊提到标准模型，但他同时斥责他的同事们不试图努力去寻找一种更好的不含无穷大的理论。在他剑桥的学术生涯行将结束之际，狄拉克变得越发孤立。他固执地拒绝接受量子物理学的发展。尽管他渴望待在学术圈里，但他感到自己已经被物理学世界遗弃了，这个世界接受量子电动力学，并将他视为落伍的老派人物。于是他撤退了，除了待在圣约翰学院继续他的研究，再也不到系里去履行他的教授职责，对丹尼斯·席艾玛、史蒂芬·霍金、马丁·里斯和他们的合作者做出的广义相对论方面的伟大发现漠不关心。据剑桥大学他同时代的人回忆："在这里狄拉克就是个幽灵，我们很少看到他，从不与他说话。"1969年，他从卢卡斯数学教授的位置上退休，去美国佛罗里达当教授。在他最后的岁月里，看到广义相对论拒绝向重正化技术低头他也不会感到惊讶。 143

布莱斯·德威特对于在寻求量子引力理论的道路上会遇到什么样的困难没有任何准备。他与朱利安·施温格都在哈佛工作，目睹了量子电动力学的诞生。因此在决定对付引力时，德威特选择了类似于对付电磁力的方式来对付它。他试图在引力上再现量子电动力学的成就。电磁力与引力之间的确有相似之处：二者都是远程力，都可以延伸到很远的距离。在量子电动力学中，电磁力的传递可以被描述为由一个无质量的粒子——光子——所携带。你可以将电磁力看作是在带电粒子（如电子和质子）之间来回晃荡的光子海，是将它们推开还是拉近全取决于它们的电荷的异同。德威特以类似的方式来处理引力的量子理论，他用另一个无质量的粒子——引力子——来取代光子。这些引力子会在有质量粒子之间来回晃荡，把它们拉到一块儿形成我们所说的引力。这种方法放弃了几何学的所有优美的想法。虽然引力仍由爱因斯坦方程来描述，但德威特选择将它看成只是另一种力，从而可以采用量子电动力学的所有技术。

在接下来的20年里，德威特使尽浑身解数试图找出如何量子化引力的方法，但他发现这是一个巨大的挑战。问题还是爱因斯坦场方程太复杂，纠缠得太紧以至于无法轻易地处理。他留意有关其他作用力理论的发展，看到存在相似的困难。不过，随着强力、弱力和电磁力的统一，这些困难似乎都消失了。只有广义相对论还是那么固执，就是不愿意被硬塞进适用于其他三种力的量子规则里。当然，在这场战斗中德威特并不孤单：在他之前，马特维·布朗斯坦、保罗·狄拉克、理查德·费恩曼、沃尔夫冈·泡利和维尔纳·海森伯都曾以某种方式进行过引力量子化的研究。斯蒂芬·温伯格和阿卜杜勒·萨拉姆两位电弱相互作用模型的成功缔造者，也都尝试过运用他们构造标准模型
144
时所开发的技术来量子化引力，但他们同样发现，引力是太困难了。

在德威特艰难地埋头研究引力并试图将之量子化的同时，学界有那么一小群人对他的工作的兴趣也在发展。约翰·惠勒就很赞赏他的这份坚持，并让自己的学生跟着干。巴基斯坦物理学家阿卜杜勒·萨拉姆、牛津的丹尼斯·席艾玛和波士顿的斯坦利·德塞尔也都看好这一块。但总的来说，量子引力工作得到的反应很复杂，经常受到冷遇。

萨拉姆以前的学生迈克尔·达夫回忆起他在法国科西嘉岛的卡尔热斯会议上做有关量子引力的研究结果的报告时的情形，所得到的反应是“报以一阵嘲笑的反对声”。丹尼斯·席艾玛的一位名叫菲利普·坎德拉斯的学生所研究的课题是不同几何时空中场的量子性质，他曾听到牛津大学物理系教师的闲谈，说他“做的不是物理”。比起其他力的量子化工作，引力的量子化还远没有成气候。在许多人看来，做这种研究无异于浪费时间。

1974年2月，英国经济处于停滞状态。石油价格飙升，连着几届效能低下的政府都试图遏制通货膨胀的上升，整个国家被工业界的纷争弄得焦头烂额。每周工作日时不时就缩短至三天以节省能源，隔三差五的停电意味着经常得省去晚餐留出钱来买蜡烛照明。正是在这段黑暗时期，在牛津召开了一次总结量子化引力进展的会议。这次会议距德威特首次开展这方面工作已经过去了近25年。尽管经济环境不景气，但牛津量子引力研讨会还是在一片欢快的氛围中开始。由格拉肖、温伯格和萨拉姆发展出来的粒子物理学标准模型的预言，正在欧洲核子中心巨大的粒子加速器上得到引人注目的证实。量子引力当然得紧跟其后。

不过，当发言者站起来陈述各种解的提示和思路时，同样的问题似乎一次又一次地让那些最有前途和流行的量子化引力的努力归于失败。无视几何将引力当作普通力的德威特做法行不通。主办方和沃尔夫冈·泡利都有些焦躁：“上帝在开天辟地时，就没让人参与进来。”问题是广义相对论与量子电动力学和标准模型很不相同。我们总可以用量子电动力学和标准模型将所有基本粒子的质量和电荷予以重正化来摆脱无穷大，使所获得的结果变得有意义。但同样的策略和技术用到广义相对论上，整个事情就会被闹得土崩瓦解。不时出现的无穷大拒绝被重正化。按下葫芦起了瓢，将整个理论予以重正化被证明是不可能的。引力，就像所描述的广义相对论，似乎纠缠得如此紧密和不同，使得它根本不像其他力那样可以重新包装和修正。在研讨会上，迈克尔·达夫在总结他的发言时不祥地说道："看来运气不在我们这边，只有等着奇迹发生才能救我们脱离非重正化。"

量子引力已经走进了死胡同，广义相对论拒绝加入到其他力的统一行列里来。《自然》上发的一篇关于研讨会的文章用阴郁的笔调写道："迈克尔·达夫给出的技术性成果只是确认，即使要取得些微的进步，都必须付出非凡的努力。"对比这些年里在相对论天体物理、黑洞和宇宙学等领域取得的巨大进步，这个障碍显得更加难堪，更别提粒子物理学的标准模型的令人瞩目的成就了。

牛津研讨会似乎是承认失败了，但由剑桥大学物理学家史蒂芬·霍金做的关于黑洞和量子物理学的令人惊奇的报告除外。在报告里，霍金证明了，存在一个可人的点可以让量子物理和广义相对论在此相聚。此外他还声称，他能证明黑洞实际上不是黑暗无光，而是闪耀着令人难以置信的微光。正是这个古怪的断言将在未来40年里改变量子引力的窘迫现状。

早在20世纪70年代初，霍金已经在剑桥的应用数学和理论物理系取得了响当当的学术声誉。他只有30岁，但已经在广义相对论领域闻名遐迩。作为丹尼斯·席艾玛的学生，霍金曾与罗杰·彭罗斯共同证明了奇点打从时间一开始就存在。在20世纪70年代初，他把注意力从宇宙学转向到黑洞，并与布兰登·卡特和沃纳·伊斯雷尔一起明确证明了黑洞无毛：它们失去了对自身是如何形成的任何记忆，具有相同质量、自旋和电荷的黑洞长得都一模一样。他还获得了一个有关黑洞大小的有趣结果。如果你将两个黑洞合并起来，你会发现，合并后的黑洞的施瓦西表面（或叫事件视界）的面积必大于或等于原来两黑洞的面积之和。实际上这意味着，如果你将任何物理事件之前和之后的黑洞面积加起来，得到的总面积总是增加的。 146

霍金做所有这些工作时已经患上了卢伽雷病。在20世纪60年代末，他是靠一手拄着根拐杖一手扶着墙走过应用数学和理论物理系的长长的走廊的，但慢慢地，疾病使他变得没人帮助已无法动弹。他的书写和绘图的能力——一个理论物理学家必不可少的工具——在萎缩，但他发展出一种长时间专注思考问题的强大能力，这使他能够解决广义相对论和量子理论上的深层次问题。

有人可能会说，霍金的伟大发现是受到约翰·惠勒的一位名叫雅各布·贝肯斯坦的年轻的以色列籍博士生的研究结果的刺激而提出的。贝肯斯坦想将黑洞概念与热力学第二定律协调起来。为了做到这一点，他运用霍金的一项结果提出了一个关于黑洞的看似全然荒谬的断言。在霍金看来，这个断言完全是思辨性的，根本就是错的。

为了理解贝肯斯坦的断言，我们需要快速回顾一下热力学——物理学里研究热、功和能量的一个分支。热力学第二定律指出，一个系统的熵（或者叫混乱程度）总是会增加。我们不妨考虑一个简单热力学系统的典型例子：一只装有气体分子的盒子。如果所有分子都处于静止状态，那么这些分子可以被整齐地归拢在盒子的一角，此时系147 统具有低熵——混乱度最小。这时我们也没有办法让静止的粒子去碰撞盒子的四壁使之变热，所以整个系统具有较低的温度。现在想象一下，分子开始运动。它们自由地漫游在整个盒子中，变得随机地扩散开，系统转换到高熵状态。也就是说，分子在盒内的分布变得越来越无序。随着它们四处移动，它们与容器壁碰撞，并将部分能量转移给器壁，加热它，并提高了器壁温度。分子运动得越快，它们随机化得越迅速，熵上升得也越快，直到达到其最大值。事实上，分子运动得越快，它们就越没有可能回到平和有序的低熵状态。而且不仅如此，分子运动得越快，它向器壁输送的热就越多，系统的温度就越高。这告诉我们两件事情：盒子总是趋向于一种高熵状态，就像热力学第二定律所述的那样，可以用熵来表征温度。

贝肯斯坦想搞清楚的是，如果你把一盒东西扔进黑洞会发生什么？盒里装的可以是任何东西：百科全书、氢气、铁疙瘩。为了简单起见，让我们再回到我们的气体盒子。盒子扔进洞里很快就看不见了，黑洞的无毛定理会迅速起效。扔过之后你就没有办法知道当初盒子是怎么落入洞内的。有关盒子的所有信息都将丢失。但如果是这样，那么盒子中所有气体的混乱度——所有的熵——也都消失了，宇宙的总熵下降了。黑洞似乎不遵从热力学第二定律。

贝肯斯坦发现，重拾热力学第二定律的方法是采用霍金的结果。如果你将东西扔进一个黑洞，那么事件视界的面积不会减少——它要么保持不变，要么增加。由此贝肯斯坦得出结论：如果热力学第二定律在宇宙各处皆有效，那么黑洞必然有熵，其大小直接与事件视界的面积相联系。黑洞的面积的增加将足以弥补熵的损失（在事件视界背后被吸收了）；宇宙的熵不可能减少。然而，如果贝肯斯坦将他解决这一悖论的方案推广到终极情形，那将得出一个奇怪的结果：如果黑洞具有熵，那么像装有气体分子的盒子一样，它也应该有温度。甚至连贝肯斯坦自己在写论文时都觉得是不是走得太远了："我们强调，[148] 人们不应该将*T*看作黑洞的温度；这样的认同很容易导致各种悖论，因此是没有用的。"

尽管贝肯斯坦有所保留，但霍金还是对他的断言感到十分恼怒。根据热力学定律，如果黑洞不以某种方式向外辐射热量，就没有办法来增加黑洞的熵。在霍金看来，这太离谱了。对他来说，黑洞是全黑的这是显然的：任何东西都可以掉入黑洞，但绝对不可能有东西从中出来。黑洞的总面积不可能减少这一事实，就像他本人曾证明的那样，或许看上去就像熵，但它不是真正的熵——熵在这里只是用来解释行为的一个有用的类比。

但有迹象表明，贝肯斯坦可能是正确的，霍金错了。首先，罗杰·彭罗斯在1969年发现，一个由克尔解描述的旋转黑洞可能会释放出能量。想象一个接近光速的快速运动的粒子落入克尔黑洞轨道时的情形。如果该粒子衰变为两个粒子，其中一个被吸入事件视界，那么由系统的总能量守恒可知，另一个粒子将被加速，以更高的能量逃离黑洞轨道而得以留在宇宙里。借助于这个奇怪的过程（称为彭罗斯超辐射），黑洞将有效地辐射能量，就好像它们以一种奇怪的方式眨着眼睛。但这需要更多的概念来支撑。1973年，霍金访问了雅科夫·泽尔多维奇和他的年轻同事阿列克谢·斯塔罗宾斯基，得知他们也发现了克尔黑洞会发生的事情：黑洞有可能会夺走它周围的量子真空，用其能量来释放出能量，辐射确实存在。

霍金决定用量子物理学来思考粒子在接近黑洞的事件视界时的行为，在那里什么怪事都可能发生。他发现确实很奇怪：量子物理学允许一对粒子和反粒子可以从真空破缺中产生。在一般情形下，这些粒子产生后会以同样迅速的方式相互碰撞并湮没，完全消失掉。但是，霍金发现，在事件视界附近情形非常不同：一些反粒子会被吸进黑洞，149 而正粒子依然存在。这个过程会不断发生，当反粒子被吸入时，黑洞会缓慢但确实地辐射出高能粒子流。霍金从细节上深入研究了如果是像光子那样的无质量粒子落入黑洞时会发生什么。他发现，黑洞会发出一种令人难以置信的低亮度光，从远处观察非常类似于一颗暗淡的恒星。我们以太阳为例，它会有一个温度值。通过观察太阳发出的光，我们可以测量其表面温度约为6000开。换句话说，借助于量子物理学，霍金发现，通过广义相对论可以预言黑洞会发光，并有温度。

这是一个有着深远影响的非常清楚和明确的数学结果。霍金通过计算能够证明，黑洞的温度与其质量成反比。因此，举例来说，一个有着太阳质量的黑洞将有10亿开的温度，有着月球质量大小的黑洞将有大约6开的温度。当黑洞发光时，它辐射出一些质量。这个过程发生得非常非常的慢。一个有太阳质量大小的黑洞需要有非常长的时间来辐射掉（或“蒸发掉”——如霍金所形容的）其所有的质量。但质量小得多的黑洞蒸发的速度将很快。例如，一个1万亿千克质量的黑洞（从天体物理学的观点看属于小黑洞）将在我们这个宇宙的生命周期内蒸发掉，在最后的十分之一秒将以爆发的方式释放能量。正如霍金描述的那样，“按天文学标准，这是一次相当小的爆炸，但它相当于大约100万颗1吨的氢弹同时爆炸”。霍金将他最终发表在《自然》上的论文取标题为《黑洞爆炸？》。

当史蒂芬·霍金在牛津研讨会上做报告时，他笨拙地坐在轮椅上出现在听众前面。他有一些突破性的东西要说，他清楚地、有目的地向听众解释他的计算。但报告结束，得到的却是几近沉默。丹尼斯·席艾玛当时的学生菲利普·坎德拉斯回忆道："人们对霍金非常尊敬，但没有人真正理解他在说什么。"霍金本人后来回忆说："我的报告受到普遍的怀疑……本届会议的主席……声称这整个是瞎掰。"《自然》上发表的对牛津研讨会的综述文章承认："这次会议的主要吸引力是由自强不息的霍金所做的报告。"但综述的作者很怀疑霍金对爆炸性黑洞所作的预言，他写道："虽然这一前景听起来令人兴奋，但没有任何合理的物理机制可以看出能够导致这样一种戏剧性效果的端倪。" 150

对霍金的发现的认识还要沉寂一些时间，但有几个人立刻意识到他所做的工作的意义。丹尼斯·席艾玛将霍金的论文看作是“物理学史上最漂亮的工作之一”，并立即安排他的一些学生紧跟这项工作。约翰·惠勒将霍金的结果描述为“像舌头上滚动的糖果”。布莱斯·德威特着手用他自己的方式重新推导霍金的结果，并写了一篇有关黑洞辐射的综述文章来说服全新一代的群体。

霍金关于黑洞辐射的计算不属于量子引力研究。它不涉及像德威特和那么多人曾尝试并失败了的通过制定引力遵从的规则和过程来使引力场量子化。但它确实成功地将量子理论和广义相对论结合起来给出了一个有趣的结结实实的结果，量子引力，如果也想取得成功，可能需要有更详细的解释。因此，在未来的几年里，黑洞辐射为挑战引力量子化这一不可能完成的任务带来了新的希望。霍金不仅将目光牢牢盯在时空内对象的量子化上，而且盯在时空本身的量子化上。通过训练一批新的学生参与他的计划，霍金能够在未来的40年里始终强烈关注量子引力的问题。在保罗·狄拉克从应用数学和理论物理系的卢卡斯讲席教授的位置上退下来10年后，霍金被任命为新一任卢卡斯讲席教授，到目前为止他已经在这个席位上待了超过25年。

约翰·惠勒曾被一个年轻的学生问及如何才能为从事量子引力研究做好充分的准备——该是成为一名最好的广义相对论专家还是一位量子物理学方面的专家？惠勒回答道，如果你能兼顾做些其他工作，那就最好了。这是一个明智的建议。倔强的无穷大仍在阻挠每一个试图量子化广义相对论的努力，并且似乎寻求量子引力的任何努力都注定要失败。

然而这也是对的，如霍金用他惊人的结果所表现出来的那样，当广义相对论和量子物理学不期而遇时，总会发生意想不到的事情。黑洞有熵并辐射出热，这有违于相对论者一直认为的黑洞一定是黑的的想法。但贝肯斯坦和霍金的计算似乎为量子理论带来了新的曙光，广义相对论似乎可以在这里一展身手，做些奇特的事情。通常，普通的物理系统，譬如一盒气体，其熵与其体积相联系。体积越大，就越可能发生随机性事件和变得无序——熵的标志。所有的随机性，无序性，都被存储在盒子里。熵和体积之间的直接关系是热力学教科书的重要组成部分。但是贝肯斯坦和霍金发现，正如我们看到的，黑洞的熵与其表面面积相联系，而不是与它所占有的空间体积相联系。这就像我们这个盛满气体粒子的盒子是以某种方式将熵存储在盒子的器壁上，而不是藏于气体粒子的随机运动中。我们是如何将熵存储在黑洞的表面内？为什么该表面如我们所知是简单和无毛的，只是均匀地通过霍金辐射来发光？

如此顽固且不可捉摸，加上黑洞的所有令人难以置信的新结果，量子引力已成为聪明的年轻物理学家的终极挑战。然而，尽管量子引力将在随后的几十年里成为名副其实的思想战场，但广义相对论的另一场战斗正在悄然发生。它不是借助于思想实验和巧妙的数学，而是需要用到探测碰撞黑洞所发出的时空中难以捉摸的引力波的仪器和探测器。

第 10 章
看见引力

152

约瑟夫·韦伯曾一度被誉为引力波的第一个观察者。他几乎凭借一己之力开创了引力波的实验领域。在20世纪60年代末和20世纪70年代初，韦伯的结果曾作为相对论的重大成就来庆祝。但到了1991年，他被冷落。正如他当年对当地报纸说的那样："我们在该领域排名第一，但自1987年以来，我没有得到任何资助。"

就此事而言，乔·韦伯[1]受到的对待似乎显得不公平。在他职业生涯的巅峰时期，他的成果在所有关于广义相对论的重大会议上是被放在与中子星、类星体、热大爆炸和辐射黑洞等主题一起进行讨论的。它们是无数试图对其予以解释的论文的主题。人们曾认为韦伯获诺贝尔奖是十拿九稳的事情。可这之后，就像他曾以最快的速度升上顶峰一样，韦伯又被学术界迅速扔进了沟里。他的同事躲着他，资助机构拒绝给他资助，他无法在任何一家主流期刊上发表文章，韦伯在科学上已被判处漫长而孤独的死刑，成为广义相对论历史上一个奇特的、

1.约瑟夫·韦伯的昵称。韦伯原名叫乔纳斯，上小学时，母亲登记时将“乔纳斯”误写成了“约瑟夫”，于是约瑟夫就成了他的大名。关于本章讨论的引力波探测的内容，还可见“第一推动”丛书的另一译品《爱因斯坦尚未完成的交响乐》（玛西亚·芭楚莎著，李红杰译，湖南科学技术出版社2007年版）。——译者注

令人难堪的注脚。有些人甚至会说，正是韦伯的倒下引力波的研究才迎来了真正的春天。 153

引力波之于引力就像电磁波之于电和磁。詹姆斯 · 克拉克 · 麦克斯韦业已证明，电和磁可以统一成一个总体理论——电磁学，他为日后海因里希 · 赫兹通过实验证明电磁波是很宽的频率范围内的一种振荡打下了基础。在可见光波段，这些波就是我们的肉眼可感知和解释的光。在更长的频率波段，这些波就是我们从无线电接收机接收到的无线电波，我们从笔记本电脑上发出和接收到的无线信息传输信号也是这种波，它使我们能够看到处于宇宙最深处的能量巨大的类星体。

在完成广义相对论的那几个月里，爱因斯坦已证明，如同电磁学一样，按照他的新理论，时空也应该包含波。这些波就是空间和时间本身的涟漪。时空有点像池塘，当你扔进去一块鹅卵石，它就会发出从一处传播到另一处的涟漪。像电磁波和池塘里的水波一样，引力波也可以将能量从一个地方传递到另一个地方。

但与电磁波不同的是，引力波被证明很难探测到。它们传递引力体系能量的效率非常低。当地球在距离太阳1.5亿千米的轨道上绕日运行时，它会慢慢地通过引力波损失能量而飘向太阳，但日地间距离的这种缩小的速度小得简直微不足道，大约是每天缩小一个质子的宽度。这意味着在它的整个生命周期内，地球仅仅飘向太阳几毫米。即使某些星球大到足以产生很大的引力波，这些波在穿越时空时也会变成最微弱的低语。时空实际上不是那么像水塘，倒是更像一块密度高得令人难以置信的钢板，随你怎么踢，它几乎都不会颤抖。

引力波曾让其他物理学家很难接受。在爱因斯坦提出其存在后154的近半个世纪里，许多人不相信它们是一种真实的存在。它们被看作是又一个数学怪胎，只有在对爱因斯坦的广义相对论有了更深入的理解后才能够得到解释。例如亚瑟·爱丁顿就坚决不接受引力波的存在。他重复了爱因斯坦的计算，搞清楚了引力波是如何出现在广义相对论中的之后，继续争辩说，它们是人为的产物，其存在取决于你如何选择描述空间和时间。它们的出现是因为一个错误，由在空间和时间上标记位置的模糊性所致，因此完全可以去掉。这些波不是真实的波，它不像以光速传播的电磁波，爱丁顿将引力波贬斥为以“思想的速度”传播。事情就这样出现了令人惊异的转折，爱因斯坦自己也认定他原来的计算中有错，并在1936年向《物理评论》提交了一篇与他的年轻助手之一纳塔·罗森合写的文章。在文中他们认为，引力波根本就不可能存在。

1957年，赫尔曼·邦迪在查珀尔丘会议上给出了存在引力波的最令人信服的理由。邦迪（当时在伦敦大学国王学院领导着一个相对论研究小组）提出了一个简单的思想实验：取一根横杆，在其上用线拴着两个彼此相隔一小段距离的环。环的松紧保持适度，使它们既可以在杆上移动，又与杆有一定的摩擦。如果有引力波穿过，它对杆本身的影响几乎可以忽略不计，因为杆太硬了，其长度变化根本感觉不到。但环在杆上会被拖着前后移动，就像海上的浮标被海浪推曳着来回晃动。当引力波沿着杆传播时，两个环会来回移动，一会儿接近一会儿移开，同时通过摩擦使杆发热，给杆以能量。鉴于能量唯一可能的来源就是引力波，因此引力波必定携带能量。邦迪的论证简单而有效。出席会议的理查德·费恩曼提出了一个类似的推理，于是大多数与会者都相信引力波确实存在，就等着被发现。乔·韦伯当时也是与会者之一，对讨论的内容非常痴迷。邦迪、费恩曼和所有其他与会者是坐下来讨论引力波的存在性，而韦伯则已经打定主意要去实际寻找它们了。

155

韦伯是那种敢于尝试任何不可能事情的人。他还是个少年时就学会了修理收音机来赚钱，成了一个痴迷的维修工。他具有艺术家的视野，会不断地将技术推进到超越仅仅被认为是可行的水平，他用仅有的资源设计和建造实验装置，然后就用它们来探测物质世界的外缘。他的干劲表现在他生活的各个方面：他每天早晨跑三英里，然后工作一整天，这样的生活一直持续到他70多岁。

韦伯曾在美国海军学院接受教育，并成为一名电气工程师。二战期间，他从一名雷达兵一直干到指挥一条战舰。由于他在电子学和无线电方面具有深厚的专业知识，因此二战后他被委以领导执行海军电子对抗作战计划的重任。脱下军装后，他成为马里兰大学的电气工程教授，正是在那里他决定转变研究领域，攻读物理学博士学位。

在20世纪50年代中期，韦伯开始对引力产生了兴趣。约翰·惠勒在他之前已涉足其中，并鼓励韦伯勇敢尝试。惠勒去荷兰莱顿大学做为期8个月的学术访问时带着他，因此韦伯有近一年的时间跟着惠勒在欧洲一起思考广义相对论这一新的前沿问题。当韦伯回到美国后，他便着手开始设计和建造一台探测引力波的设备。在逐渐沉浸于记录引力波任务的过程中，他设想过各种可能性，笔记本上画满了各种设计方案。他特别看中的是这样一种方法，其想法很简单：加工一组又大又重的铝质圆柱体，将它们吊在天花板上。每个圆柱体内嵌一套非常灵敏的探测器，如果圆柱体有振动，探测器就发送一个电脉冲信号到记录仪上。但什么事情都可能引起振动——电话铃声、汽车开过、关门声等。所以韦伯不得不将圆柱体尽可能地与外界隔离开，以消除所有可能的震颤和抽搐的来源。

当韦伯终于将他的圆柱体投入使用，或者说当韦伯的铝棒变得人尽皆知时，他立即开始捡拾震颤。一旦所有已知的干扰都已被消除，那么剩下的个别的铝棒振动的原因就只可能是微弱的引力辐射引起的了。这种微信号有些古怪。如果它们真是引力辐射引起的，那么它们必定是来自某个超新星的爆发事件，而这种爆发是可以通过天文望远镜观察到的。实际测得的信号太强，很难让人相信是引力辐射引起的。韦伯不得改进他的探测装置。

156

为了绝对确保铝棒的任何震颤都只能来自引力波的穿过，韦伯将他的四根铝棒中的一个设置在距离他在马里兰大学的实验室近1000千米远的阿贡国家实验室。如果两地的铝棒同时颤动，那么这将是一个强有力的迹象，表明它们是来自外太空的引力波所致。韦伯可以比较两地探测器上的读数。如果这种同时出现的记录不止一次，这就很可能说明扰动源是同一个外部事件——引力波——引起了两地铝棒的同步振动，某个随机干扰不可能在两地协同得这么好。他要寻找到他所称的这些“同步”。韦伯再次守候在他的机器旁等待着。

到1969年，在实验进行了10多年后，韦伯向世界展示了一些结果：少数同步的震颤。这些同步信号不仅表现在阿贡实验室的铝棒与马里兰大学的铝棒之间，而且反映在所有四根铝棒之间。这种同步性很难用随机性来解释，它们肯定有同一个来源。其间既没有地震，也没有任何其他可以归因的奇怪的电磁暴现象出现。韦伯似乎已经探测到了引力波。

在接下来的几年中，约瑟夫·韦伯完善了他的实验，并确认他不是简单地找到了他要找的东西。铝棒的震颤非常稀有，两地间的同步更是难得，大部分信号都被湮没在实验的噪声中。仅凭铝棒自身的热，譬如体内原子分子的来回振荡，就可能造成铝棒的震颤，如果你不仔细，你就会看走眼，将热噪声当作有用信号来分析。为了解决这个问题，韦伯开发出一种计算机程序，能够自动挑选出震颤并识别它们是否同步。他还决定在记录某个铝棒的信号时引入些许时间延迟，然后将其与其他铝棒的信号进行比较。如果同步确实是真实的，那么有时间延迟的铝棒的信号将在本该实际发生同步的时刻之后到达。这样，比较两个铝棒的记录时将会发现信号同步的次数会减少。而且事实上，[157] 同步的次数确实减少了。

到1970年，韦伯已经运行该实验足够长时间，他已能够确定仪器捡拾到的引力辐射的源的方位。这种辐射似乎来自星系的中心，他认为这是件好事情。他在文中这样写道："一个有利的特征是，那里的质量是太阳质量的（100亿）倍，因此可以合理地认为，所发现的源就是天空中包含大部分星系质量的区域。"

随着韦伯越来越确信他的实验实际检测到引力波，世界其他地方也开始关注这个问题。他的发现让所有人都大吃一惊。这种对引力波的直截了当的探测结果出乎意料，但没有理由就先验地怀疑他的发现。相对论学者们对韦伯的结果进行了重复，试图弄清楚它们的意义。罗杰·彭罗斯计算了如果两束引力波互相对撞将会发生什么——所得结果会不会具有如此强悍的冲击力以至于能够触发韦伯的机器？史蒂芬·霍金则摸索出他自己的思想实验，就是让两个黑洞发生碰撞，看看它们会不会发出一束引力辐射，以便解释韦伯的检测结果。在引力探测的整个早期阶段，韦伯的名气变得越来越大。《时代》杂志对他进行了采访，《纽约时报》和美国及欧洲的其他无数的报纸辟专栏介绍他的工作。检测结果还在不断涌现。

韦伯的结果是惊人的，而且它们好得简直令人难以置信。韦伯似乎发现了一种其强度远超任何人能够想象的引力辐射源。然而，不论韦伯的铝棒有多复杂，他安装的探测器的分辨率有多高，它们都不可能有那么灵敏。要真正得到可检测的颤动，韦伯的铝棒必将经受强大到令人难以置信程度的引力波的撼动，这个真正的强大冲击可是奔着地球来的。

这是一个问题，因为即使这种假定的引力波来自某个星系中心，158在那里有很多东西正经受内爆、碰撞并造成时空变形，那么该处距离地球也超过两万光年。如果在银河系中心确实存在这种引力波源，那么它所发出的引力波强度到达地球时也会被稀释到几乎什么都没有。事实上，正如韦伯指出的，他检测到的引力波的能量相当于每年有1000颗太阳大小的恒星在星系中心被吞噬，这可是一个真正巨大的量。

剑桥的马丁·里斯从一开始就对韦伯的结果持怀疑态度。他与他以前的博士导师丹尼斯·席艾玛以及哈佛大学的乔治·菲尔德一起研究了星系中心有多少能量能够以引力波的形式释放出的问题。他们发现，要产生引力波，星系中心每年需要吞噬掉的太阳大小的恒星多达200颗。而如果多于此，星系就将不得不膨胀，而我们看到的近距恒星的运动并没有呈现出这种情形。他们的计算是近似的，因此在给出结论时显得非常小心。他们在论文里是这样陈述的："鉴于韦伯实验所显示的高的质量损失率并不能由这里所讨论的直接的天文学方面的考虑而排除，因此我们显然希望这些实验结果能够得到其他研究者的重复。"韦伯毫不畏惧，因为这只是里斯、菲尔德和席艾玛给出的一种理论上的说法。也许该理论就是错的，但他的实验结果是绝对正确的。

继韦伯之后，人们在莫斯科、格拉斯哥、慕尼黑、贝尔实验室、斯坦福大学和东京兴建了一系列新的实验装置。有些实验严格拷贝韦伯的做法。所有这些实验都或多或少地借鉴了韦伯的原始设计思想。随着它们逐渐进入运行，观测结果开始累积，一个共同的模式开始显现：除了慕尼黑的检测器给出的几个事件之外，几乎所有装置都没有发现韦伯实验中得到的同步信号。它们根本不存在！韦伯不为所动。他可是十年前就开始考虑这些实验中所遇到的问题了。在他看来，很显然，所有其他实验都远远不如他的装置灵敏，所以得不到信号毫不奇怪。如果他们想批评他的结果，他们应该建一个与他所建造的一模一样的探测器，一个"副本"。然后他们才有资格讨论他的结果。几位实验者，包括格拉斯哥和霍尔姆德尔的贝尔实验室，反驳道，他们所建的实验正是这样的"副本"，但他们也没有看到韦伯所看到的东西。韦伯再次找了个借口：他们的副本还不够好。

159

但韦伯自己的实验也出了些麻烦。打从一开始，他的铝棒就未必比所有其他人的更灵敏。在这样一个新兴领域，当时没人清楚如何确定实验的灵敏度。但更糟糕的是，虽然韦伯的装置容易报错，但却仍能给出同步信号。起初他声称他所测得的引力波来自星系的中心。因为他意识到，震颤出现的周期大多是每24小时一次，发生时铝棒正指向该星系的中心。但韦伯忽略了重要的一点：引力波显然可以穿过地球。因此如果铝棒与星系中心成一直线，但地球处于另一面，即棒的另一端指向星系中心时，他应该也能得到相同的同步信号。引力波束引发的振荡应该是每12小时发生一次，而不是韦伯发现的每24小时发生一次。当韦伯意识到自己犯了错误后，他回头重新分析了数据，发现同步周期确实是12小时，他在初步分析时没有觉察到这一点。一旦他知道自己要找寻的是什么，他似乎就找到了他要找的东西。当时一位年轻的相对论学者伯纳德·舒茨回忆道："大家都心生疑窦。他没有公开他的数据让我们好知其所以然，但他似乎找到了他想要的任何东西。"

当韦伯与另一个实验组——罗切斯特大学实验团队——联手实验时，一个更加突出的问题浮现出来。韦伯用自己的铝棒做实验，当他将马里兰大学实验装置上接收到的信号与罗切斯特大学接收到的震颤信号进行比较后发现，二者的同步性很好，两个地方似乎在完全相同的时刻发生震动，这是对存在引力波的一个肯定的标志。事实上，韦伯误解了罗切斯特团队记录每个事件发生的时间的方式，韦伯所发现的同步实际上存在4小时的时差。但一旦时间延迟得到纠正，韦伯再次分析了数据，并且再次发现存在信号的同步。

韦伯的发现似乎不受错判和失算的干扰。他可以在任何地方找到同步。而同步就意味着引力波。韦伯的这种绕过出错的百转不变的能力给他的声誉带来了灾难性的影响。没人能够复制他的结果，对此他毫无办法。理查德·加尔文——一位令人尊敬的实验物理学家——以《引力波检测的挑战》为题给《今日物理》（*Physics Today*）写了一篇文章，系统剖析了韦伯自己的数据分析和实验，明确指出，韦伯的同步“并非源自引力波，进而不可能起因于引力波”。整个相对论学界由此不再相信韦伯的结果。虽然他曾发表过一系列高产论文，但这之后韦伯的论文发表数量直线下降。他的经费枯竭，越来越多的同事拒绝支持他的多产的实验。到20世纪70年代末，韦伯已从物理学界被赶了出去。

韦伯的实验可能已经名誉扫地，但他的结果却推动了某些东西的巨大进步。一个全新的领域诞生出来。天文学家已经意识到，他们不仅可以捕捉如可见光波、无线电波或X射线这样的电磁波来探测星空，而且可以利用引力波作为观察宇宙的新途径。更可喜的是，他们可以用引力波来观测时空凹陷得很厉害的情形下的东西，这些是他们用传统望远镜无法看到的。天文学已经从光学天文学、射电天文学和X射线天文学跨越到引力波天文学。

1974年，两名美国天体物理学家——乔·泰勒和拉塞尔·赫尔斯——发现，不是一颗而是两颗中子星在一条非常紧凑的轨道上彼此绕行。其中一颗中子星是脉冲星，每隔千分之几秒发光，并且可以很容易地由其运行轨道找到它的沉默的伴星。由于这些中子星沿轨道彼此绕行，因此泰勒和赫尔斯能够非常准确地测得它们的位置。他们发现了一种新的、十分完美的验证广义相对论的实验室。爱因斯坦曾声称，相互绕行的两个天体将会向周围的时空释放能量，同时导致其161绕行轨道缩小，直到最终二者结成一体。虽然他在晚年放弃了这一论断，但计算结果在那里，就有待验证了。赫尔斯和泰勒发现的这一毫秒级脉冲星正好可用于精确检验。

1978年，在慕尼黑举行的第九届得克萨斯研讨会上，乔·泰勒公布了一项新的结果。经过对毫秒脉冲星4年的跟踪，他可以肯定地说，其轨道呈萎缩状态，而这正是爱因斯坦曾预言的结果。当两颗中子星相互围绕对方做轨道运行时，它们通过引力辐射损失能量。这项引力辐射的证据虽是间接的，但它肯定了引力辐射的存在。它与理论预言完美地一致，测量是干净的和毫不含糊的。引力波是真实的。

韦伯探测的遗产得到继承，一个新的实验科学领域正在显现。世界各地的不同观测团队都建立了自己的探测装置。有些沿用了韦伯的原始设计，但将棒探测器冷却到极低的温度下，使之不再出现室温下的振动。其他一些装置则改变了接收器的形状，将其做成球形，这样可以对来自各个方向的引力波都敏感。但他们要寻找的信号是如此微弱，如此难以捉摸，这就要求接收器的体积不得不越做越大，以便提高灵敏度。接收器需要有超高的灵敏度才能拾取时空荡漾的涟漪。为此一种功能十分强大，但也十分昂贵的新方法被从其他领域借鉴过来，这就是激光干涉方法。

激光干涉仪利用了当代物理学研究中的最佳工具。它采用激光束，一种将被放大了的光以令人难以置信的集中度聚焦到某个很小的靶上的光束。只要设置得当，激光可以照射到几英里远的靶上，在靶上形成的光点就像铅笔尖那么细。实际上，乔·韦伯在从事引力波研究之前曾是最先想出激光概念的几个人之一。他与哥伦比亚大学的查尔斯·汤斯同时进行这项研究，但科学史上从未充分记述过他的贡献，他也没能成为1964年度因这项对激光的发现而颁发的诺贝尔物理学奖的获奖者之一。

激光干涉法还利用了光的另一属性——波动性。想象一下海洋中的波浪。当两个具有完全相同波长的波相遇时，便会产生干涉现象。这意味着，如果两列波相遇时正好二者均处于波峰状态，则二者叠加后产生的波将有一个更高的波峰（和更深的波谷）。但如果两列波相遇时是其中一个的波峰与另一个的波谷叠加，则结果是二者相互抵消，或称为干涉相消。当然，更多时候二者的叠加是处于这两个极端情形之间。

162

激光的这两个属性（成束性和相干性——译者注）可以被用来检测受引力波影响的物体的微小运动。其原理说明如下：将两个相距一定距离的物体悬挂起来，向它们各发出一束激光。每束光都将从物体上反射回来与另一束光形成干涉。得到的干涉图案取决于激光的波长和光束走过的距离。如果其中一个物体有非常轻微的位移，干涉条纹就会发生移动和变化。通过监测干涉条纹的移动，我们就能够检测出引力波所导致的微观运动。这种方法能够以远高于韦伯的铝棒实验的精度和准确性做到这一点。

激光干涉法是一种全新的科学研究方法，至少对相对论学者是这样。在过去，相对论研究一直是用笔和纸来进行的，实验研究并不多见。专设的实验室不多，大学与研究机构之间的合作亦鲜见。这与粒子和核物理学有巨大的加速器和反应堆作为研究工具很不一样。但现在，一种新的文化已成为必要，它应能支持花上几千万甚至上亿美元来建造实验装置。研究团队将不再是只有少数人，而是需要将数百名科学家和技术人员组织起来。

这一次，必须做到有条不紊。这一次，他们必须知道他们所期待的是什么。很明显，引力波必定来自某种由理论推到极限后所得的东西。赫尔斯和泰勒的毫秒脉冲星显得相当理想，这里只涉及两颗相互绕行的非常致密的恒星，但它们似乎能够喷射出引力波，其强度大到足以从它们的轨道运动的能量变化明显地感知到。中子星是基本处在内爆边缘的恒星，它将空间和时间扭曲到足以衬托出爱因斯坦理论之花的盛开。

163　丰富的引力波的一种可能的来源或许是超新星。超新星是一种内爆的恒星，它在几秒钟内所发出的光亮要比我们银河系里数十亿颗尚未成为中子星或黑洞的恒星所发出的光亮加在一起还要亮。在任何给定时刻，超新星都是天空中最亮的天体。正如超新星是强的电磁波源一样，天文学家推测，它们的能量也足以造成时空产生涟漪，发出一阵阵引力波。1987年，邻近的大麦哲伦云爆发了一颗超新星，它距地球约有16万光年之遥，用普通的天文望远镜就能观察到其爆发的全部鼎盛过程。令所有人尴尬的是，除了乔·韦伯，没有一个棒状探测器或其他形式的探测器在此期间想到要拾取引力波信号。不出所料，他声称他看到了一些东西，但大家已变得习以为常，他被忽略了。

超新星的问题是它们太不可预测。虽然这些巨大的爆炸可能确实发出一股能量，但当超新星的引力波到达地球上的探测器时，它们仅仅表现为一个瞬时信号。它们可能与仪器接收到的其他杂散的噪声信号混在一起。这不行。我们需要的是干净的信号，尽管它可能很微弱，但它应该有一个明确的、完全已知的波形，就像我们在人群中寻找一张熟悉的面孔。

一定有什么东西能够胜任这项工作。原则上，赫尔斯和泰勒观察到的作轨道运动的中子星所发出的引力波信号的特征是能够以足够的精度计算出来的。不像宇宙爆炸时所发出的杂散波，引力波信号应是规则的和周期性的，就像一个警报器，随着中子星失去能量并逐渐相互靠近，它会随时间缓慢变化。这个信号应是简单的，容易描述，甚至容易探测到。

但我们的思路为什么要停止呢？为什么不百尺竿头更进一步呢？假设一个做轨道运动的中子星最后落入一个黑洞，那将会释放出更强的信号。进而，如果一个双星系统是由两个黑洞组成，那自然会产生爱因斯坦所预言的空间和时间的卷折。相互旋绕的两个黑洞会发出有规律的引力波的嗡嗡声。当二者变得越来越接近对方时，嗡嗡声的音调会越来越高，直到它们即将合并时，低沉的嗡嗡声变成了尖叫，[164]然后是一阵引力波的浪涌，随后浪涌随着黑洞合并成一个而渐渐消失。这个波形就是探测器需要找寻的东西：旋转带来的嗡嗡声，尖厉的啸叫声，最后是渐弱的钟声。这些相对论性的双星系统就像是埋在苍穹里的宝石。而引力波探测器将会找到它们。

虽然事情看上去似乎很简单——只需寻找到旋绕的中子星和黑洞即可——但关键信息不见了。引力波探测器实际看到的到底是什么？一旦这些波到达仪器端，检测到的究竟是嗡嗡声，还是啸叫声，抑或是渐弱的钟鸣声？观察者——新一代引力波天文学家——需要知道什么样的信号是所预期的，如果他们能够从不可避免地被噪声污染的数据中精确而非粗略地检测出真实的引力波信号的话。要想能够准确回答这些问题，就必须回到如何解爱因斯坦场方程这一老问题上。现在要找的精确的数学解应能够描述引力波是什么样子。几十年的经验表明，爱因斯坦方程似乎已变成谁试图驯服它们就会咬谁一口。唯一的办法是让功能强大的计算机来解这一方程组，看看当两个黑洞彼此旋绕并最终相撞时究竟会发生什么。

查尔斯·米斯纳——约翰·惠勒的学生和合作者之一——在1957年的查珀尔丘会议上就对方程的叛逆性提出过警告。要想驯服爱因斯坦留下的这头乖戾的非线性野兽，你必须十分小心。因为，正如米斯纳所说的，只有两种可能的结果："要不就是程序员伤着自己，要不就是机器发生死机。"后一情形还真就发生过。1964年，当惠勒以前的学生罗伯特·林德奎斯特试图在机器上运行模型时，程序造成了死机。随着黑洞越来越接近对方，方程解中的误差会迅速变大，很快电脑内存就会被喷涌而出的垃圾——数字腹泻——占满。这些误差是如此棘手，林德奎斯特最后只得放弃。

到20世纪70年代，布莱斯·德威特转向寻求解决"当计算机程序中两个黑洞相撞时将会发生什么"的问题。虽然在此之前他的热情一直是在量子引力方面，但他在与加州劳伦斯·利弗莫尔国家实验室

165

的爱德华·特勒合作研究氢弹项目的过程中学会了如何在计算机上模拟复杂的方程式的技术。在得克萨斯州，他安排他的一个学生，拉里·斯马尔，来从事这项工作：如果两个黑洞相撞，将释放多少引力辐射。他们在得州大学的大型计算机上运行他们的代码，希望能够得到对引力波是什么样子的一个粗略估计。同样，程序运行后，误差激增，出来一堆垃圾。看到的波形只是惊鸿一瞥，太过粗糙根本没用。各类时空奇点探出它们丑陋的头将结果扼杀了。

在接下来的30年里，各团队的程序都想方设法来模拟这种双星系统的演化过程，但都没能成功。他们的工作在逐步推进。普林斯顿的弗兰斯·比勒陀利乌斯对此回忆道："不成熟的东西是无效的，没人确切知道为什么，大家都是在黑暗中瞎碰。让这个问题变得如此险恶的根源是对整个问题做通盘考虑的计算成本。"在20世纪90年代，黑洞碰撞问题甚至被认为是美国计算物理领域的一大挑战，数百万美元投给了全国各研究机构用于购买超级计算机，以便运行他们的程序。程序不时得到改进，在误差积累起来之前，运算结果在一点点地进步。这种运算已经自成一大领域——数值相对论。

求解黑洞碰撞的方程是困难的，无情的，其难度不亚于检测引力波本身。这块骨头和爱因斯坦场方程一样硬。年轻的相对论学者被吸收进来，以图用计算机来解爱因斯坦的方程，他们投入精力（通常是短期的）在前人已取得的成果的基础上做出一些小的改进。这就像玩一种极为复杂的电脑游戏，通常是为了自己能够完成学业，没有适当的奖励，没有通过的级别，也没有史诗般的胜利。

对于一些人来说，广义相对论越来越像数值相对论。一个广义相对论小组如果没有一位或多位用计算机求解黑洞碰撞问题以图寻找引力波的相对论高手将是不完整的。各种会议和聚会为研究这个问题的每个人展现他们的新花样和新的结果提供了机会。但方程还是没能被驯服。尽管有了出自模拟双星系统的引力波波形，但要用探测器去发现它们希望还很渺茫。

166

比勒陀利乌斯在回顾这些黑暗时期的经历时说道："事情很可能变成这样一种局面，这一困难在一定程度上说只有等到（引力波探测器）可以实现网上共享之时才能解决。"这些数据可以很轻松地领先于计算机模拟给出的有用的预测。

然而事情还有另一面。数值相对论的这场战斗将对更广阔的世界产生深远的影响。在整个20世纪70年代末和20世纪80年代初，拉里·斯马尔开发出极为复杂的数值代码，用于在他能够得到的最大的计算机上进行运算。虽然程序是在美国开发的，但斯马尔却发现他的程序很多时候只能在德国的机器上运算。自己开发的计算机代码回到家后却无法运行，这让他很有挫败感。到了20世纪80年代中期，斯马尔成功说服美国政府资助建立超级计算机网络中心，以满足所有科学分支的"数据运算"的需要。斯马尔最终可以领导其中的一个中心——伊利诺伊州国家超级计算机应用中心，也正是他的研究小组在20世纪90年代提出了第一个图形Web浏览器Mosaic，这使他们能够通过互联网对远程数据予以可视化。因此，在这场征服黑洞的战斗中，正是数值相对论催生了构成我们今天的生活的一部分的Web浏览文化。

在数值相对论奋力前行的同时，建立一个有效的引力波探测仪的计划也在紧锣密鼓地进行。这一次，不再会出现超出仪器探测能力的虚假发现了——韦伯的时代已经过去。干涉仪是首选方案，但这种装置对器件和环境的要求可谓极端。要使得引力波产生的干涉条纹能够被检测出，激光在被靶物质反射前必须走得足够远。即使采用几千米长的干涉仪，激光也将不得不在附设于靶物质上的镜面间来回反射百余次。这些反射镜必须十分完美，绝对准直。尽管如此，引力波引起的偏转仍将是十分微小的。来自旋转双星的引力波引起的偏转大概只有一个质子宽度的若干分之一。

167

建设一个能够真正探测到来自外太空引力波的全功能干涉仪几乎是一项不可能完成的任务。激光束一次行进几千米所允许的偏差不得超过一个原子的宽度。该设备必须设置得好似飘浮在空中，以避开所有来自日常生活的环境噪声，它具有完善的反射镜和最先进的信号处理器，以便能够梳理出不易察觉的偏转。它必须能够分离出地球的潮汐效应，这种效应有可能造成器件几分之一毫米的位移，还必须滤掉远处公路上卡车的隆隆声和电网等带来的杂散振动信号。

它必须在各个方面都做到十全十美，还必须做得够大。随着干涉仪开始慢慢地接管引力波研究领域的一切，人们明显意识到，按它的大小和投入，这种设备能建造的数目极为有限。在欧洲，英国和德国联手打造了一台具有约600米干涉臂长的干涉仪。这台设备建在德国的萨尔斯塔特，被命名为GEO600。法国和意大利则在意大利的卡希纳建造一台大得多的干涉仪。它的臂长有3千米，用室女星系团的名字命名（该星系团有1000多个星系）。日本则在多摩市建造了一台较小的干涉仪，臂长300米。

最值得夸耀的引力波干涉仪当属LIGO——激光干涉引力波天文台。它最初是由两位实验物理学家——来自麻省理工学院的莱纳·魏斯和来自加州理工学院的罗纳德·德雷弗——和一位理论家基普·索恩共同领导建设的。这一设想的最初提出是在20世纪70年代初。LIGO的诞生可谓一波三折。

迄今为止，它是所有干涉仪中最庞大的一台了。事实上，它不是一台而是两台干涉仪，一台的基地在华盛顿州的汉福德，另一台的基地在路易斯安那州列文斯顿。两台探测器相距甚远，这将有利于 168 排除由于局部噪声、地震，或交通带来的干扰。如果它联手其他探测器，譬如GEO 600，也许就能够找出引力波源的方位，所以它将是一个真正的天文台，一台合适的望远镜。目前尚没人能确定他们要探测的到底是什么，以及仪器是否足够灵敏。LIGO将按照两个步骤来建立。首先，他们需要建立一套“概念验证”系统，一个巨大的、能按照相对论学者和实验物理学家所希望的方式工作的原型机，这一过程预计需要花上超过十年的时间。只有在此基础上才可能将LIGO升级，并开始寻找有趣的东西。该项目研究将需要很长时间，但如果LIGO真的看到了引力波，那么回报也将是惊人的。这种探测方式允许我们以一种全新的方式来观察宇宙，它既不利用可见光，也不借助于无线电波或任何其他传统方法。它也将为研究爱因斯坦的广义相对论提供一个全新的窗口，因为尽管大多数人认为引力波就在那儿，但没人真正直接看到过它们。LIGO对引力波的发现将能够与20世纪初对电子、质子和中子的发现相媲美。这将是一个肯定荣获诺贝尔奖的实验。

并不是所有人都对LIGO感到兴奋。这一项目从建立到运行预计将耗资数亿美元，它将挤占其他研究项目的经费。LIGO还将不可避免地抽走其他引力波实验的经费，而且它对资助的影响还将波及其他领域。LIGO号称天文台，因此也会让天文学家们感到不快。他们将眼睁睁地看着LIGO吸走原属于自己研究用的那部分宝贵资金。早年从事过引力波研究，现属贝尔实验室的托尼·泰森在1991年《纽约时报》上的一篇文章中写道："大多数天体物理学家似乎觉得，要从引力波信号中获取任何重要信息都将是非常困难的，尽管这种探测应该进行。"正像普林斯顿大学的首席天体物理学家耶利米·奥斯特里克对《纽约时报》说的那样，世界"应该等待，一定会有人想出一种更便宜更可靠的探测引力波的方法"。天体物理学家抱怨声最大，几乎是狂热地反对LIGO。当记者要求对20世纪90年代初美国资助机构优先考虑的天文学项目进行排名时，以普林斯顿高等研究院的约翰·巴考为首的天文学家小组甚至没有将LIGO包括在内。 169

LIGO的前两次建议书都被美国国家科学基金会否决了。从第一次提交LIGO方案到第三次提交的预算为2.50亿美元的方案最终获得批准，前后历时五年。在很多人看来，花这么大一笔钱来建造一台很可能什么也看不到的机器（因为从表面上看，技术上根本做不到这一点），是不是值得。然而最终，在1992年，在规划、设计和梦想了近20年后，这一完美的实验终于可以继续前进了。

当基普·索恩和他的同事已经在讨论他们的LIGO计划时，弗兰斯·比勒陀利乌斯才刚刚在南非出生。比勒陀利乌斯在美国和加拿大长大，并且在温哥华的不列颠哥伦比亚省大学——数值相对论研究的神经中枢之一——完成了他的博士学位，在数值相对论方面受到严格训练。加州理工学院为他提供了一个教职，让他能够做他想做的任何事情。加州理工学院也是基普·索恩经常光顾的地方。比勒陀利乌斯决定按照自己的想法来探讨旋转黑洞的问题。他没有采用组织大队人马从事计算机程序开发的工作模式，而是独自一人致力于模拟盘旋、鸣叫和振荡衰减等不可逾越的问题。正像他回忆时说的那样，“不想引人注目”。比勒陀利乌斯不参与任何意在设计计算机程序来解决问题的大的合作团队，而是回到过去，去翻检过去几十年里所有失败的尝试，挑出那些可能是有前途的不同想法。然后，他着手用他自己的方式从头开始编写数值运算程序，其中融合了所有这些想法。他对什么方式有效什么方式无效有一种令人难以置信的本能直觉。在他编写的程序里，爱因斯坦方程变得简单多了，简单到看上去就像那些电磁学方程。而电磁波的演化方程是很容易解的。

然后他上机调试程序。他花了几个月的时间终于让程序运行起来，比勒陀利乌斯回忆称这段时间“真的很痛苦”。但让他越来越惊喜和得意的是，他能够让程序一路通畅地执行他的指令，从黑洞开始盘旋的那一刻直到它们聚合，放出一阵引力波，最后演变成一个极速自旋的黑洞。程序对人人都在拼命寻找的引力波给出了精准的描述。比勒陀利乌斯终于在计算机上给出了爱因斯坦场方程的解。他将之前曾出现过的概念组建成一组概念，这组概念体现了他看待问题的新的视角，他用完全正确的方式将它们组合在一起。

170

2005年1月，在加拿大艾伯塔省班夫召开的广义相对论会议上，比勒陀利乌斯公布了他的结果。爱因斯坦场方程终于被破解，人们第一次感到模拟两个黑洞彼此互绕地作轨道运动是可能的，每个黑洞都吸吮着对方直到两个合并成一个，同时一阵接一阵地释放出引力波，释放的势头随时间逐渐消减直到消失。“这太让人兴奋了，”比勒陀利乌斯回忆道，“人们对此是如此的感兴趣，以至于在会场之外又专门安排会议以供大家提问所有的细节问题。”半年后，另两个团体宣布，他们采用完全不同的方法处理黑洞双星的演化问题，也能够破解这一难题。像比勒陀利乌斯一样，他们也能够跟踪一对黑洞的灾难性坍缩的整个过程。就好像比勒陀利乌斯的发现打开了其他团队完成工作的精神枷锁，结果开始喷涌而出，不断验证着比勒陀利乌斯的计算。

现在确有一种明显的如释重负的轻松感。终于，这种难以捉摸的波形终于有可能描述了。观察者现在知道该如何挑选出淹没在干涉仪测量噪声中的幽灵般的信号了。

在他晚年，约瑟夫·韦伯已变成一个满怀悲愤的人。他对关于引力波的任何讨论都充满了愤怒。在他出席的一些会议或研讨会上，与会者能够明显感觉到他的这种被压抑了几十年的愤怒。即使是面对最温和的提问，他也会暴跳如雷。他比所有其他人都早地看到引力辐射，但没有人认可他这一点。弗里曼·戴森，他早期的支持者之一，曾在韦伯的晚年写信给他，恳求他放下架子接受现实。戴森写道：“一个伟大的人是不会害怕公开承认自己犯了错误并改变立场的。我知道你是一个正直的人。你有足够强大的心胸承认自己错了。如果你这么做，你的敌人会高兴，但你的朋友会更高兴。你将挽回自己作为一个科学家的名声。”[171]

韦伯没有这么做。相反，他已经变成引力波研究的桎梏。他积极参加反对LIGO。韦伯曾在新闻界赚足了名声，在更广大的世界范围内，他一直享有引力波专家的声誉。当他开口说话时，权力部门有时会认真听取。在20世纪90年代初，当LIGO孤注一掷地发起第三次经费申请时，韦伯写信给国会，指出资助这样一个耗资巨大的项目简直就是浪费金钱。他声称，他的棒探测器已经捕捉到引力波，所费还不到100万美元，因此没有必要为此花上数亿美元。但他的咆哮几乎没有产生影响。在他的职业生涯中，韦伯的这种可笑的声称已有那么多次，以至于伯纳德·舒茨在回忆中说道："到他反对LIGO的时候，已经没有人真的希望他站在他们一边。"如果韦伯感到自己被忽略了，那只能怪他自己把事情变得更糟。他现在已成为他创造的这个领域的敌人。

韦伯在2000年去世，当时LIGO尚未开始运转。要使仪器得到最完美的调校，得花上数十年的辛勤努力。该项目一路走来，拖延了一次又一次。在20世纪80年代和90年代，基普·索恩曾与同事打赌，认定引力波会在新千年到来之前被发现，但他每次都赌输了。即使是在21世纪初，LIGO仍面临各种挫折，从路易斯安那州的森林伐木工用圆锯切割设在利文斯顿的探测器，到华盛顿州汉福德周围核反应堆出现的神秘的呼呼声，不期而遇的麻烦可谓接连不断。但当它终于在2002年开始运行，并且运行了几年之后，LIGO实现了所有人一直提心吊胆的灵敏度。但按照20世纪90年代初的建议书中所设定的步骤，这只是实验旅程的第一阶段。它的探测器可以拾取小于一个质子宽度的振动，达到了10年前人们所设想的水平。事实上，LIGO团队宣布，该仪器要比他们所预期的更灵敏。无论从哪方面说，LIGO都取得了巨大成功，即使它还什么都没看见。正如人们对这第一个化身所预期的那样，LIGO虽还没有灵敏到足以实际检测到引力波，但它确实代 172 表着前进的方向。LIGO团队现在可以改进现有的仪器，以便在某个时刻能够看到爱因斯坦曾最先预言的时空的涟漪。[1]

这是一场漫长的比赛。与韦伯的结果不同，它在韦伯开动机器的那一刻起就又快又稳地到来了，LIGO在它能够实际检测到引力波之前已经让数以千计的技术人员苦干了几十年。三位创始人，罗恩·德雷弗、基普·索恩和莱纳·魏斯，现在已是七八十岁的老人了。在那一刻到来之时他们可能已经谢世，他们已经为他们将永远不会看到的东西奉献了一生。但他们有坚定的信念——波就在那里。爱因斯坦理论预言了它们的存在，而且他们也已经看到，尽管只是间接地借助于毫秒脉冲星的温和而稳定的轨道衰减。看见引力波只是个时间问题，这之后，由韦伯开创的这一研究领域将随着一声抽泣而结束——这是时空涟漪穿过地球时带来的抽泣声。

1.截至2017年6月，LIGO已三次观察到黑洞合并时产生的引力波。第一次是在2015年9月14日。位于华盛顿州和路易斯安那州的两座LIGO观测台分别探测到来自两个黑洞的合并所释放出的引力波信号。这两个黑洞的质量分别为29倍和36倍太阳质量，合并生成一个62倍太阳质量的黑洞，其余的3倍太阳质量的能量以引力波形式释放出来。这也是人类首次直接观测到一个“双黑洞”系统。这个系统（也称为引力波源GW150924系统）距离我们大约是13亿光年。第二次是在2015年12月26日观察到的。引力波源编号为GW151226，大约距离我们14亿光年，是由两个质量分别为14倍和8倍太阳质量的黑洞合并形成的，形成后的黑洞质量为21倍太阳质量，剩余的1个太阳质量以引力波形式辐射到空间。最新的这个名为GW170104的新的引力波源是在2017年1月4日探测到的。发生地点距地球约30亿光年，远大于前两次合并的距离。合并前的两个黑洞的质量分别为31.2倍和19.4倍太阳质量，合并后的质量为49倍太阳质量。与前两次相比，第三次探测到的合并有一个明显的不同之处，就是合并前的双黑洞的旋转轨道明显呈不对称性。而前两次的观测结果表明双黑洞的旋转轨道似乎是对称的，这与关于双黑洞形成的一种理论预言相符，该理论认为这种对称性表明形成这些黑洞的恒星是成对诞生成对衰亡的。但这第三次探测的结果则支持另一种理论，即黑洞可能是在其生命长河的较晚时期才结伴的。这三次观测的可信度均超过了物理学定义“发现”所需标准（置信度大于5σ）的要求，因此属于真正意义上的发现。除此之外，LIGO还看到过一个疑似系统LVT151012，因为它的置信度只有大约1.7σ，所以很难判断是不是真实信号。如果是真的话，其合并前的两个黑洞质量分别是23和13倍太阳质量，合并后的质量是35个太阳质量，释放出1个太阳质量的引力波。合并事件距离大约是32亿光年。——译者注

第 11 章
暗宇宙

173　1996年，在普林斯顿召开的宇宙学“评判性对话”会议上，该领域的明星们就宇宙的状态进行了一场一对一的论战。主办方挑选了一系列尚未解决的争议性问题进行公开辩论，明确要求一战。邀请的置辩双方可都是顶级天文学家、物理学家和数学家，双方走上讲台后都抛开了惯常的会议仪式，直接出击，试图将对方阵营撕开个缺口。讨论科学问题还从来没有过以这样一种奇怪的方式来进行。

马丁·里斯公开叫板敌营。里斯对理解黑洞和大爆炸理论可谓贡献良多，是相对论天体物理学的巨无霸之一。他认为，宇宙学是“基础科学”和“最宏伟的环境科学”，它在20世纪为爱因斯坦、狄拉克，以及其他许多人所发展的优美的数学和物理学的最终应用提供了机会。不仅如此，它还为对星系、类星体和恒星的观测提供了无数机会，174 这些观测试图解释那些看似凌乱的机制是如何将这些天体结合在一起构成宇宙的宏伟画面的。宇宙学的任务尽管困难，充满争议且从未完成，但正如里斯所说，它仍是最重要的。

普林斯顿会议召开时宇宙学所揭示的宇宙图像相当奇怪。我们对宇宙的了解似乎远不如我们原本所以为的那么深刻。事实上，宇宙的大部分物质似乎都是以我们在实验室从来没有见过的奇特形式存在。被称为“暗物质”和“暗能量”的东西就在那里，它们影响时空，但奇怪的是非常难以捉摸和无法察觉。在某个下午讨论宇宙的大尺度结构时，暗宇宙的情形有力地凸现出来。这也是吸引我第一次走进宇宙学的一个话题。

当我们看外面的宇宙时，我们看到的是一张由光点构成的精美挂毯，上面的星系有的聚成团簇，有的拉成细丝状，有的看上去就像一堵墙，其间留下的是巨大的虚空。这张挂毯非常丰富，充满了信息和复杂性。宇宙的这种大尺度结构从何而来？这是与会者最迫切想了解的问题。由于答案完全不知道，因此会议组织者专门安排了一个下午来讨论这个议题。来自普林斯顿的理查德·戈特是个身材修长的天文学家，讲话时一口慢腾腾的南部口音。他站起来捍卫常识。乍一看，宇宙看起来很空，由此戈特提出了一种起先几乎完全空无一物，然后才慢慢地演变出填满夜空的星系和星系团的宇宙。另一位来自普林斯顿名叫戴维·施佩格尔的年轻而充满活力的天文学家则提出，宇宙并非完全是虚空，而是充满了一种无形的暗物质。施佩格尔的暗物质由某种粒子物理学标准模型之外的基本粒子组成，这种粒子还没有在任何实验中被观察到。最后一位发言者，自来芝加哥的理论宇宙学家迈克尔·特纳，提出了当天下午最古怪的建议：为什么不认为宇宙中充满了由宇宙学常数所表征的能量？在特纳的宇宙中，大约有三分之二的能量是由爱因斯坦在70年前否定掉的宇宙学常数来解释的。听众对特纳的建议并没有留下深刻印象。宇宙学常数——那不是爱因斯坦犯下的最大的失误吗？

主持这场关于宇宙的角斗的是菲利普·詹姆斯（吉姆）·皮布尔斯，当时是普林斯顿大学科学爱因斯坦讲席教授，一位来自莫迪利亚尼的身材颀长、一脸深思熟虑表情的人。皮布尔斯是个完美的绅士，他的彬彬有礼有效缓和了辩论气氛。虽然他小心翼翼地掌控着不使辩论太过出格，但他有时也会窃喜，对舞台上抛出的嘲弄和意见不禁报以孩子般的笑声。组织这次评判性对话会议的部分原因是为庆祝皮布尔斯的60大寿的一份献礼。30年来，皮布尔斯一直是宇宙大尺度结构理论这一现代宇宙学核心的主要构造者。

在20世纪70年代早期，吉姆·皮布尔斯出版了一本小书《物理宇宙学》，这是他在1969年给普林斯顿大学研究生讲课的讲稿基础上整理的。据皮布尔斯所述，约翰·惠勒曾去听过这门课，并做了笔记。是惠勒敦促他将讲稿整理出来交付出版。在《物理宇宙学》的引言里，皮布尔斯简要地提到了宇宙学常数，他说："宇宙学常数Λ（希腊大写字母'拉姆达'，宇宙学常数的数学符号）很少在这些笔记中提到。"在皮布尔斯看来，这个常数造成了毫无必要的复杂化，成为宇宙学"令人不快的小秘密"。大家都知道，从数学上看，它的存在是允许的，但由于它在物理上过于离奇和麻烦，因此大家都假装它不存在。如今，四分之一世纪过后，尽管受到皮布尔斯大多数同事的唾弃，但宇宙学常数正带着复仇的火焰卷土重来。

1958年，当吉姆·皮布尔斯刚从曼尼托巴大学工程学院毕业来到普林斯顿时，他发现约翰·惠勒和他的研究小组正在琢磨黑洞及其终态。在普林斯顿，研究广义相对论的并非只有惠勒一人，还有罗伯特·迪克。像惠勒一样，在20世纪50年代中期，迪克也意识到是什么导致爱因斯坦的理论处于极端困难的境地，在验证方面很少或根本没有取得任何进展。他在普林斯顿建立了他自己的引力研究小组，用以讨论，最重要的是测量和检验广义相对论。“在我的生涯中，我很快就进入鲍勃[1]的圈子，开始从事那些令人兴奋的事情。”皮布尔斯说。他作为一个在读博士生加入了迪克的团队，毕业后仍专注于检验引力物理学的研究。他在普林斯顿这一干就是50年。 176

在20世纪60年代，皮布尔斯回忆说，宇宙学还是“一个很有限的学科——就像介绍到这一学科时所说的那样，一个仅有两三个人在从事的学科，”而且，皮布尔斯接着说，“在我看来，一门科学只有两三个人在从事总是显得相当惨淡。”这个领域没几个人在积极工作，在研项目很少。但这对皮布尔斯挺合适。他可以自己决定做什么问题，悄悄地按自己的节奏来解决那些他所看中的问题。在完成了他的量子物理博士学位论文之后，皮布尔斯便投身到宇宙学中来。他开始研究他的普林斯顿的同事所称的“原始火球”，打算搞清楚宇宙处在炽热和致密的极早期阶段时原子和原子核究竟发生了什么。他工作起来就像个工匠。把自己关在办公室里，一页页的手稿上写满了公式，慢慢地计算，精心打磨他的方法。

皮布尔斯的恩师则采取不同的做法。皮布尔斯回忆道：“在他看来，物理学肯定是理论，但它必须导致一项在不久的将来能够完成的实验。”为此迪克让他的团队寻找原始火球遗留下来的残余辐射。他们开发出一种新型探测器，它可以架设在物理楼的楼顶来扫描天空。

1.罗伯特的昵称。——译者注

但遗憾的是他们并没有及时发现这种辐射。1964年年末的一个星期二，迪克团队正坐在他的办公室开每周例会，这时电话机响了。迪克拿起电话，与对方讲了几分钟。“我们被人抢先了。”他说着放下了电话。阿诺·彭齐亚斯刚刚打来电话告诉他说，他与贝尔实验室的罗伯特·威尔逊一起，可能刚刚发现了残余辐射的证据。短短几个月内，迪克和他的团队便证实了贝尔实验室的这一结果，但为时已晚：彭齐亚斯和威尔逊因此赢得了诺贝尔物理学奖。

177 在皮布尔斯看来，20世纪60年代物理学教科书上的宇宙图像存在谬误之处。当时有两个完全不同的主题。一方面是宇宙的演化和历史，即弗里德曼和勒迈特所讲述的故事。它解释了空间、时间和物质在最大的可能尺度上是如何演化的。另一方面是天文学家看到的东西——星系和星系团。虽然这些星系是宇宙的一部分，但它们的存在似乎非常表面化，很难与宇宙的基本发展和结构联系在一起，就像时空中的一幅由丰富多彩的光的漩涡构成的画。的确，星系告诉我们很多关于宇宙的知识，比如宇宙膨胀得有多快，它实际包含有多少东西。但是仰望天空，皮布尔斯感到宇宙应该有比星系更多的东西——他确信，它们必定在宇宙的演化和大尺度结构中发挥着关键作用，并肯定其自身的起源与此有关。它们不可能无中生有，时空中那些大的光斑、气体和恒星都是后来演化出来的。这意味着星系必定也会在爱因斯坦的广义相对论中发挥作用。问题是怎么发挥作用。这对皮布尔斯是个完美的挑战：一个困难的、开放的、几乎没人想要去解决的问题。

引力在单个星系形成中的作用是显而易见的。局部物质在自身引力的拉动下发生坍缩。如果物质的量足够多，并且在某个临界点之下它有足够大的动能来抵御坍缩，那么这团物质将演变成星系，星系中各种星体通过其自身的引力维系。开始钻研这个课题时，皮布尔斯不清楚的是个别星系形成的引力效应是如何与作为整体的宇宙的膨胀中的引力作用相联系的。勒迈特神甫曾指出二者必定存在联系，俄罗斯理论家乔治·伽莫夫也曾琢磨过星系如何在一个膨胀的宇宙中形成的问题，但他们都没有提供适当的计算来支持他们的猜测。1946年，叶夫根尼·利弗席兹——列夫·朗道的弟子之一——拾起爱因斯坦场方程，试图搞清楚宇宙尺度上所发生的事情是如何与尺度小得多的个别星系相联系的。他的结果暗示了宇宙的大尺度结构是如何出现的：按照他的方程，时空中小的涟漪会发展壮大，并且最终导致在高曲率区域形成星系和聚集成星系团，从而形成我们今天观察到的大尺度结构。

178

皮布尔斯在研究早期宇宙中的原子和光的行为时意识到，这种对早期热宇宙的新认识有可能解释大爆炸后不久星系的形成机制。皮布尔斯在对宇宙年龄、原子密度和残余辐射温度等做了粗略估计之后发现，如果天体质量在太阳质量的十亿倍到百万亿倍之间，即相当于银河系的总质量，那么就可能形成坍缩结构。正如伽莫夫以前推测的，早期宇宙似乎是星系形成的理想温床。

随着皮布尔斯继续弄清楚星系形成的细节，他也变得不再孤单。哈佛的一位名叫约瑟夫·希尔克的年轻博士研究生认为，那些最终将形成星系的坍缩的光斑也应该在原始火球上留下印迹——即最近由彭齐亚斯和威尔逊发现的，呈现为微弱的热的和冷的残余辐射斑块。

希尔克的结果得到了奥斯汀的莱纳 · 萨克斯及其学生亚瑟 · 沃尔夫的支持。他们发现，即使是在大尺度上，残余辐射也会受到宇宙中所有物质的引力坍缩的影响。在苏联，雅科夫 · 泽尔多维奇的团队也发现了同样的事情。他们的结果表明，通过观察宇宙年龄在几十万年时所留下来的残余辐射的涟漪，我们将有可能看到导致星系形成的最初时刻。伽莫夫和皮布尔斯的物理宇宙学就是以这样一种零星分散的研究方式开始结出果实。

皮布尔斯想根据基础物理学教科书，结合广义相对论、热力学和光学定律来解释宇宙的膨胀——由热开始，经原始火球、原子形成等阶段，最后到引力坍缩结束。他与来自香港的名叫余哲（Jer Yu的音译——译者注）的博士研究生一起写出了一组完整的方程，他运用这组方程就可以给出宇宙从大爆炸最早的那一刻起直到今天的演化。皮布尔斯的宇宙始于一种平稳的热状态，此时原始气体和光只有极少的扰动。随着这些扰动的发展，它们受到来自凌乱的由自由电子和质子组成的等离子体的压强作用。宇宙的振荡就像池塘的水波荡漾，这种扰动会一直持续到电子和质子结合成氢和氦为止。接着是下一个阶段开始：原子和分子开始聚集在一起，在引力的拉动下坍缩，形成一小块一小块的物质，光则散射到整个时空。这些就是从热大爆炸演化而来的星系和星系团。

179

在皮布尔斯和余哲的宇宙里，星系的空间分布形成宇宙大尺度结构的方式应携带着它对宇宙热的开端的记忆。大爆炸遗留下来的这种辐射——彭齐亚斯和威尔逊对其测量表明它仅有3开的温度——应携带着星系形成时留下的微小涟漪的回声。通过以一种一致的、相干的整体处理方式求解宇宙方程，皮布尔斯和余哲发现了一种新的、功能强大的研究爱因斯坦广义相对论的方法：观察星系在空间分布所形成的宇宙的大尺度结构，并用它来发现时空如何开始和演化。

这是一个强有力的，令人信服的故事，但皮布尔斯和余哲的结果并没有引起任何反响。“没人注意到我们的论文。”皮布尔斯回忆说。在将物理学不同领域知识综合加以利用时，皮布尔斯和余哲实际上是在一块未开垦的知识处女地上耕耘。他们的工作算不上严格的天文学，也不属于传统的广义相对论或基础物理学。响应的缺失对皮布尔斯影响不大。他继续研究他的宇宙，偶尔会拉来某个好奇的学生或年轻的合作者一块儿干，但大多数情况下是自己一个人静下心来计算。

现在，皮布尔斯有一个宇宙模型，他需要看一些数据，看看他是否行进在正确的轨道上。在20世纪50年代初，当时在得克萨斯大学从事研究的法国天文学家热拉尔·德沃古勒仔细看了有上千个星系的沙普利–艾姆斯星表，他发现有一个“星系流”横空伸展，它大于任何一个星系团，更像是一个“超星系团”或叫“超星系”。但他的工作没有得到善待。加州理工学院的天文学家沃尔特·巴德驳斥了他的结果，说：“我们没有任何证据证明超级银河的存在。”弗里茨·兹维基则干脆断言：“超星系团是不存在的。”皮布尔斯也怀疑德沃古勒的结果，但他的一个学生则回忆说，皮布尔斯很认同他的导师鲍勃·迪克的观点，认为：“良好的观测要比另一个平庸的理论更有价值。”于是，他自己带着学生来绘制大尺度结构，他们不时得到些令人惊讶的结果。当哈佛的两个年轻的研究人员——马克·戴维斯和约翰·赫

180

钦拉——在他们进行的更为广泛的星系调查中发现确实存在巨大结构时，皮布尔斯"大吃一惊"。他承认："我写了一些非常有害的论文，举的例子都是过去天文学家是如何被这种趋势误导的……目的是要从噪声中挑出各种模式。很明显，你需要一种模式的形成机制。"但随着时间的推移，他逐渐意识到星系的确被安排得像一张巨大的挂毯，上面有墙壁、细丝和团簇，即后来所称的宇宙网。皮布尔斯在他的计算机模型上所预言的大尺度结构终于开始在现实世界中显现。

1979年，史蒂芬·霍金和南非的相对论学者沃纳·伊斯雷尔一起，为庆祝爱因斯坦100周年诞辰，主持召开了一次对近年相对论研究成果进行总结的研讨会。他们邀请了在宇宙学、黑洞和量子引力等领域的主要研究人员前来与会。鲍勃·迪克和吉姆·皮布尔斯提交了一篇题为《大爆炸宇宙学——谜和秘方》的文章。这是一篇短文。在仅有几页的文章中，迪克和皮布尔斯提出了他们认为属于这个令人难以置信的成功理论的一些基本问题。

那么，错在哪儿呢？在于一开始，宇宙似乎太过于光滑了。虽然过去曾有过给出解释的尝试，但迪克和皮布尔斯不满意这些工作。而且更有甚者，为什么空间的几何形状看起来那么简单，而不是像时空那么复杂？空间几何似乎不存在整体曲率，高中层次的欧氏几何法则就可应用。像"平行线永不相交"和"一个三角形的内角和为180度"这样的法则似乎总是对的。没有空间曲率的宇宙是广义相对论所允许的，但它是一种非常特殊的情形。爱因斯坦方程预言，宇宙的演化很可能很快就将曲率推离零。因此，如果今天的宇宙看上去几乎没有曲率，那它过去的曲率必将更小。我们生活于其中的宇宙是极不可

181

能的。最后，星系和星系所建立的横跨天空的结构一定是来自什么地方。宇宙看起来呈今天这个样子的条件必须调谐得十分完美。在大爆炸时刻，宇宙的膨胀趋势必须正好能够弥补引力的拉动，这样才能防止整个时空塌陷回原初本身，但又不必那么极端，使时空会在虚空中飞离开。他们的文章归结为一个简单问题：刚开始的一刹那到底发生了什么？

在迪克和皮布尔斯的文章之前是另一篇由雅科夫·泽尔多维奇撰写的短文。在文章中，泽尔多维奇考虑了极早期宇宙。他采取的思路是勒迈特神甫在讨论他的原始原子时所遵循的思路。在早期热宇宙——它可能决定其演化并且影响到它如何演变成我们今天看到的这个样子——的这出大戏中，有太多太多的有趣现象。泽尔多维奇敦促粒子物理学家和相对论学者一起共同来找出这些影响。

迪克/皮布尔斯和泽尔多维奇的论文可谓有先见之明。仅仅一年后，宇宙学便因为一项简单的建议——早期宇宙如何演化——而抬起了头。艾伦·古斯当时是斯坦福直线加速器中心的博士后，他早就对此有想法，只是一直漂浮在心头，未成形。后来古斯终于想到了宇宙膨胀的精髓。古斯认识到，在一些大统一理论（一种试图将电磁力、弱作用力和强作用力统一成一个力的理论）里，宇宙可能处于这样一个状态，其中某个场的能量要远远高过所有其他一切的场。在这种状态下，宇宙会被驱动得迅速扩张，或叫暴胀（古斯对它的戏称）。虽然古斯最初的想法有缺陷——如果宇宙被困在这样的状态下，它是没有办法跳出来的——但让宇宙以新的方式暴胀这一点很快就为其他人所接受。

暴胀宇宙（或简称暴胀）的概念为宇宙学开辟了一条新途径，它揭示了宇宙过去的一个新的值得探讨的时期。现在有了一种可以确切预言当结构开始形成时宇宙究竟应该是怎样的理论，它似乎解决了迪克和皮布尔斯所提出的问题。首先，暴胀理论几乎是在瞬间就推出了没有弯曲的空间。想象一下你有一个气球，你可以拿在手中，然后用一个巨大的打气筒以飞快的速度向里充气，使得气球几乎瞬间就变成地球般大小。从你的角度看，你面前的一块气球表面现在看起来非常平坦。暴胀也一样，它会将宇宙瞬间变成一种极为光滑的原始状态。任何雨点般自然降落在时空场景中大的肿块或空隙都将被推向远方，被推到我们的目光所不及的遥远之处。暴胀也带来了极早期宇宙结构演化的启动。在强烈的暴胀期，时空结构的微观量子涨落会被拉伸为大尺度涨落。

182

暴胀，就像芝加哥的天体物理学家简洁地表达的那样，在“内部空间和外部空间”之间建立起了联系。内部空间是指量子和基本力所在的世界，外部空间是指整个宇宙所涵盖的宏观空间范围，即广义相对论所施展的场所。因此，由皮布尔斯在过去十年里所发展，并为泽尔多维奇、希尔克，以及其他人所跟进的这一研究项目现在承接了一项新任务：宇宙的大尺度结构。星系的分布和残余辐射光应抓住内部空间与外部空间之间相联系的线索。人们开始关注这一新领域。

1982年，皮布尔斯试图构建一个新的宇宙。他与余哲共同开发的由原子和辐射构成的旧模型已经不能胜任当前的需要了。当他将模型结果与星系调查所给出的星系分布进行比对后发现，它们不匹配。实际观察结果根本不配合他的优雅的计算。不仅如此，在过去十年里，星系本身总体上似乎也已变得复杂得多。在星系内部出现了一幅奇怪的图像。

美国天文学家维拉·鲁宾早已发现，星系似乎永远都转得飞快，就像被一股神秘的力量推动的凯瑟琳车轮。鲁宾用她的望远镜重点观察了仙女座星系，这是一个由恒星和气体以每秒几百千米速度旋转的漩涡。如果你用望远镜看它，至少可以看出它呈什么样子。在星系中心集中了几乎所有的恒星，因此有非常强的光。鲁宾预计，将星系聚在一起的大部分引力可能都来自这个星系中心。但当她观察远离星系中心的那些散落天体时，她发现它们的运动要快得多。事实上，这些恒星飞驰得如此之快，以至于鲁宾根本无法理解星系中心的引力是怎么收服它们的。这就好像地球突然两倍甚至三倍地倍增了它绕日运行的轨道速度，那么除非太阳莫名其妙地增强了它的引力，否则地球就会飞离绕日运行轨道，消失在太空中。因此一定有某种强有力但看不见的东西使外星系的恒星保持在其轨道上。

183

弗里茨·兹维基在20世纪30年代就曾观察到类似现象，但他的结果被忽视了近40年。兹维基曾观察后发星系团，这大大增加了那里能看到的质量总量。随后他测量了星系团内星系的速度，发现它们运动得太快了。他在1937年发表于瑞士的一篇论文中写道：“与某种暗物质密度比较起来，后发星系团的发光物质的密度肯定是微不足道的。”

吉姆·皮布尔斯正待对付他自己的星系问题。他与来自普林斯顿的年轻的合作者杰里迈亚·奥斯特里克合作，着手就星系如何形成的问题建立一个简单的计算机模型。模型将星系看成是一群粒子，它们通过引力和螺旋性旋转互相拉扯。但不论何时，只要模型开始运行，星系便散开。在这团星系的中心会形成一个云团，从这里伸出一条条旋臂将星系分开。奥斯特里克和皮布尔斯试图将他们的旋转粒子浸没在看不见的质量球内以稳定模型。这个球状物——他们称它为"晕"——将加强引力以保持星系聚在一起。晕必须是暗的（即不可见的）以免被望远镜观测到。奇怪的是，该模型表明，这种暗物质必须比恒星中可见的原子多得多才行。在20世纪70年代末，加州大学圣克鲁斯分校的桑德拉·法伯与伊利诺伊州的杰伊·加拉格尔写了一篇综述性文章，他们整理了天文学家观察星系时所获得的奇异发现，以184及皮布尔斯及其同事在模拟星系运行时所发现的奇特结果，从而得出结论："我们认为，不可见物质的发现很可能是现代天文学的主要结论之一。"

1982年，当皮布尔斯开始构建新的宇宙模型时，他决定把原子和暗物质都包括进来。事实上，他认为宇宙中几乎所有物质都是由重粒子构成的某种神秘形式的物质组成的，这种物质不与光发生相互作用，所以我们看不到它。皮布尔斯的冷暗物质模型很简单，这个模型让他能够预言星系分布看起来呈什么样子以及残余辐射的涟漪会有多大。这种做法将被证明对宇宙学的发展产生重大影响，但正如皮布尔斯在回忆中说的那样："我没有非常认真地看待这个问题……我之所以写下它，只是因为它简单，能够适配观测结果。"

虽然皮布尔斯没有提到新近提出的暴胀时代，但他的新模型与时代精神完美契合。它引入的大质量粒子可能出自基础物理学，它将内部空间与外部空间联系起来。冷暗物质模型，或简称为CDM模型，正被越来越多的天文学家和物理学家用来研究星系实际是如何形成的细节。伯克利分校的马克·戴维斯与两位英国天文学家乔治·埃夫斯塔西奥（又译：乔治·艾夫斯塔休——译者注）和西蒙·怀特，以及墨西哥天文学家卡洛斯·弗伦克一起（外界号称“四人帮”），建立起计算机模型来追踪单个星系和星系团在虚拟宇宙中的形成过程。在他们的模拟里，被追踪的粒子数以十万计，这些粒子彼此互动，合在一起构成宇宙的大尺度结构。

冷暗物质模型虽然知名度很高，被人热切采纳，但有太多的东西似乎有问题。在皮布尔斯构造的冷暗物质模型里，宇宙可能只有70亿岁，这太年轻了。天文学家已经发现被称为球状星团的密集星系团。这些明亮的高光度区域充满了宇宙历史初期（当时存在的物质几乎全都是氢和氦）形成的老年恒星，这意味着球状星团的年龄至少在100亿岁以上。不仅如此，如果宇宙主要由冷暗物质组成，那么暗物质对原子的比值将大约为25比1。然而，由于暗物质很难被看到，因此天文学家无法弄清楚暗物质到底在哪里。从观察到的星系的旋转速度或星系团的温度，他们可以推断出那里的引力有多大（越热的地方力平衡所需的引力就得越强），以及必须有多少暗物质才能产生这么大的引力。他们给出的暗物质对原子的比例更接近6比1。诚然，衡量暗物质多少的方法仍很粗糙，存在很大的不确定性，但这一亏空似乎也太大了，大到很难用误差来解释。建立起冷暗物质模型后，皮布尔斯几乎是立刻感到不得不放弃它，并寻找新的替代模型。“在八十年代和九十年代初有很多模型可供挑选。”他这样说道。

185

“四人帮”没能取得更多的进展。他们用计算机模型来创建虚拟宇宙，并将其与真正的宇宙进行比较，想看看它们是否看起来一样。结果二者差距甚大。首先，真宇宙在大尺度上要比假宇宙显示出更多的结构和复杂性。在冷暗物质模型宇宙中，星系在小尺度上更为聚集，但一旦你放大了来看，它们比真实宇宙更快地变得平滑。在虚拟宇宙上，人们原本以为有可能通过稍微捏造的结果来弱化一些问题，但事实是，皮布尔斯的简单模型完全不起作用。

尽管冷暗物质模型与基本观察结果相冲突，但它深受广大天文学家和物理学家的欢迎。因为它概念上很简单，而且与暴胀和星系的暗物质证据有很好的适配性。冷暗物质模型的追随者想方设法要进一步发展这一模型并对模型进行某些修改。一种修订方式就是恢复爱因斯坦的宇宙学常数。对许多人来说，那是诅咒。

反对宇宙学常数的情势已经变得比爱因斯坦1917年首次引入时更强大。虽然随着宇宙膨胀的发现，爱因斯坦迅速丢弃了宇宙学常数，186 但他的几个同事却死死抓住它不放。爱丁顿和勒迈特神甫的做法是把它安在他们的宇宙模型里。勒迈特竟然推测宇宙学常数只不过是真空的能量密度。1967年，泽尔多维奇证明宇宙学常数可能存在严重问题。他将宇宙中神出鬼没的虚粒子的能量添加进来，发现所得到的能量密度看起来就像一个宇宙学常数，但却应当是一个非常大的值。严格来说，由此产生的宇宙学常数将是无限大的，原因完全相同，就是凡涉及量子引力的一切东西都是无限大的，但小手动动就可以使它有限。即便如此，这也是一个大数，其量级远高于宇宙中被测量的任何能量量级。

泽尔多维奇的计算表明，如果宇宙存在真空能量——因此存在宇宙学常数——那么它也远远超过了与观测兼容所应有的数值大小。要想深入的唯一办法是假设存在尚未发现的物理机制，在它的干预下，可使宇宙学常数等于零。在实践中，宇宙学家选择忽略宇宙学常数，假装它不存在。

然而，每当有人试图用冷暗物质模型来解决问题时，宇宙学常数（称为“拉姆达”）总是会作为可能的解一次又一次地冒出来。1984年，皮布尔斯本人发现，一个可行的冷暗物质宇宙需要拉姆达来补足宇宙80%左右的总能量。当“四人帮”——戴维斯、埃夫斯塔西奥、弗伦克和怀特——试图模拟他们的带拉姆达的宇宙时，他们发现他们原先用简单的冷暗物质模型时所遇到的许多问题都迎刃而解。

1990年，当时已供职牛津大学的乔治·埃夫斯塔西奥在《自然》上发表了一篇题为《宇宙学常数和冷暗物质》的论文。在文中，埃夫斯塔西奥及其合作者将包含宇宙学常数的模拟宇宙得到的大尺度结构与真实宇宙进行了比较。这一次他们采用了多年来收集得到的有数以百万计星系的星表。他们在文章的序言中声称：“我们在此认为，冷暗物质模型理论的成功可以保留，新的观察结果允许存在一种空间平坦的宇宙学，其中高达80%的临界密度由正的宇宙学常数提供。”[187]他们继续证明道，这种宇宙似乎与迄今可用的所有观测数据相符合。杰里迈亚·奥斯特里克和保罗·斯坦哈特——暴胀理论的创始人之一——于1995年在《自然》上发表了一篇论文，他们指出：“有临界能量密度和大的宇宙学常数的宇宙似乎受到青睐。”一切似乎都指向拉姆达。

虽然拉姆达不断出现在大尺度结构上，但每个人都退避三舍。吉姆 · 皮布尔斯在1984年这样写道："这种选择所带来的问题……是它似乎并不可行。"正如埃夫斯塔西奥及其同事在其论文的结论中所指出的那样："一个非零宇宙学常数会对基础物理学产生深远的影响。"在另一篇论文中，加州大学圣克鲁斯分校的乔治 · 布卢门撒尔、阿维沙 · 德克尔和乔尔 · 普里马克认为，有了宇宙学常数"就需要对多到简直令人难以置信的理论参数进行微调"。的确，正如杰里迈亚 · 奥斯特里克和保罗 · 斯坦哈特所写的那样，观测证据开辟了一项不可能完成的挑战："我们如何从理论的角度来解释宇宙学常数的非零值？"这个问题不再是一个令人不快的小秘密。

在1996年的普林斯顿会议上，来自芝加哥大学的迈克尔 · 特纳面临受到羞辱性的攻击，当时他正与理查德 · 戈特和戴维 · 施佩格尔为捍卫宇宙学常数而对掐。观察结果对他有利，但对于他这方的宇宙学家来说，宇宙学常数仍然难于接受。这个常数太过概念化，美学上也太不令人愉悦。如果他呼吁神助，他可能会更容易下得来台。在辩论结束时，标准的、不含宇宙学常数的冷暗物质模型被宣布为胜利者。吉姆 · 皮布尔斯沉迷地注视着这一奇观。

到1996年，宇宙学的进展已经超越了吉姆 · 皮布尔斯的最大期望。作为构建大尺度结构理论的先驱之一，他曾孤独起步，随后是雅科夫 · 泽尔多维奇、约瑟夫 · 希尔克和其他几个人。皮布尔斯已有效地创造了一套技术，它不仅能用来使观测结果结合进理论，而且能够用于分析观测结果。现在，新一代理论家正将他的想法以惊人的速度向前推进，而天文学家则以日益提高的精度描绘着宇宙全图。

188

在这个新时代，皮布尔斯发现自己在这个曾帮助创建的领域里处于一种很奇特的位置上。他不喜欢这样一种过热的氛围：他的同事一边采用着冷暗物质模型，一边不断提出新的模型来与之竞争。但他的导师鲍勃·迪克说过，好的数据胜过一切。冷暗物质模型的支持者和皮布尔斯都会被超越。

1992年，宇宙背景辐射探测器（或简称为COBE）的主要研究者之一乔治·斯穆特声称："如果你信教，这就像在仰望上帝。"COBE是一颗设计用来检测大爆炸所产生的残余辐射的实验卫星，它具有前所未有的高精度，COBE的另一项任务是要标出当你从不同方向仰望星空时，所观测天体的亮度是如何变化的。斯穆特刚刚这句话要说的是，难以捉摸的残余辐射涟漪，即皮布尔斯、希尔克、诺维科夫和苏尼亚耶夫在过去25年里一直认为应该存在的东西，将得到有史以来的第一次测量。这是一次漫长的、几乎令人尴尬的搜索。随着时间推移，涟漪依然看不见，理论家不断重新给出他们的预言，一再降低他们的期望。1992年，COBE卫星上采用基于鲍勃·迪克思路的一套探测器绘出了残余辐射天图，所有人发出一声如释重负的集体叹息。斯穆特因他在COBE上的工作赢得了诺贝尔物理学奖。

COBE的发现仅仅是开始。它提供的残余辐射涟漪的图像依然模糊不清。这种涟漪之所以需要看清楚，是因为，正如皮布尔斯、诺维科夫和泽尔多维奇所说的那样，残余辐射光应具有丰富多彩的热斑点和冷斑点，它们可用来描绘出空间的几何特征。如果所给出的空间几何确实是欧几里得型的，那么斑点的大小对天空所张的立体角就应该有大约1度的大小。由广义相对论可知，测量空间的几何形状就等于测量整个宇宙的能量大小。因此需要更好的实验设备。遍布世界的几十个团队开发出了能够以更高的精度和聚焦水平来测量残余辐射189的仪器设备。整个实验过程就好像一群勇敢的探险家开始着手绘制刚发现的新大陆的地图。在新千年到来之际，一切终于水落石出，一帮实验者公布了这一发现：热斑点和冷斑点的确有大约1度大小的张角，因此空间的几何性质肯定是平坦的。这一结果与暴胀理论的预言是一致的，它从宇宙大尺度结构方面为冷暗物质模型和宇宙学常数的存在提供了进一步的证据。

明确倾向于存在宇宙学常数的最后一部分数据并非来自皮布尔斯曾倾心建立起来的大尺度结构领域，而是来自宇宙中遥远的超新星爆发。第一个迹象来自1998年1月召开的美国天文学会的年会，会上号称"超新星宇宙学项目"团队的一群以西海岸为基地的天文学家和物理学家声称，暗物质或原子所产生的引力不足以遏制和减缓宇宙的膨胀。事实上，超新星宇宙学项目要寻找的是宇宙膨胀可能在加速的证据。这意味着，宇宙要么比以前认为的更空旷，要么存在驱使空间分开的宇宙学常数。

某种程度上说，超新星宇宙学项目是在重复哈勃和赫马森在1920年所做的工作：测量遥远天体的距离和红移。观察者不是要观察星系，而是要寻找单个的超新星，一种爆发时其发出的光亮堪比将整个星系的光亮集中在一个针尖上的恒星，而且它的观测距离要比哈勃和赫马森当年的观测距离更遥远。虽然在精神上，超新星宇宙学项目的工作是对哈勃和赫马森的工作的一种响应，但现在已不再是两个人的工作，而是一项由分布在三大洲的多个团队运用多台地面望远镜和哈勃太空望远镜来产生各自观测结果的大科学工程。测量方法是困难的，花了十多年时间才臻于完善。

紧随“超新星宇宙学项目”之后的是“高Z超新星搜寻项目”，这个项目要找的是类似的结果：宇宙加速膨胀（从而，存在宇宙学常数）的初步证据。 190

两个团队都没能宣布他们从观测数据中得到了他们所要的东西。2008年1月在华盛顿召开的美国天文学学会年会上，他们的发言非常谨慎，可谓痛苦如斯。他们结果的真正含义是在走廊上悄悄地讨论的，公布的方式是借助于报纸。超新星小组公布结果后的第二天，《华盛顿邮报》刊文道：“调查结果似乎还为认定存在所谓宇宙学常数的理论提供了新的活力。”几个星期后，《科学》杂志更进一步，发表了一篇题为《爆发的恒星指向宇宙排斥力》的文章，在文章中，超新星宇宙学项目的负责人索尔·珀尔马特不愿意说得这么夸张，他只是简单评论道：“这需要更多的工作。”

仅仅过了一个月，高Z团队就以干净利落的口吻表示：他们的数据里存在拉姆达。宇宙不仅对原子和暗物质太过空虚，而且它还充满了别的使之加速膨胀的东西。高Z团队的成员被邀请上电视向全球各地的普通大众解释他们的奇怪的、深不可测的结果。美国有线电视新闻网宣称，科学家们“对宇宙可能在加速感到非常吃惊”。《纽约时报》引述高Z团队的领导者布赖恩·施密特的话说：“我自己的反应则介于惊愕和恐怖之间。惊愕，是因为我根本就没想到这个结果；感到恐怖则是知道它可能不会被大多数天文学家所接受——他们像我一样，对这个意想不到的结果抱有极大的怀疑。”超新星宇宙学项目组迅速跟进，拿出了它自己的结果。这是官方的：拉姆达是在那里。为表彰他们的发现，两个队的领导——索尔·珀尔马特、布赖恩·施密特和亚当·里斯——被授予2011年度诺贝尔物理学奖。

多年来，甚至几十年来，关于宇宙的构成、年龄、几何性质和基本成分等数据一直存在着不确定性。所有不同的建议都各有其优缺点，宇宙学与其说是科学，不如说更像美学。从业者可根据个人的喜好来选择自己喜欢的理论。但现在，胜出的却是所有理论中最令人不快的理论——宇宙学常数。短短几个月内，一个新的标准宇宙学模 191 型——所谓一致性模型，或令人难以想象的“含拉姆达的冷暗物质模型”——已经扎下了根。这个新的宇宙模型包含各种原子、冷暗物质和宇宙学常数。其实宇宙的大尺度结构已经暗示了10年，但就是没有人准备好接受它。即使是不愿随大流的皮布尔斯对这一切是如何走到一起的也很惊讶。但数据愣是做到了这一点，这正好又一次证实了他导师的断言。皮布尔斯不得不承认：“数据告诉我们的最佳解释就是宇宙学常数。或者说，那种看起来像宇宙学常数的东西。”

2000年，当吉姆·皮布尔斯从普林斯顿大学教职位置上退休后，他把更多的时间花在了散步和拍摄野生动物的照片上。他一向喜欢品味大自然的美，有时走在路上会突然对飞鸟的奇异能力赞叹不已。现在他有更多的时间来享受自然了。他不再关注天空中星系的分布或个别星系的旋转方式，而是让自己沉浸在树木花草和大森林的自然美景里。正是这种审慎的目光和对细节的关注使他见证了宇宙学从莫衷一是的思辨理论转变成硬碰硬的、精确的科学。广义相对论的另一分支也已经成熟，并获得了自己的生命。皮布尔斯平静而坚持不懈的努力，或像他喜欢自嘲地称之为——“涂鸦”，已经将宇宙的大尺度结构的研究坚实地置于物理学和天体物理学研究的中心。他的特立独行已将这一领域引向那业已扎根了的奇异的宇宙模型：这个宇宙中，96%的能量是由某种暗物质携带，它是暗物质和宇宙学常数的组合体。与他差不多50年前刚起步时相比，事情有了翻天覆地的转变。

宇宙学常数现在已得到普遍接受。但最根本的问题仍然是：泽尔多维奇将宇宙中虚粒子的能量加起来所给出的预言值与这个常数实际观察给出的值之间存在很大的不一致性，二者相差一百个数量级。但与过去那种二者的不一致性招致宇宙学家甚至根本不考虑宇宙学常数存在的可能性的情形不同，现在他们接受了它。它就在那里，在数据中，任谁都否定不了。在他们1967年写的相对论天体物理学的教科书中，雅科夫·泽尔多维奇和伊戈尔·诺维科夫曾写道：“一个精灵要是出了瓶子……那么按传说中的说法，要想再将它关起来可就困难极了。”这个比喻用在这里正合适。现在，随着众人一股脑地拥向一致性模型，宇宙学常数的不一致问题必须得到正面解决。 192

也许还有另外的途径。一种试图再次避开宇宙学常数的努力是求助于一种将空间推开的全新物质。这种奇特的新的场，或粒子，或物质，表现得非常像宇宙学常数，但很快它就被广泛地称为“暗能量”。人们之所以对暗能量寄予厚望，是因为它具有将观测宇宙学的成功与粒子物理学和量子物理学的创造力结合起来的潜力。对于这个话题，年轻的和老一代的宇宙学家可谓趋之若骛。在一次会议的发言中，报告人播放的一张幻灯片上有超过100种不同的暗能量模型，证明了新一代宇宙学家的创造力。然而暗能量的提出仍没有解决泽尔多维奇提出的问题——真空能量原则上远远大于可接受的水平。学界只好再次装聋作哑，假装差异不存在。我们可能需要一场量子引力理论领域的革命才能拿出一个没有争议的解决方案。

物理宇宙学在过去40年的升起改变了我们看待时空和宇宙的方式。通过在最宏大的尺度上发掘广义相对论宝藏，并仔细梳理出宇宙的大尺度性质，吉姆·皮布尔斯和他那一代人为观察实在打开了一扇全新的窗口。借助于绘制星系和残余辐射在空天分布的巨大成功，他们的工作揭示了一个光怪陆离的宇宙，其中充满了目前对其性质仍知之甚少的奇异物质。宇宙学早已不是它在20世纪60年代时的情形，一门"相当惨淡"科学（按皮布尔斯的话说），只有三个人。现代宇宙学一直是爱因斯坦的广义相对论与现代科学的伟大成就之一，虽然它提出关于宇宙的问题和它回答的问题一样多。

第12章 时空的终点

1979年，史蒂芬·霍金成为剑桥大学卢卡斯数学物理讲席教授。[193]这个曾由艾萨克·牛顿和保罗·狄拉克坐拥的世界上最负盛名的理论物理学讲席此前还从没有提供给一个不到40岁的相对论学者。霍金有资格据有这个位子。在不到20年的研究里，他已在宇宙的诞生和黑洞物理学方面做出了持久的贡献。他的最高成就毫无疑问是证明了黑洞会辐射，有熵和温度，并最终会蒸发掉。霍金辐射概念曾让物理学界惊愕不已。人们原本以为黑洞是黑的，很简单。但霍金在雅各布·贝肯斯坦猜想的基础上证明了黑洞必定包含大量的无序态，而且这种无序直接与黑洞的面积相联系，而不是像所有其他熟悉的物理系统那样与其体积相联系。每个人在心里都会问，熵如何待在黑洞里？而在内心深处，每个人都当然地认为答案应该到量子引力里去找。

对量子引力的探求似乎已陷入停顿。到1975年召开牛津研讨会，霍金在会上宣布他对黑洞辐射的发现时，事情已经变得很明显：广义[194]相对论不是可重正化的，困扰它的无穷大怎么也躲不过。广义相对论与描述基本力的其他理论有太大的不同，那些用于构建关于粒子与力的标准模型的传统方法对它根本不适用。必须采取非常激进的措施才能谋得一条出路，对此霍金和他的物理学家同事面临着一系列的选择。到20世纪70年代末，潮水般的新思想和新技术涌入量子引力领域，造成该领域在随后的几十年里一直横着一条深深的裂痕。保守阵营顽固地坚守着自己的那一套关于如何量子化广义相对论的做法，教条地拒绝接受其他处理方式。致力于量子引力的物理学家群体分裂成对立的两派，陷入了有些人称之为名副其实的战争的状态。然而，如果我们跳出这个动荡的、有时令人不安的环境来俯视，就会看到一个共同之处，那就是那种将时空看作一个连续统的旧观念必须抛弃，代之以一种全新的实在观念。

史蒂芬 · 霍金一直是一个说话大胆不惧争议的人，他的话经常富有远见，但有时也调皮。在荣登卢卡斯教授之职的就职演说中，霍金以“理论物理学的终结是否就在眼前”为题作了演讲。他提出了自己对物理学未来的看法，宣称：“理论物理学的目标可能在不久的将来，具体地说就是到本世纪末（这里指20世纪末——译者注），就将实现。”在霍金看来，物理学法则与引力量子理论的统一指日可待。

他有充分的理由来提出这一大胆的断言，其背景是一种称为“超对称性”的新想法正蓬勃发展。超对称性是指，自然界存在一种深刻的对称性，是它将宇宙中所有的粒子和力联系在一起。每个基本粒子都有一个相反的孪生兄弟：每个费米子有一个孪生玻色子，反之亦然。一种于1976年首次提出的理论将超对称性看作实现大统一的一步，然后是镜像时空本身，最后是创造超引力。在霍金做演讲的时节，超引力似乎是大家所期待的解：引力的量子理论的一个可行的方案。但事实证明超引力很难控制。它将时空扩展到额外维度，需要解比爱因斯坦最初提出的方程还要远为复杂的方程组。计算任何一个东西都得花上几个月，而且结果中尽是各种无穷大和简直没法处理的各种粒子。一小群顽固派舍不得放弃，继续在那里苦干，但至少是作为一种量子引力理论，它很快就香消玉殒了。霍金将不得不去别处寻找理论物理学的终结。

虽然霍金在1979年剑桥大学的就职演讲中非常乐观，但他其实一直在思考一个奇怪的问题，这是他在研究黑洞会辐射的问题时碰到的。这个问题在所有试图量子化引力的头顶不祥地盘旋，它很可能将物理学中的一个最基本信念砸成碎片。霍金打算在维尔纳·艾哈德——一位富有的企业家——的豪宅里召开一个会议，将这一问题提交给他选定的同事。

艾哈德靠在全美推行他的自我提高课程挣钱，博取名利。他受到的影响非常庞杂，既有专家学者也有宗教势力，从禅宗到山达基教派[1]，不一而足。但他对物理学情有独钟。每年他都会举办一系列物理学讲座，邀请像霍金和理查德·费恩曼这样的杰出物理学家前来演讲。1981年，霍金应邀做演讲，他决定讲一下一个奇怪的研究结果，这个问题从他1976年首次发表就一直困扰他至今。演讲实际上是由霍金的一位年轻的研究生做的，因为那时候，霍金还无法自己讲话。演讲的题目是："黑洞信息疑难"。

讲座谈的是物理学中的神圣信念：只要提供了有关一个物理系

1.Scientology，基督教科学派的一种，鼓吹信仰可以疗伤治病，由拉斐特·罗纳德·哈伯特于20世纪50年代在美国创立。——译者注统的完整信息，我们就能够重建该系统的过去。想象一个球飞过你的头顶。如果你知道它飞得有多快和飞行的方向，你就能够准确地重构出它来自何处以及它的路径。或者取来一个充满气体分子的盒子。如果你能测得盒中每一个气体分子的位置和速度，那么你就能够确定每个粒子在过去任何时刻的位置。而更实际的情形往往要比这复杂得多。196 就拿我用来写这一章内容的笔记本电脑来说，我需要知道很多关于世界的信息才能够准确地重构笔记本电脑是如何变成现在这个状态的，物理定律告诉我，原则上这是可能的。在更复杂的层面上，如果知道有关量子态的所有信息，我们就能够重构这个态的过去。事实上，通向量子物理学定律有一套固定途径：信息总是守恒的。信息是可预见性的核心。物理学家坚守这样一条基本规则：信息不会被破坏。

“信息不会被破坏”这条颠扑不破的真理遇到黑洞就失效了。如果你扔一本书到黑洞里，这本书将从视线中消失。黑洞的质量和面积将略有增加，黑洞会辐射出光。最终，黑洞会完全蒸发掉并消失，留下一团毫无特征的辐射。如果你扔进黑洞的是一袋与书同样质量的空气，同样的事情发生了：黑洞的面积增大，它发出光，并最终消失，最终给你留下的仍是完全一样的辐射。在这两种情况下，不管你是以什么样的方式开始的，最终结果都是完全一样的。事实上，我们甚至不用等到黑洞消失。在黑洞发出辐射时，它们已经看上去完全一样了，想重构起初扔进去的是一本书还是一袋空气是根本不可能的。信息已经消失了。

霍金给出的是一个等价的悖论：如果黑洞存在，它们会辐射和蒸发，但这将意味着宇宙是不可预知的。因和果之间的直接联系——

牛顿理论、爱因斯坦理论和量子物理学的一个基本假设——将不得不扔掉。霍金的宣告震惊了他的同事。他们中的许多人干脆拒绝接受他所说的东西。如果信息丢失了，物理学作为一门预测性科学就没有前途。可以挽救的唯一方法是认为黑洞要比我们一开始预想的丰富得多，某种新型的微观物理学将允许黑洞存储信息，并确保这种存储直到黑洞生命周期结束前均有效，这些信息将被再次释放到外面的世界。这样的答案只能来自量子引力。

1967年，布赖斯·德威特阐述了两种对立的量子化广义相对论的做法。当时他已经40多岁。他花了近20年的时间来设法解决这个不可能的问题。他手中拿着他的三篇手稿。这三篇文章总结了他在量子引力方面的工作，被后人称为“三部曲”。在很多人看来，它们已经成为量子引力研究的神圣信条。德威特细心地感谢了所有在他之前在量子引力方面所做的工作，但他的手稿以完全自洽的方式奠定了量子物理和广义相对论相结合的基础，在本质上总结了他自己的以及前人的工作。 197

“三部曲”的第一篇论文描述了他所谓的规范方法。这是之前其他人——包括彼得·伯格曼、保罗·狄拉克、查尔斯·米斯纳和约翰·惠勒——曾提出的办法。在广义相对论中，几何占据着中心舞台。规范方法将时空剖成两个不同的部分：空间和时间。广义相对论不再是一种关于时空作为一个不可分割整体的理论，而变成了一种空间是怎样在时间上演化的理论。德威特证明了，通过找到一个可用于计算给定的空间几何随时间演化的概率的方程，就有可能将量子物理学引入广义相对论。正如薛定谔对普通系统的量子物理学所做的那样，德威特找到了一个空间几何的波函数。

虽然德威特自己很快否定了这种规范方法，但它很快就被约翰·惠勒接受下来。两人曾在拉雷达勒姆机场相遇，德威特跟惠勒谈了他的方程。德威特这样回忆道："惠勒对此感到极大的兴奋，开始在每一个场合都谈到它。"多年来，德威特称它为惠勒方程，而惠勒则称之为德威特方程。其他人则简单地把它称为惠勒-德威特方程。

德威特"三部曲"的第二和第三篇文章是他的核心所在。这两篇文章制定了另一条路径——协变方法。在这种方法中，几何被完全遗忘，引力只是另一种力，它由信使粒子——引力子——携带。这种方法试图成功模仿量子电动力学和标准模型的做法，但却导致了毁灭性的无穷大，在1974年的牛津量子引力研讨会期间，这种无穷大严重阻碍了学术进展。

198

规范方法和协变方法体现了两种截然不同的理念，是以两种非常不同的精神来处理量子化引力问题。规范方法的核心是几何，而协变方法处理的是粒子、场和统一性。两种方法将研究割裂成互相反对的截然不同的两派。

协变方法的旗帜最终由一种称为弦理论的全新的统一方法接过去。事实上，弦理论在20世纪60年代末是从"家庭手工业"开始的，它试图解释加速器实验中出现的所有新粒子的行为。其基本思想是：这些粒子，细小的点状物，可以用微观上蠕动的弦来更好地描述。具有不同质量的粒子不过是飘浮在空间的微小的弦的不同的振动。其实质是要用唯一的对象——一根弦——来描述所有粒子。弦蠕动得越厉害，其能量就越大，它所描述的粒子就越重。这在某种程度上说是一种统一，但它完全不同于以往提出过的任何方式。

基本弦的想法是迷人的，但最初缺陷多多。每当有人试图用其进行物理预言时，无穷大的数字就会如雨后春笋般不断地冒出来，它们不能像量子电动力学或标准模型那样被重正化。此外，这种弦理论还预言存在这样一种粒子，其行为很像引力子，它被认为负责传递引力。虽然这种粒子对量子引力理论是有用的，但它对弦理论要解决的问题——解释加速器上发现的新的奇异粒子——却没任何用处。

在最初的一阵新鲜之后，弦理论在20世纪70年代中期被遗忘，大多数主流物理学家对它持否定态度。少数支持者之一，诺贝尔物理学奖得主默里·盖尔曼，形容自己是“弦理论的守护神”和“保护者”。他这样回忆道：“我在加州理工学院为超弦理论家设置了自然保护区，从1972年至1984年，弦理论方面的大量工作是在这里做出的。”

199

1984年，默里·盖尔曼所保护的加州理工学院的弦理论家之一约翰·施瓦茨，联同来自伦敦的年轻的英国物理学家迈克尔·格林，提出了一个建议：弦理论实际上作为量子引力理论可能更加有用。他们证明了，如果满足一定的约束条件，并服从一定的对称性，十维宇宙的弦理论就能够将量子引力包括进来。第二年，一些共同从事这方面研究的粒子物理学家和相对论学者——普林斯顿的爱德华·威滕、得州奥斯汀的菲利普·坎德拉斯，以及来自圣巴巴拉的安德鲁·施特劳明格（又译：史聪闵格——译者注）和加里·霍洛维茨（又译：赫罗维兹——译者注）——则走得更远。他们指出，如果宇宙的这六个额外维度具有非常特殊的一类几何性状，即所谓卡拉比-丘几何，那么弦理论的方程就有完全类似于标准模型的超对称的解。离实现真正的标准模型似乎只有短短的一步之遥。

到了20世纪80年代后期，弦理论已经成为主宰。似乎每个人都能从它那里得到某种东西。数学很新颖，令人兴奋不已，就像非欧几何之于理解爱因斯坦的广义相对论。数学家们采用他们的最新工具——不仅有几何，而且有数论和拓扑学——来看看弦理论能够产生什么。

随着20世纪谢幕，弦理论开始步入正轨，变得更加迷人和连贯，同时也变得更为复杂和令人费解。在1995年于加州召开的一年一度的弦理论大会上，爱德华·威滕宣布，过去十年里出现的各种弦理论模型现在已连接在一起，事实上，它们反映了一种基础性的、更丰富的理论——他称之为M理论——的不同方面。正如他所说的那样，“根据个人趣味不同，M可以代表魔术（Magic）、神秘（Mystery）或膜（Membrane）。”威滕的M理论确实不仅包含弦还包含更高维的称为“膜”的对象，它可以飘浮在高维宇宙中。

尽管令人兴奋，显得高端大气上档次，但弦理论同样无法避开一个几乎是存在主义的问题：似乎有太多版本的弦理论。即使你盯住某个版本的弦理论，也会有太多太多的可能的解，它们都能从现实世界中找到对应物。粗略估计每个版本的弦理论都可能存在10^{500}个解，不啻对所有可能的宇宙进行一次令人实在恶心的全景式展示。弦理论并不能做出独特的预测。

许多著名的怀疑论者认为，弦理论许诺的太多但给出的太少。“我觉得超弦理论根本就是疯狂的，其方向就错了，”理查德·费恩曼在他于1987年去世前不久接受采访时说道，“我不喜欢它们计算不了任何东西，我不喜欢它们检查不了它们的想法，我不喜欢它给出的任何东西都与实验不符，它们只是炒作解释……它看上去就不像是对的。”

费恩曼的观点得到了谢尔登·格拉肖的呼应。格拉肖曾与斯蒂芬·温伯格和阿卜杜勒·萨拉姆共同构建了极为成功的标准模型。他写道：“超弦物理学家还不能证明他们的理论确实有效。他们不能证明标准理论是弦理论的一个合乎逻辑的结果。他们甚至不能肯定他们的形式系统包括了对诸如质子和电子的描述。”

丹尼尔·弗里丹，20世纪80年代第一次弦理论革命涌现出来的一位突出的弦理论家，承认弦理论有不足之处。弗里丹承认道：“弦理论的长期危机是其完全无法解释或预言任何大距离的物理学……弦理论不能对现实世界的现有知识给出任何明确的解释，不能做出任何肯定的预言。弦理论的可靠性无法评估，更谈不上建立。弦理论作为一种备选的物理学理论还缺乏可信度。”但这些怀疑论者仍然是少数，很容易被淹没。如果你在20世纪80年代或90年代进入量子引力领域，并且如果你认为协变方法取得了胜利，弦理论已无处不在，你就会得到谅解。

有一件事真的激怒了许多研究弦理论的广义相对论学者：在弦理论中，像在对量子引力作协变处理时一样，时空的几何性质——广义相对论的终极目标——似乎消失了。它所有的工作就是描述一个力，像汇集到标准模型中的其他三种力一样的力，以及如何将其量子化。对一小部分相对论学者来说，前进的道路是另一条路径，就是惠勒所接受的而被德威特丢弃的路径：规范方法。这种方法应能够构造出引力本身的量子理论。在20世纪80年代中期，一位名叫阿巴·阿什台卡的印度裔相对论学者找到了一条前进的道路。

阿什台卡是一位在美国锡拉丘兹大学工作的坚定的相对论学者。他想出一个巧妙的方法来解爱因斯坦场方程。经改写后，场方程的大部分难缠的非线性消失了，广义相对论看起来非常非常简单。阿什台卡的诀窍不仅以意想不到的方式解开了爱因斯坦方程，而且为三位年轻的相对论学者打开了梳理量子性质之门。

像布赖斯·德威特一样，李·斯莫林在20世纪70年代来到哈佛大学读研究生时便爱上了量子引力。他的导师西德尼·科尔曼让他在布兰德斯与斯坦利·德塞尔一起工作，使他第一次接触到量子引力的概念。作为一名学生，斯莫林悲惨地没能将引力量子化，但他仍然热衷于解决这个问题。当他前往耶鲁大学应聘助理教授后，他学到了如何运用阿什台卡的方法来简化自己的工作。在耶鲁，斯莫林与西奥多·雅各布森进行了合作。雅各布森以前曾是塞西尔·德威特-莫里特的学生，来自得克萨斯大学的相对论研究小组。斯莫林和雅各布森发现，如果着眼点不是空间某些个孤立的点在其随时间演化时的量子特性，而是一个空间点集的几何特性，那么处理起来会容易得多，这时我们可以有效地专注于大块空间在任何给定时刻的几何性质。在他们的情形下，量子理论的自然构件是空间中像彩带那样的圈，它们可以用来构建惠勒-德威特方程的解。事情就好像水到渠成，一种思考量子几何的全新方式出现了。圈可以连接起来，可以像锁子甲或其他复杂结构那样自身缠绕。如同织一块布，远处的编织和接续你看不见，你能看见的是近处的爱因斯坦理论给出的光滑、弯曲的时空。斯莫林和雅各布森的方法被称为圈量子引力。

在探索过程中，又一位特立独行的、名叫卡尔罗·罗威利的年轻的意大利物理学家加入了斯莫林小组。罗威利也曾咬紧牙关攻坚不可能完成的量子引力代数的工作。他性格叛逆，在学生时代就在罗马另设一家无线电广播站来宣传他的政治观点，为此他受到意大利当局的追踪。他还冒着入狱的危险拒绝应征入伍。因此他对另类观点特别感兴趣。斯莫林和罗威利将圈量子图像继续向前推进，看看圈是怎么相互连接、编织和扭结在一起的。开始这么做时，他们只是在出发点——空间的几何性质上——打转，趋向更加破碎的几何视角。在20世纪90年代中期，他们偶然发现了一个古老的概念——即罗杰·彭罗斯所称的“自旋网络”。彭罗斯曾在简单的数学框架下用它来描述一个量子系统。自旋网络就像是一架儿童乐园里的攀爬网架，其结构是由链接和顶点构成的网络，每个顶点都与某种特殊的量子特性相联系。罗威利和斯莫林证明了，这些网络能给出惠勒-德威特方程的更好的解。然而，这些同一的网络与自负的相对论学者用惯了的空间和时间的直观图像没有任何相似之处。 202

罗威利和斯莫林的自旋网络以一种全新的方式来看待量子引力。

在他们的模型中，空间在量子水平上并不存在，它像水一样被原子化或分子化了。水，在宏观上看起来平滑而连续，但实际上是由分子构成的，而分子又是由飘浮在虚空空间的质子、电子和中子借助于电场力彼此松弛地结合在一起的。同样，按照罗威利和斯莫林的理解，空间虽然看起来光滑，但如果你用一架极度高倍的显微镜来观察它，就会发现它根本不存在！在罗威利和斯莫林的理论里，如果你在一厘米的一万亿分之一的一万亿分之一的距离上来看，就没有空间，只有框架或网络。

在量子化引力的角逐中，圈量子引力成为弦理论的勇敢的竞争对手。圈量子引力及其后代提供了一种有别于弦理论的协变方法的规范化方法。圈量子引力的信徒没有试图去统一所有的力，而是将几何作为自己的出发点，他们试图保留一些爱因斯坦广义相对论的最初概念之美。但具有讽刺意味的是，在这个过程中，他们放弃了将时空理念作为基本理念。

203

2004年，布赖斯·德威特在他去世前不久的一次演讲中感叹量子引力是如何走到今天这一步的："看一看弦理论，你就会对这些表格在50年里被翻来倒去地折腾了多少次感到震惊不已。引力曾一度被认为是一种无害的背景，肯定与量子场论无关。但今天，引力却起着核心的作用。它的存在证明了弦理论的正当性！英文里有句话：'你不能拿母猪的耳朵当绸布钱包。'在20世纪70年代初，弦理论就是母猪的耳朵。没人把它当成基本理论来看待……在20世纪80年代初，这一图像倒了个个儿。弦理论突然需要引力和那些可能存在也可能不存在的其他事情了。从这个角度来看，弦理论就是一个绸布钱包。"

德威特从未研究过弦理论，但他偏爱什么是很明显的。他对规范方法缺少热情。尽管他创造了它，但德威特痛恨惠勒-德威特方程。他认为它“应扫进历史的垃圾堆”，因为，其他暂且不论，“它违背了相对论精神”。事实上，在德威特看来：“惠勒-德威特方程是错误的……错就错在将它当作了量子引力的定义式，或将其作为细致分析的基础。”他承认阿巴·阿什台卡有关这一方程的工作是“优雅的”，但是，他说，“除了一些关于所谓‘自旋泡沫’的看似重要的成果外，我倾向于认为这一工作放错了地方。”德威特的反感反映了理论物理学界的流行的观点：弦理论正赢得胜利。

弦理论家陶醉在他们认为的成功之中。现在又回到伦敦大学的迈克·达夫宣称：“我们在弦理论和M理论上已经取得了巨大进步……它是在统一方面的唯一尝试。”许多弦理论家相信，超对称性和额外维很快就会被发现，弦理论是唯一可接受的方法。霍金自己也说：“M理论是关于宇宙的完备理论的唯一候选者。”当被问及竞争对手规范方法这一在许多人看来是惠勒的量子化几何理念的合法的后继方法时，达夫指责道：“量子引力”与“圈量子引力”是同义词。达夫的看法并非孤例。“他们甚至算不出引力子能干什么。他们怎么知道他们永远是正确的？”菲利普·坎德拉斯这样争辩道，他可是弦理论阵营的坚定成员。 204

在21世纪前10年的中期，研究量子引力的不同阵营之间的根深蒂固的对立开始公开化。多年来，少数直言不讳的学者在博客和通俗的物理学杂志上借助临时专栏文章来质疑弦理论在理论物理学领域的霸权。2006年前后，有两本书公开声称，弦理论实际上葬送了物理学的未来。作者李·斯莫林——圈量子引力的提出者之一，和彼得·沃伊特——哥伦比亚大学的数学物理学家，声称，如果易受影响的年轻的物理学家都被引诱到一个领域工作，那么差不多30年后，在统一力和解释量子引力方面将没人能拿出过硬的、可供检验的结果。按照他们的说法，由弦理论家把持的学术界只会雇用更多的弦理论家，排斥那些不走这条路线的年轻人。斯莫林在2005年这么说道："很多人都对这种由某种风格主导的学界感到沮丧——在美国好些地方都是这个样子，对其他好的工作不感兴趣。你看，当我们召开量子引力会议时，我们想邀请来自各个主要对立的理论，包括弦理论，方面的代表。这并不是说我们很讲道德，你就该这么做。但在每年的国际弦理论会议上，他们从来没有这么做过。"博客圈里的辩论非常火爆，但亲弦理论的阵营，由于怕被攻击，干脆自己互相跟帖纠正失误。贴在物理学网站上的各种主张都跟着几百条评论，有讨论技术详情的，有提供专家见解的，有的纯属无知瞎评。每个人都可以发表意见。

2011年，当迈克尔·格林取代史蒂芬·霍金任剑桥大学新一届卢卡斯教授后，他开始在牛津大学的公开讲座上宣扬弦理论。反对派对弦理论的敌意也变得十分明显。格林从1984年开始便和约翰·施瓦茨一起推进弦理论的发展。20世纪90年代初，我看到他在伦敦召开了一个座谈会以博得众多好评。弦理论家自此策马腾飞。这一次，在牛津，气氛则要寒冷得多。虽然大部分问题都是关于他演讲的细节，但还是有些提问属于带刺的嘲弄。现在没有一个公开的弦理论讲座不遇到这样的问题："这个理论可检验吗？"这个问题总是由同情反弦理论阵营的人提出来。

205

现在要判定有关量子引力研究的不同部落之间的对抗谁将胜出还为时过早。有一阵子，那些从事非弦论方法量子引力研究的团队发现这一研究很难蓬勃发展，但现在看来，致力于量子引力的弦理论家也感到有点束手无策。

辩论的一个显著结果是，有比以前更多的人熟悉了量子引力的概念。规范和协变的方法之争甚至上了网络电视。在广受欢迎的《生活大爆炸》节目里，两位嘉宾断绝他们之间的关系，因为他们都不同意对方的教育孩子的做法。正像莱斯利·温克尔对伦纳德·霍夫施塔特说的那样，她一气之下退出了房间，“这是大忌”。

在霍金预言物理学将终结，随后将在一个谁也料想不到的世界里解开他的黑洞信息悖论的30年后，量子引力仍没有一个众口一致的理论，更不用说建立起所有的基本力得到完全统一的理论了。然而，尽管在寻求量子引力的过程中充满恶语相向，但已经有了共同的基础。一个全新的、得到几乎所有人认可的时空自然观正在形成。从弦理论到圈量子引力乃至所有其他在尝试量子化广义相对论方面的努力，几乎所有的处理方式都放弃了将时空当作某种真正基本的东西的理念。这种观点可以直接联系到霍金对黑洞辐射的发现，并可能有助于解决黑洞信息丢失和物理学可预测性的终结的问题。解决霍金悖论的关键一步是搞清楚黑洞实际是如何存储它们所吞噬的信息的，以及它们是如何向外部世界释放这些信息的。这需要一种比广义相对论天真的视界图像更复杂的黑洞。令人惊奇的是，不论是圈量子引力还是弦理论，[206]以及其他更深奥、更边缘化的量子引力设想，似乎都为解决这个问题提供了线索。

在圈量子引力理论里，时空被原子化，空间概念存在最小尺度。小于这个尺度，再来谈面积和体积的概念已经没有意义。李·斯莫林、卡尔罗·罗威利和来自诺丁汉大学的基里尔·克拉斯诺夫分别阐述了这一理论如何能够将黑洞的面积细分为微观的小块，每个小块存储1比特的信息，就像一个数字化信息的屏幕。根据圈量子引力理论，这一增量正好给出了正确的黑洞的熵。

弦理论家看待事情略有不同。安德鲁·施特劳明格和哈佛大学的库姆伦·瓦法业已证明，运用M理论——弦理论的当代化身——也可以推导出熵、信息和黑洞面积之间的精确关系。对于特定类型的黑洞，他们能够证明，将特定类型的膜组装起来是如何能够使黑洞存储适当信息的。膜为黑洞提供了用以解决霍金悖论所需的完全正确的微观结构。更一般地，他们认为，黑洞可以看作是弦和膜的一种沸腾状态，就像一个纠缠着的球，末端和边缘摊在视界上。这些在视界上随意弹跳的膜和弦可以被用来重构黑洞中所包含的所有信息。其增量同样能够给出正确的熵。

虽然圈量子引力理论和超弦理论用于解决信息悖论的途径完全不同，但二者似乎都走在正确的轨道上。因为，如果信息真的就处在视界上，那么它就可以馈给黑洞逐渐释放的霍金辐射，随着黑洞慢慢地发光，信息被释放到外部世界。于是，当黑洞最终蒸发完毕时，它最初吸入的所有信息正好全部释放完毕，因而不会有任何信息丢失掉。

弦理论家甚至更大胆也更冒险，声称他们所发现的有关霍金辐射的东西是物理理论的一种更为深刻的性质。黑洞似乎很奇怪，因为黑洞能够存储的信息量，以及与之关联的熵，实际上是其面积的函数，而不是像人们天真地所期望的那样是其体积的函数——事实上，贝肯斯坦和霍金在20世纪70年代中期就已经给出了这一断言。但更一般地看，这意味着任何空间体积能存储的最大信息量将总是有限的。为了找出这个最大的信息量，我们只需取一个假想的黑洞，其所包含的空间体积正好是其表面积可容纳的信息量。因此，我们不必在这块空间上来描述物理，而只需确定包围该空间的表面积上所发生的事情就已足够，就像一个二维全息图可以编码三维场景中的所有信息一样。但如果这一情形对整个宇宙中的任何一块空间都真的成立，那么它就应对任何地方都成立。在这样的全息宇宙中，在宇宙的每一点上时空在做什么的具体细节已经变得无关紧要。这个性质是如此惊人，以至于使得爱德华·威滕和其他一些弦理论家认为时空是一个“近似的、突现的经典概念”，它在量子水平上没有意义。这样看来，对于任何一种量子引力的处理方法，在最基本的层面上时空实际上可能并不存在。

207

当约翰·惠勒和他的学生在20世纪50年代开始思考时空与量子的时候，他推测，如果有人能够用一台不可思议的超强显微镜来近距离观察空间，它将会看到，“在极微小的水平上，几何似乎必然具有泡沫的性质”。他非常具有预见性，但是从我们开始理解的角度看，甚至连惠勒都可能显得过于保守。甚至泡沫都不是把握时空究竟源自何处这一复杂性的起点。

这样看起来，似乎支撑爱因斯坦伟大理论的主要思想之一——时空本身的几何性质——都需要重新审视。量子似乎已将广义相对论推出了它能够描述的范围，我们可能是需要发展出一种全新的思维208方式。不过，也有其他迹象表明，我们可能正在接近爱因斯坦理论能告诉我们的关于空间、时间甚至整个宇宙的知识的极限。正像惠勒指出的，当一个理论被推演到极端时，那正是我们学到令人惊奇的新东西的时刻。在这些地方，我们可以看到那些可能最终取代爱因斯坦的伟大发现的更大、更好的东西。

第 13 章
惊人的外推

我刚刚做完讲座，现在在剑桥大学天文学研究所的大厅里与听 209 众站在一起用塑料杯喝着廉价的酒。我们聚在一堆，在附近踱来踱去，试图让谈话活跃起来。那天我应邀所做的报告是有关修改引力的内容，描述了这样一类理论。这些理论提议将广义相对论降为对一些宇宙学难题的解释。讲座本身进行得很顺畅。早先，我在驳斥关于暗物质的评论时还是迷迷糊糊的，但谢天谢地现在已经恢复了。没有人告诉我我错了，也没有什么问题拖了后腿，现在我已经准备好回牛津的家了。

这时研究所的主任乔治·埃弗斯塔西奥大步走了过来，他眼睛闪闪发光，端着的白色塑料杯就像武器。“谢谢你的到来，”他说，“这是一个有趣的讲座。事实上，我该说这是一场关于一个实在蹩脚的主题的好的演讲。”我礼貌地笑了笑，他在我背上拍了一掌。这不是我第一次遇到这样的反应，我并不感到惊讶。埃弗斯塔西奥曾在厘清有关暗物质在形成大尺度结构的过程中如何演化的细节问题上起过很 210 大的作用。他还曾是率先宣称在星系分布的数据里存在宇宙学常数的证据的几个人之一。他的职业生涯上升得很快。埃弗斯塔西奥无疑属成功人士，充满自信。“当我接手研究所后，我就想把它变成一个可以自由探讨如何修正引力的基地。总的来说，我觉得我还是相当成功的。”他微笑着，我们周围的一小群人低头看着地面。“你究竟为什么要做这个工作？”他问我，并不真的期待回答。

几个月前，我曾在爱丁堡皇家天文台参加了一个小型研讨会。讨论的内容是关于引力的替代理论。那天的与会者包括天文学家、数学家和物理学家。这次会议很别致。每当一位报告人做完演讲，大家便热烈鼓掌。掌声在会场上空回荡，仿佛那天的所有报告都像是对某条物理学神圣定律的开创性的启示。每个人都是先知。每个人都是爱因斯坦。这种同志般的情谊让我想起了我年轻时与托派组织的一段短暂的交往，当时，同胞的鼓动让我体验到了一种社会躁动的兴奋感，我们彼此不约而同地认为这个世界存在先天的腐败。

研讨会的这种福音般的热情让我深感不舒服，就像一场邪教鼓动会。在我自己的报告结束后，掌声几乎让我感到要吐，我不得不离开了会场。我感到不公正，房间里的人多年来一直在从事引力替代理论，与笃信爱因斯坦的主流物理学对着干。这些科学家的论文经常被拒绝，只是因为他们研究的是一个非常冷门的课题。他们已经习惯于面对心怀敌意的听众。在这次会议上，他们的热情得到了同情的回报，他们可以自由地讨论他们的目标：推翻爱因斯坦的广义相对论。

我的大多数同事都不愿意改变爱因斯坦的宏伟巨著——俗话说，如果它没坏，就不要去修它。特别是如果你经历过20世纪60年代的辉煌复兴，当时广义相对论从灰暗停滞的过去重新站立起来大步前进，成为一种可以解释一切——从恒星的死亡到宇宙的归宿——的奇特优美的理论。那一代天体物理学家至今仍能感受到爱因斯坦理论的

211

神奇力量。我在另一次会议上清楚感受到了这种深切的忠诚，那是在2010年召开的皇家天文学会的会议上。同样是在这个房间，当年爱丁顿曾宣布日食探测的结果；也是在这个房间，爱丁顿因为钱德拉塞卡鼓吹引力坍缩的幽灵而将其“踩在脚下”，与会的天体物理学家和天文学家被问及谁相信爱因斯坦的理论是正确的。有几个人举起手来，仔细一看才发现，这些都是将广义相对论拽进20世纪60年代主流物理学的先驱性人物。这些人认为，广义相对论太神奇太漂亮了，根本不需要改变。

没有人能否认广义相对论在整个20世纪的巨大成就，但正因此我们才需要对它做新的审视。科学可以从接受广义相对论是牛顿引力理论的进一步发展这一观点中受益。牛顿理论现在仍活得好好的，它在解释地球上的弹道轨迹、行星的运动，甚至星系的演化等方面仍然非常有用。只是在更极端的情形下这一理论才出问题。在引力较强的地方，爱因斯坦的广义相对论被证明更适用，更准确。而现在，可能已经到了需要我们更进一步，来寻找超越广义相对论自身极限的新理论的时候了。

广义相对论在运用到非常大或非常小的尺度上，或是运用到非常强或者甚至非常弱的引力情形下时所遇到的挑战表明，这一理论在某些情况下会出问题。广义相对论和量子物理学的很成问题的嫁接就是个迹象，它表明这两种理论实际上在小尺度上的行为是略有不同的，它们需要协调。广义相对论的预言——宇宙中96%的物质是暗物质并具有奇异性——可能只是意味着我们的引力理论在此已不适用。现在，在爱因斯坦首次提出他的理论之后差不多100年，可能正是来重新评估这一理论的真正适用性的一个好的时机。

历史曾有过多次尝试修改广义相对论的事例。几乎是在他发表他的这一理论的那一刻，爱因斯坦就认为广义相对论是一项未完成的工作，在它之外还有更大的一部分东西。他一次又一次地尝试、失败、再尝试，为的就是能将广义相对论嵌入他的大统一理论。亚瑟·爱丁顿也花了近十年的时间力图拿出他自己的基本理论，一种将数学、数字和巧合神奇地融合在一起，用以解释一切——从电磁学到时空——的万有理论。然而也正是爱丁顿追求这一基本理论的努力一步步地削弱了他的威望。

剑桥大学的物理学家保罗·狄拉克认为，爱因斯坦的广义相对论为一个理论应该具有的品质树立了完美典范。正如他在晚年所说的那样："自然提供的方程的美……给人一种强烈的情绪体验。"爱因斯坦的场方程就具有这样一种美。然而，也有让狄拉克烦心的事儿：如果基本方程确实优美，那么自然界中一些数之间的巧合就不可能真的是巧合。自然界中有一些非常非常大的数，其存在不可能是偶然的。我们不妨来比较一下电子与质子之间的静电力与它们之间的引力。静电力要比引力大到1后面跟39个零这么多倍，这是个非常大的数，要比某些特征量，譬如像宇宙的年龄，大得多。赫尔曼·外尔和亚瑟·爱丁顿也认为，不同的大数之间的相似性必定有某些深层次的原因。保罗·狄拉克更进一步，猜想引力的强度——由某个自然常数，即牛顿的引力常数决定——必须随时间演变，这与广义相对论的预言相抵触。

狄拉克是在20世纪30年代末提出这个想法的，但从来没想过要真正推进它。在20世纪50年代和60年代，罗伯特·迪克（他的一个学生）、普林斯顿的卡尔·布兰斯和汉堡的帕斯夸尔·约当为狄拉克的这个想法注入了新的活力，创建了一种替代爱因斯坦理论的理论。在一定程度上说，这是广义相对论的一个完美的存根。正如卡尔·布兰斯所说的那样：“实验家，特别是美国航空航天局的那些实验物理学家，都非常高兴有了一个挑战爱因斯坦理论的借口，长期以来这一理论一直被认为超出了进一步实验的范围。”不是每个人都这么来看待这件事，而且，正如布兰斯回忆的那样：“随着时间一天天过去，许多其他理论家对爱因斯坦理论被一种额外的场所污染似乎也感到不快。”

保罗·狄拉克退休后搬到了佛罗里达州立大学，在那里他可以尽情琢磨他的一些奇怪的想法。他私下里对他的同事说，他确信必定存在一些更好的、更自然的解释引力的方法。但他依然很谨慎，避免过多谈论他在驯服引力方面的工作，因为他觉得这会被人视为投机取巧。[213]

当时确曾有过不少对广义相对论进行修正的尝试，动因主要来自提出好的、不出现无穷大的量子引力理论所带来的问题。当量子物理学被考虑进来后，引力方面什么奇怪的事情都可能发生，苏联物理学家安德烈·萨哈罗夫在20世纪60年代末曾这么指出过。

萨哈罗夫曾与雅科夫·泽尔多维奇和列夫·朗道以及其他许多人一样，是苏联核科学团队的重要成员。伊戈尔·库尔恰托夫和拉夫连季·贝利亚曾将他们召集起来力图在核竞赛上赶上美国人。作为物理老师的儿子，萨哈罗夫在1938年17岁时考入国立莫斯科大学，战争期间他从事技术助理的工作，并于1947年获得了理论物理学博士学位。像泽尔多维奇一样，萨哈罗夫是以苏联体制下的黄金男孩的面貌出现的。在斯大林去世，朗道保释出狱时，萨哈罗夫已经在苏联的核武器和热核武器领域干了将近20年，比泽尔多维奇干的时间还要长。

与泽尔多维奇富于创造性，视野广阔且直觉敏锐不同，萨哈罗夫对技术性问题更娴熟，对抽象问题更感兴趣。两人曾相互赞誉过。萨哈罗夫认为泽尔多维奇是个“兴趣广泛的人”，而泽尔多维奇则称赞他的同事在解决问题方面具有独一无二的特质：“我不明白萨哈罗夫是怎么想的。”

从1965年起，安德烈·萨哈罗夫开始钻研宇宙学和引力，但他有他自己的工作节奏。泽尔多维奇的论文不仅发得多，而且充满了新想法，但萨哈罗夫却显得惜墨如金。他的文集只有薄薄的一册。尽管篇幅不大，但内容上不乏真正的宝石：其中有关于宇宙结构的，有关于物质起源的，以及有关时空性质的。在一篇短小精悍的论文中萨哈罗夫指出，支配时空的法则不过是一种幻觉，它产生于实在的复杂的量子性质。他认为，观察时空看它如何作为就如同观察水、晶体或其他复杂系统。你以为你看到了某种东西，但那其实不过是某种更基本实在的一种粗线条的图像而已。水分子的量子特性，以及将它们松弛地绑在一起的是那种使水看起来像水的东西，一种哗哗流淌的清澈的流体。虽然细节不同，但萨哈罗夫广泛的观点被证明对我们现在所认知的时空不乏先见之明。我们现在所认知的时空是在1965年的40多年后量子引力研究进步的结果。

214

萨哈罗夫审视爱因斯坦理论，推测认为时空的几何性质未必是真正的基本性质，就像水的黏滞性或晶体的弹性不是基本属性一样。这些性质是随对实在的更基本描述而出现的属性。同样，引力是物质的量子性质的一种体现。萨哈罗夫在简单到仅有三页的论文中给出的一个令人惊奇的结果是，爱因斯坦的场方程可以从一个假设中自然地显现出来。换句话说，量子世界会自然地引出时空的几何。萨哈罗夫的感应重力理论（induced theory of gravity）看起来有点像广义相对论，但实际上却导致了更复杂的方程组。爱因斯坦场方程已经是一种煎熬，萨哈罗夫的感应重力更让人无所适从。它与爱因斯坦理论之间的差异只有在时空变得非常弯曲，或在黑洞附近，或在极早期宇宙时（那时一切又热又致密），或在微观尺度还处于惠勒的量子泡沫可能开始起作用的地方，才显现出来。当物理定律被推到极端，它们就不再有效了，这时容纳旧有定律的新的定律便出现了。

这篇论文是安德烈·萨哈罗夫在1967年发表的，当时他脑海里还有其他事情要考虑。他在核弹项目上的多年工作为他赢得了苏维埃政权的赞誉。像泽尔多维奇一样，他也因其举足轻重的作用先后三次被授予社会主义劳动英雄勋章。但成天与核弹打交道让他敏锐地意识到苏联从事与美国进行核军备竞赛的灾难性后果。随着他越来越强烈地反对核武器，他发觉自己失去了原先所获得的地位，已被当局忽略。[215] 1968年，他破例发表了名为“反思进展、和平共处与知识自由”的文章，在文中他明确宣称他反对苏联的主要国防计划之一——发展反弹道导弹防御计划。这导致安德烈·萨哈罗夫作为模范苏联公民的终结。高调的持不同政见者被剥夺了各项特权和奖励，他被禁止参与涉密项目，并被流放到高尔基[1]。泽尔多维奇对萨哈罗夫从事其所谓的"社会工作"很不以为然。他对身边最亲密的同事说："像霍金那样的人都献身于科学。没有任何东西可以转移他们的注意力。"然而，正像萨哈罗夫在他的回忆录中所写的那样，由于他对苏联的现状怀有强烈感情，"我觉得必须站出来说话，行动，抛开一切得失，某种程度上甚至包括科学。"

萨哈罗夫也许在其科学生涯上遭受了个人的挫折，但他提出的量子如何会改变广义相对论的小小的想法却在以后的几十年里被人一次又一次地提及。他的论文预言了一系列新的量子概念，这些概念在整个20世纪70年代成为对付广义相对论的武器。一些打算采用萨哈罗夫建议的方法来修正这一理论的相对论学者更是将这一方法运用到量子世界，以救治由困扰量子理论的无穷大所带来的问题。但是到20世纪70年代末，斯蒂芬·温伯格和爱德华·威滕已经证明，在这样的理论中，无穷大依然无法消去。修改理论并不足以解决这个问题，我们需要进行一些更具实质性的改变。

"超级"理论——超引力和超弦——就是这样一种更具实质性改变的理论。在爱因斯坦理论的各种修订版本中，人们似乎更看好它。这种理论背后的基本思想与广义相对论是一脉相承的——时空几何仍是理解引力的中心舞台。只是它采用的不是爱因斯坦原先设想的四维时空，而是超级理论的10维或11维时空；方程看上去也相似，但实际上额外维带来了新的额外的基本粒子和力场，它们将影响到我们周

1.苏联的保密行政区之一，现名为下诺夫哥罗德市。——译者注

国的四维世界。

个别人发出了反对这种袭击广义相对论的孤独的悲鸣，但压倒性的声音是，广义相对论，当与量子理论发生冲突，在面临奇点附近或大爆炸那一刻的高密度或大曲率的区域时，需要做出调整。 216

爱因斯坦理论仍将获得巨大的成功，如果你避开了量子引力的雷区，不将其用在宇宙的开端那种高热、高致密的凌乱场合的话。在大尺度上，在天体物理学和宇宙学领域，广义相对论将继续给力。

如果将天文学看作一个行业，那么每年的国际天文学联合会大会就是其每年一度的嘉年华会，几乎与会的每个人都想兜售点什么。在2000年英国曼彻斯特的会议上，上千人齐聚一堂，互相介绍着他们的最新发现和即将推出新的项目。在那年的会议上，宇宙学家，包括我自己，可谓得胜凯旋。证明宇宙在加速的超新星的结果几年前就已公布。而这次公布的是对宇宙几何的测量结果。所有观察都指向一个简单而怪异、带有暗物质和宇宙学常数的宇宙。没有更多分歧和争论——个人的喜好已经没有关系了。宇宙学已是一门良好的、坚实的科学，数据明确而一致，一切似乎都顺理成章。

吉姆·皮布尔斯正在给全体会议做报告。这次会议在某种意义上也是对皮布尔斯的想法的庆祝，看看它们把我们带得有多远！最近几年做出的所有发现均出自，以这种或那种方式，他和其他一些人所建立的研究领域。但皮布尔斯说什么也不愿意登上这辆花车，尽管是他送它上的路。他在报告中用提问来控制住这种欢腾的情绪：为什么我们要对宇宙做精确的测量？他给出了他的答案：为了检验我们的假设。他从每一个角度探索了大爆炸模型：起初它为什么是热的？大尺度结217构从何而来？星系是如何形成的？在报告中，皮布尔斯指出了一些显而易见的东西。正如他后来在会议文集中写的那样："广义相对论的优美的逻辑，对其进行的高精度的检验，都让它成为有效的宇宙学模型的首选。"但也许宇宙学家不应妄下结论，他警告说，虽然广义相对论已被证明在太阳系尺度上能够以最精确的水准发挥效用——水星进动就是一个很好的例子——但我们不知道，我们是否能以同样的精度将它运用到宇宙尺度上。他说：这是"一种惊人的外推"。皮布尔斯是正确的，虽然与会者，就整体而言，并没有完全理解他这番论断的意义。

法国天文学家勒威耶曾热情地辩称，要想恰当解释水星轨道的进动，必须存在一颗新的、未被发现的行星——火神星，它徘徊在太阳系的中心。他对牛顿引力理论的笃信使他预言存在这么一种新的、怪异而又看不见的天体。如果没有火神星，牛顿模型就将行不通。当然，勒威耶的预言已被证明是错的。我们需要的不是一颗新的行星，而是需要一种新的理论来修正已有的模型。

现在，在21世纪初，我们似乎又遇到了类似的情形——为了解释宇宙学，美妙的引力理论要求宇宙中超过96%的物质都是由我们看不见或检测不到的暗物质组成。难道这就是差不多100年前爱因斯坦构筑的大厦的另一道裂纹？广义相对论可能需要纠正，因为量子物理学已经波澜不惊地被接受。但质疑广义相对论在大尺度上的有效性则是完全不同的另一回事。如果宇宙的暗物质和暗能量能够从现有图像中被排除，那么爱因斯坦的优美理论可能就必须进行修改。在许多天体物理学家看来，这一前景并没有太多的吸引力，就像提了柄大锤走向名车，这种情形只适合发生在车库里。

以色列的相对论学者雅各布·贝肯斯坦早在20世纪70年代初就开始考虑修正爱因斯坦理论，那时他还只是普林斯顿大学里约翰·惠勒的一名研究生。贝肯斯坦在琢磨熵与黑洞的关系的同时，也对广义相对论有疑惑，并对狄拉克提出的替代理论饶有兴趣。“在某些时候，”他说，“我觉得我不明白为什么人们都要以一定方式采用广义相对论来解决问题，为什么有些问题就这么重要，的确，为什么人们要遵循广义相对论的一般路径呢？我觉得有必要对不同的尝试进行比较。” 218

贝肯斯坦所指的“不同的尝试”是由他的同胞以色列天体物理学家莫迪海·米尔格罗姆在20世纪80年代提出的。米尔格罗姆的想法是采取一种全新的方式来看待星系中的引力行为。他指出，用以解释星系旋转的暗物质证据似乎只出现在边缘，而这里的引力是很弱的。如果牛顿引力被当作极其微弱的力来应用，那么的确有理由援引某种看不见的物质来增强引力的存在。但应用牛顿引力要是错了呢？为此米尔格罗姆做了一个大胆的假设，星系尾部上的恒星感觉比较重，使得这些外恒星感受到的星系中心的恒星对它们的引力拉力会比原先假定的有效得多。由于引力作用更有效，这意味着外恒星可能转动得更迅速。这种效应能够解释维拉·鲁宾和其他人所观察到的现象：星系的外侧部分绕其中心的旋转远远快于预期。米尔格罗姆称他的这种新方法为“修正的牛顿动力学”，简称MOND。

许多天体物理学家认为米尔格罗姆的建议在引力修正方面走得太远。它缺乏一个指导原则，并且越过了让人可信的有效猜想的限度。1982年，贝肯斯坦在国际天文学联合会大会上描述这一想法时说道："有些人看我，就像我告诉他们我看见了不明飞行物……几乎每个人都认为暗物质概念的出现是重要的，而且几乎每个人都热切地渴望暗物质。"在接下来的20年里，绝大多数天体物理学家和相对论学者都忽略了米尔格罗姆的想法，或试图将它除掉。时不时就有文章在不同的天体物理情形下应用米尔格罗姆定律并证明它无效。这些论文大都是拼凑起来的和不完整的，但只要文章是排除MOND的，它就被认为是好的科学研究，就能轻松地得到发表。如果文章是为MOND辩护的，它就被认为是坏科学，发表简直就是一场艰苦的斗争。正如一位天文学家所说，MOND就是"一个肮脏的字眼"。

皮布尔斯对这场争论显得超脱，但在2002年，他却站在米尔格罗姆及其支持者一边，呼吁道："我们绝不能排除MOND，那些从事MOND研究的人应得到比现在更多的鼓励。"雅各布·贝肯斯坦在谈到那些从事MOND工作的人受到的对待时批评起来更是充满火药味："我们必须认识到，MOND与暗物质之间的问题绝不仅仅是学术问题。很多钱都投到了寻找暗物质上……这是不可避免的，整个职业生涯都投向了暗物质。显然，如果像MOND这样的工作能够得到尊重，那么花在暗物质研究上的预算就将减少，从业的人数也将变少。"

自MOND建立后，贝肯斯坦一直试图拿出办法使其做得更好。他看待物理理论向来注重其深刻根源，因此他看着MOND处于目前这种状况怎么也高兴不起来。他想拿出某种可与广义相对论进行对比的东西，这种东西可以应用到从地球直到整个宇宙的所有尺度上。“我决定了，”贝肯斯坦说，“现在是到了该拿出一个相对论的一个例子来满足这种论证的时候了。”2004年，贝肯斯坦发表了一篇文章。他在文章里构建了一个新的针对爱因斯坦理论的理论。他称这一理论叫“TeVeS”——引力的张量-向量-标量理论。名字起得不是很响亮。这个名字暗示涉及好些个场，当结合在一起时，它们导致了一组全新的场方程，远比爱因斯坦广义相对论的更加复杂，纠缠得更厉害。虽然看得人眼花缭乱，但贝肯斯坦理论好使。它不仅像MOND那样适用于星系，而且还可以被用来计算出宇宙是如何进化和大尺度结构是如何形成的。

大多数宇宙学家和相对论学者都以一种不屑的眼光来看待TeVeS。他们将它当作一种杂合体来看待——方法笨拙切不中问题的要害。然而，这是一个由相对论学者以无可挑剔的凭据发明的高效杂合体。贝肯斯坦的黑洞熵是现代广义相对论和量子物理学的最深刻的启示之一。是的，年长的著名物理学家都有一种倾向，喜欢琢磨稀奇古怪的想法，并被自己的成功冲昏头脑。但贝肯斯坦不是这样的人。 220

贝肯斯坦在攻取他的理论时并不孤独。与他提出解决暗物质问题的建议的同时，其他人正力图攻克宇宙学常数和暗能量。总体上看，这些以广义相对论为对手的理论变得比对手更缭乱，但也更丰富，修正引力理论的战斗愈演愈烈。在物理宇宙学爆炸式发展的过程中开发出来的新型望远镜和仪器取得了令人惊叹的观测结果。这些结果为新理论提供了更多的弹药。研究结果的公布甚至呈现这样一种模式：每当一批新的、支持广义相对论的宇宙学数据的分析结果公布出来，都无一例外地要跟着一篇新闻稿以及随后的新闻报道，然后是一批论文，这些论文同样无一例外地指出，这些看似支持广义相对论的无可辩驳的证据并不是真的那么牢靠。

2008年1月号的《自然》上发表的一篇论文标志着又一次平静的转变。在论文里，一个意大利观察小组分析了星系的调查数据。这种事情吉姆·皮布尔斯及其追随者已经做了将近40年。意大利人通过研究星系如何聚集在一起，能够测得它们之间因引力场的吸引而彼此接近的速率。这不是什么新鲜事儿。以前就有人通过对不同星系的调查多次做过这种分析。但有趣的是意大利人呈现结果的方式：在他们给出的数据图表上，意大利人不仅叠加了广义相对论的预言值，而且还给出了其他一些替代引力模型所预言的值。一些理论预言值与观测数据符合得相当好，而另一些模型值则完全与观测值不符。论文的工作很明确：比较理论与观察。

《自然》上的这篇文章预示着宇宙学领域中观察者的精神和重点的变化。自20世纪90年代末以来，观测的重点一直是测量、检验和确认暗能量，但本文则是用宇宙学观测数据来检验广义相对论，即回归到检验物理宇宙学的基本假设上。

221 在随后的几年里，检验广义相对论一直是观测宇宙学的核心内容。我们仍想知道是否存在暗能量，它是由什么构成的，以及星系如何将自己组装成宇宙的基石。但一次又一次，在科学家争取资助的申请，参加的研讨会和提交的大会报告上，检验广义相对论一直占据着中心舞台。

对于许多——如果不是所有的——相对论学者来说，修改引力仍是不可接受的事情。而修订广义相对论，尤其是当它与量子理论相冲突时，则被悄然接受。将时空修正到与观测相一致是另一回事儿。爱因斯坦的理论还有这么多东西有待理解和发现，因此在相对论学者看来，对它进行修正是一种既不必要又不雅观的复杂化。但大自然也许不这么看，况且天文学家也再次对爱因斯坦理论感兴趣。我们现在有机会去探索时空的基本规律，去探寻更远、更深的宇宙。

狄拉克、萨哈罗夫和贝肯斯坦的想法，在观测宇宙学的新的工作的带动下，为我们提供了一种新的思维方式。这太令人兴奋以至于忽视了它对宇宙的主宰所赋予的新用途。最近和我在牛津大学和诺丁汉大学的一些同事决定写一篇有关修改引力场的调查报告。我们感到自己就像在丛林探险以发现新的外来物种。有几十种理论，每一种都比前一种更古怪，它们提出对广义相对论进行离奇古怪的修改，并常常带来令人惊讶的和有现实意义的结果。我们的综述就是要呈现引力理论方面这样丰富的一面，其中许多纲领都具有与广义相对论展开激烈竞争的能力。很多人在考虑如何替代广义相对论，今天的这个扩大的广义相对论会议——德威特的查珀尔丘会议和阿尔弗雷德·席尔德的得州研讨会的继承者——为来自各代和各大州的发言者提供了平行的分组会议，这些与会者试图拆分广义相对论。虽然这仍属于边缘活动，但它已是一项有许多人参与的研究。

当我那天下午在剑桥做演讲时，埃弗斯塔西奥一直不屑一顾。但即使是像埃弗斯塔西奥这样聪颖的头脑和目前流行的标准宇宙学模型（在这一模型里，广义相对论、暗物质和暗能量都起作用）的先驱 222

者之一，在面对新的天文数据指向新物理学的事实时，都将激动不已。新的引力理论，尽管可能还略显牵强，肯定会是一门新的物理学。现在已经到了由新的天文数据来告诉我们是否真有新东西在那里的时候了。

第 14 章
待要发生的事情

223

最近，我花了一些时间向欧洲航天局提出建议。欧洲航天局负责向太空发送科学卫星，经常与美国航天局合作。它的一项最著名的实验是哈勃太空望远镜，它被用来摄取一些高清晰度的干净的深空图像。

卫星是科学的新的前哨，是一所极其复杂的实验室，其中进行着几乎难以想象的实验。它们飘浮在我们够得着的空间里。它们很昂贵，每一颗的花费少则5亿美元，多的高达几十亿美元。将它们送上太空可不是一件简单的事儿。这得花上好些年——有时甚至需要花上几十年——来规划和设计，然后还需要就“是否值得将它们送入太空”做出决定。

在欧洲航天局，我们讨论到人类在未来所从事的太空任务应由科学家组成的大型国际团队的各种建议来确定。旷日持久的会议期间，我们观看演示文稿、甘特图，我的眼睛都受不了，不时想到一走了之。这门科学似乎与我当研究生时让我沉浸其中的那种能够随心所欲地224探索、发挥不受约束的创造力并借重优美的数学的研究方式完全不同。还有更令人震惊的，那就是我们是在讨论如此深远和令人惊叹的任务，就好像它们是法人企业，就像是要在遥远的土地上开设新的工厂。

在这种令人疲倦的技术性讨论中，让我强打起精神支撑下去的是如何使广义相对论被确立为所有这些拟定中的卫星要完成的科学任务的核心。广义相对论无疑是我们讨论的所有提案的基础，其他都是细节和技术性问题。我们被要求如何用好这数十亿美元的资助经费，其任务是要么检验爱因斯坦的理论，要么用它来探索深邃的外空间和致密的大质量天体的内部运行机制。这就是21世纪空间科学的未来。不是所有的方案都能得到资助，不是所有的卫星都将升空，选择的压力大得让人喘不过气来。

提出来供挑选的一项任务是检测出空间和时间的涟漪，即来自黑洞爆炸性碰撞所发出的引力波。承担这一任务的将是LIGO和GEO 600的下一代装置——一台巨大的、以三颗绕日轨道卫星构成的超高精密激光干涉仪，激光束将在相距数百万千米的反射镜之间来回反射形成干涉条纹。它称为“激光干涉空间天线”，或简称LISA。LISA能彻底消除目前正在联机的地基实验所不可避免的干扰，探测到LIGO和GEO不可能看到的微弱信号。

这还不是全部。提交上来的另一项任务是测量空间膨胀的历史，这一历史可以回溯到宇宙只有目前年龄的百分之一的那一刻。它将采用物理宇宙学的方法，并将其推演到极致，测量大片的天空，并对亿万个星系进行编目。然后，通过观察星系如何组合在一起构成一张茫茫的宇宙网，来仔细研究星系团和光的集群和长丝如何走到了一起，通过周围引力坍缩的空隙，将有可能找出暗物质和暗能量或效果是否确实如一些人现在似乎相信的，爱因斯坦的理论打破了最大的尺度。

还有一项建议是针对黑洞的内核，寻找强的X射线辐射。这种辐射在20世纪60年代末和70年代曾为人类观察宇宙打开了一扇窗口。[225]这一次，我们将有可能更进一步，看看靠近黑洞中心的极其扭曲的时空是如何将物质和光分开的，是否就像泽尔多维奇、诺维科夫、里斯和林登-贝尔所声称的那样。这也是人类第一次有可能在离事件视界这么近的地方来测量这一物理过程，施瓦西的裹尸布（即事件视界——译者注）将这么多东西包裹得这么久。

在这些会议期间，我渐渐看清了广义相对论将成为21世纪物理学和天文学的核心研究对象。

但这一切做起来并不容易。收紧的预算、贫困和经济衰退的现实世界令花费数十亿欧元或美元的卫星飞行任务执行起来必须三思而后行。虽然美国政府决定撤资LISA并不令人惊奇，但它对宇宙学和广义相对论的研究仍具有毁灭性的打击。

LISA是发现引力波的最后一步。LISA不仅能发现这些难以捉摸的涟漪，而且还将是一所巨大、完美的天文台，它可以被用来观测黑洞的碰撞和中子星的相互旋绕。LISA将让我们了解到很多爱因斯坦理论所预言的美妙现象。LIGO的第一阶段已经取得了巨大成功，即使它什么也没看见。它证明这套技术方案——激光、量子和精密工程的高度融合——是行之有效的，并正加紧做得更加完善。LIGO的下一阶段，也称为高级LIGO，可能会看到一些东西，并为LISA做准备。但是现在，随着美国人撤资，LISA计划变得悬而未决。在这样一个急需帮助的关键时刻，有谁愿意资助这样一个目标离奇的烧钱工程？

探索引力波实在是太重要了，决不能放弃。美国人不干，欧洲人将通过欧空局继续前行。新的干涉仪会小一些，但仍很壮观。它仍需耗资数十亿，只是没有LISA那么多。而在美国，悲痛欲绝的相对论学者已经重新集结，他们不愿放弃。分散在全国各地的研究小组已悄悄地行动起来，试图拿出一项不那么昂贵、设备更为紧凑、目标虽不像现在这么远大但仍能够观测到时空隧道的建议。如果欧洲人的目标有所改变或受到金融危机的进一步打击，我们需要有一个备用计划。

226

我们不必等待卫星上天。奇妙的事情已经发生了。我们已经看到了奇点的曲折的历史，这一概念当年曾使这么多伟大的思想家——从爱因斯坦、亚瑟·爱丁顿到约翰·惠勒（直到他后来看见了曙光）——如此反感。随着类星体、中子星、X射线源的发现，借助于惠勒、基普·索恩、雅科夫·泽尔多维奇、伊戈尔·诺维科夫、马丁·里斯、唐纳德·林登-贝尔和罗杰·彭罗斯等人的惊人的创造力，黑洞概念已经牢固扎根在我们的意识中。到20世纪60年代和70年代这一被基普·索恩称为广义相对论发展的黄金时期的结束，黑洞在天体物理学和物理学里已经成为像恒星和行星一样的实实在在的天体。

在我的书架上有两本广义相对论的教材，它们标示着黄金时代的结束。它们风格迥异。其中一本，《引力论》，由约翰·惠勒和他的两个杰出弟子——查尔斯·米斯纳和基普·索恩——共同撰写。这本书有1000多页，配上黑色封面就像一本厚重的电话簿。其中有精美的插图和你想知道的关于时空的一切。MTW[1]可谓名副其实，里面有各种各样奇奇怪怪的惠勒叫法，那些都是惠勒在他的讲座和会议上不断想出的概念。另一本教材由斯蒂芬·温伯格——粒子物理学标准模型的创始人之一——撰写。温伯格不仅是量子物理学的顶尖人物之一，而且还涉足广义相对论，他的这本《引力论和宇宙论》是一本编选仔细、考虑周到的爱因斯坦理论的入门教材。MTW里有的很多东西它都有，但没前者那么铺张。并且，考虑到在它出版之前的10年中的那些令人兴奋的发现，因此温伯格的书里没有太多地谈到黑洞。事实上，黑洞只是作为某种展望的东西在书中某一小节的结尾被谨慎地提到，仿佛从广义相对论推导出黑洞概念来显得有点过分了。

你可以看到为什么有些人仍持谨慎态度。是的，所有的证据似乎都指向远远近近的致密的重的天体。但你要用黑洞以外的其他任何方式来解释它们又是那么困难。没有人真的见过黑洞。直接看见黑洞这句话本身就有矛盾。黑洞所在之处是什么也看不到的——它躲在施瓦西裹尸布的背后。但我们无法看到它并不意味着它不值得看。事实上，我们银河系中心就有一个巨大的黑洞。它的重量是太阳重量的1亿倍以上，半径却只有约10万千米。它很大，但它离我们有数万光年之远，这意味着它在天空中的张角只有亿分之一度，从我们这里看过去它比一个针眼还细小，远远小于我们用目前的望远镜所能够看清的水平。因此只有通过天文学家的聪明和毅力，我们才能够确信黑洞是存在的。

227

1.米斯纳、索恩和惠勒三个名字的首字母。——译者注两个研究团队，一个总部设在德国的慕尼黑，另一个在加州，一直在耐心地跟踪靠近银河系中心的几颗恒星的运动。10 多年来，他们已经能够摸清这组恒星的周期性运动的轨迹。他们发现，这些恒星沿着一条令人难以置信的弧形轨道运动，很明显，这是受到了某种巨大引力的拉动所致。通过仔细测量这些恒星的轨道，他们不仅能够搞清楚该区域的引力有多强，而且能够找出这种引力来自何处。将这些观察结果综合起来，两个团队就能够以极高的精度测得黑洞的质量，确定时空奇点的所在。

还不止这些。天文学家和相对论学者正在鼓动建造能够真正看到黑洞的望远镜。这种称为"事件视界望远镜"的观测装置将具有十亿分之一度的分辨率，即其角分辨只有黑洞在空中的张角的几分之一，因此它能够看到施瓦西的裹尸布，即奥本海默和斯奈德曾证明了的时间上冻结的黑洞表面。它将呈现为由旋绕的波纹所围绕的一个黑影，泽尔多维奇和诺维科夫曾猜想这种旋转波纹将围绕着黑洞，它是由被奇点的引力撕碎了的恒星、气体和尘埃构成的吸积盘。

228 越来越多的证据非常引人注目。尽管温伯格的顾虑是可以理解的，但现在你已经很难找到一个不承认在银河系的中心有一个黑洞的人。像银河系一样，所有其他星系应该也有黑洞。它们牢牢占据着星系的中心，就像一台巨型发动机被庞大的螺旋形星系臂环绕着。

媒体可以从任何与广义相对论和爱因斯坦的伟大思想有关的事情里发掘出诱人的新闻价值。上述银河系中心的图像到了BBC手里就变成了"已证实银河系中存在黑洞"的新闻头条，《纽约时报》则登出“证据表明黑洞处在银河系中心”的报道。事发当天，英国广播公司的新闻网站邀请我的牛津大学的一个同事就最近对类星体的观察表明存在一个质量为10亿倍太阳质量的超大质量黑洞一事做一期专访。让我吃惊的是，在马腾·施密特的测量和第一届得克萨斯研讨会后将近50年，黑洞仍能引起这么大的轰动。

新闻里没有一个月不出现有关宇宙学或黑洞、关于宇宙的起源或其他宇宙的回声、关于神秘的多元宇宙的印记等的报道。像黑洞、大爆炸、暗能量、暗物质、多重宇宙、奇点和虫洞这样的宇宙学概念已经渗透到了大众文化的最深处，从百老汇的戏剧和歌曲到喜剧表演和好莱坞电影，不一而足。广义相对论已融入科幻小说，由小说到电视节目再到电影，表现手法无穷无尽。他们的想象力和创造力甚至超过了惠勒的最疯狂的梦想。每个人似乎都认为自己是广义相对论专家。

这种魅力令人振奋，但有时也很可笑。当我儿子拐弯抹角地对我说建造大型强子对撞机是一种不负责任的行为时，他并非孤军作战。媒体曾不止一次地渲染说，弦理论——量子引力的候选理论之一——已预言，大型强子对撞机一旦启动，就将有黑洞形成。当质子束发生实际碰撞时，涌向探测器的各种东西将会是微型黑洞，各种小网站很快就将这一推断传播到外界。连我儿子都知道黑洞会吸食它周围的一切。地球人都知道这一点。既然这样，为什么我，或是他或她头脑里想到的任何人，还要制造这种具有令人难以置信的危险性的东西？这显然是一件愚蠢的事情。

229

一位物理学家居然也和芸芸众生一样，试图通过诉诸法律来阻止对撞机的启动。在接受乔恩·斯图尔特秀节目的采访时，他被问及这一灾难实际发生的概率，他居然凭空推理道："百分之五十。"他挂了。大型强子对撞机启动了，我们仍然在这里。不幸的是，没有发现微型黑洞。

每次我就我目前的工作给公众做演讲时，总有人问我同样的问题："大爆炸之前有什么？"我给出过各种解释。要点就是"不存在之前，不存在时间，大爆炸没有之前"。我的同事乔斯琳·贝尔·伯内尔的回答则更具禅宗意味："这就像站在北极问哪儿是北。"如果我可以用数学来解释，那事情将容易得多，但我不能这样做，因为大部分听众会发现他们如堕五里雾中。而且几十年来，由于史蒂芬·霍金和罗杰·彭罗斯的奇点定理，我们的确认为大爆炸之前什么都没有。这是诸多真理——数学真理——中的一条真理，对这些出自广义相对论黄金时代的真理，我们还不能玩得转。

最近我发现，关于宇宙大爆炸问题的答案已变得更加多样化，也更缺少权威性。在过去的几年里，关于时间的起始问题已由于量子引力和宇宙学的发展而变得悬而未决。当你倒拨时钟，让宇宙回到密度更大、更热和更混乱的初始状态时，量子泡沫、弦、膜，甚至圈都可能是答案。从某种意义上说，正是在此处时空破缺了，谈论初始奇点已不再有意义。

因此，在大爆炸之前发生了什么？一种可能性是，我们宇宙的存在源自真空，时空的泡泡越来越大，最后就变成了我们今天的宇宙。而且像我们这样的宇宙会有很多个，都是由真空的泡泡变来的。另一种猜想来自弦的概念和M理论。该理论断定，宇宙有超过4个的维度，我们生活在这种时空的三维“膜”上。我们的家园，我们的这张膜，感觉就像一个时不时就与另一张像我们一样的膜碰撞的三维宇宙。当它们发生碰撞时，它们变得热起来，由此我们的宇宙感觉到好像它经历了一场热大爆炸。因此根本就没有什么奇点，有的只是连续不断的热大爆炸，一种让苏联正统哲学家，甚至可能让弗雷德·霍伊尔和他的亲信，感到骄傲的循环宇宙。这一模型的创建者们称每一次新的大爆炸为Ekpyrosis，一个古希腊术语，意思是宇宙的周期性毁灭，再不可避免地重生。

但是，如果我们对着分辨率无限高的显微镜朝小了看，我们当然会看到量子引力似乎全都指向时空碎片。如果我们倒拨时钟，让时空集中在一个点上，我们肯定会站起来反对构成空间结构的点点滴滴。在到达任何初始奇点之前，当汹涌的涨落开始起作用时，现有的物理学知识将毫无用武之地。那些相信圈量子引力就是答案的人会说，是有一个“之前”，这段时间就是宇宙坍缩到它达到了量子壁垒并又奇迹般地重新开始扩张所经历的时间。直白地说，就是宇宙经历了所谓“防火墙”的“反弹”。

它甚至没必要求助于那种量子引力开始发挥作用，各种不同的观点导致各种不同猜测的所谓奇怪的黑暗时期。事情很可能性是，时空要比我们先前预想的广阔得多，我们的宇宙只是多元宇宙模型中无数个宇宙中的一个。在多元宇宙模型下，多个宇宙正同时爆发开始从无到有，并成长到现今的宇宙大小，每个宇宙都有它自己的节奏，并有其自身独特的组成方式。如果我们回溯到我们自己这个宇宙的起点，我们会发现它实际上像个脓包一样是嵌在更广阔的时空中的。多元宇宙是一种不受制约的巨大终态：一种创造与毁灭的稳定状态。

231

多元宇宙，与所谓的人存原理，已经成为令人偏爱的宇宙学常数问题的解决方案。随着观测宇宙学的巨大成功，许多人认为，现实宇宙中确实存在宇宙学常数，尽管量子理论预言它的值大得出奇，远比我们观察的大得多。弦理论家现在将缺乏预言能力的弦理论用来断定各种可能的宇宙景观，认为每一个宇宙都有其自身的对称性、能量尺度、粒子类型和场，而最关键的是，拥有其自身的宇宙学常数。所有这些宇宙都是可能的，即使它仅具有非常小的宇宙学常数。人存原理——由罗伯特·迪克首次提出并为布兰登·卡特进一步发展——认为宇宙之所以呈现为现在这个样子，正是因为如果它取任何其他方式，那么就不会有我们还站在这里来观察它。我们之所以存在，有知觉，就是因为宇宙恰好取了现在这样一组常数、粒子和能量尺度——包括宇宙学常数——这才允许我们存在。宇宙可以有无限多种可能性，但只有现在这组物理常数值，包括宇宙学常数，才允许我们存在。既然这样一种宇宙是可能的，那么我们很自然断定，它只是多元宇宙中所有可能的情形中的一种，我们观察到的一种。

一些人认为，宇宙学已经变得如此丰富和复杂，我们可能正处在所谓科学的前沿。但乔治·埃利斯不这么看，他认为这种做法太过分了。作为一位曾与霍金和彭罗斯一起合作过，早在20世纪60年代末就坚信宇宙中存在奇点的相对论学者，埃利斯一直活跃在这一研究领域的最前沿，他将整个宇宙当作一个检验爱因斯坦的理论基础的巨大的实验室。“我不相信那些认为存在其他宇宙的猜想会被证实——可能永远也不会，”他说，“多元宇宙的说法是有根有据的哲学论断，但由于它无法被检验，因此根本不属于科学的范畴。”在这种可能性的基础上，任何事情在某个地方都是可以预言的。即使在某些弦理论家看来，事情也已经走得太远。新设想放弃了现代物理学的终极目标，就是要为所有的基本力，包括引力，找到一种独特而简单的统一解释。接受多元宇宙学说无异于放弃。即使是爱德华·威滕，现代弦理论的教皇，对目前事情的转向也表示不满，他说：“我希望弦理论目前的讨论不是在正确的轨道上。”

然而，多元宇宙学说正发展得越来越大。它解决了一些大的未解决的问题，比如为什么要有宇宙学常数，为什么大自然的常数会被正好调到我们所测量的值。在大众媒体平台上，有关平行宇宙和时空的广袤性和多元化的证据的新闻稿和报道连篇累牍。当然，这是因为这些猜想能够满足媒体所需的炒作，不过，在埃利斯看来，那根本不是科学。 232

2009年，我访问了普林西比，非洲的一个郁郁葱葱的小岛。90年前，正是在那里，亚瑟·爱丁顿拍电报给英国皇家天文学会会长弗兰克·戴森，简单地报告道：“穿过云层。有希望。”爱丁顿在日食期间对星光的测量确立了爱因斯坦的广义相对论作为现代物理理论的地位。这次日食探险使得爱丁顿和爱因斯坦成了国际巨星。

我前往圣多美和普林西比这个小岛国。在那里，英国人、葡萄牙人、巴西人和德国人可谓摩肩接踵。岛上有英国皇家天文学会和国际天文联合会为纪念爱丁顿和科廷厄姆的日食测量而捐资设立的标牌。

早在几个世纪前，圣多美和普林西比就已经出现殖民统治，这会儿，它已成为非洲的又一个社会主义国家。它加入了自由市场的世界，岛上既有为富裕的安哥拉游客前来度假而建造的亮丽的新房子，也有宽敞破旧的殖民时期的农舍。

罗卡桑迪的主屋——爱丁顿就是在这里进行的日食测量——要比分散在整个绿色乡村的大多数废弃了的殖民家园保存得好。主管着这个人口不足5000人的小岛的普林西比地区首脑曾将它作为自己的度假屋。但事实证明这是一厢情愿，因为它已经摇摇欲坠，锈迹斑驳，根本无法居住。

我发现这个世界上完美的小角落很令人感动。在20世纪初，我的祖母就出生在圣多美和普林西比，我曾从她那里听到过很多关于这个地方的故事。但更重要的是，我觉得我正目睹一个历史转折点。这就是爱因斯坦的理论被证明是正确的，就像迄今为止任何一项科学理论能够被证明是正确的一样。正是在这里广义相对论变成为事实。

233

周围散落着爱丁顿当年经过这里时留下的过去时代的遗迹。有网球场，开裂的混凝土从地面的植被下裸露出来，就像这里曾打过一场败仗。四周满眼是郁郁葱葱、铺天盖地的绿色。当年爱丁顿几乎在此度过了大半生的那片沼泽地早已不再荒凉，已成为一片修剪整齐的景观。现在，我们所到之处，都有标示着爱丁顿成就的闪亮的标牌。我们希望，它们能向任何一位来此参观的游客解释在这遥远的地方当年曾发生过多么惊人的事情。

回首1919年，爱因斯坦和爱丁顿的思想的发展是件多么惊人的事情。光会被弯曲时空所偏转这一简单的想法，这一检验爱因斯坦理论的关键，现在，在90年后，已成为天文学中最有力的工具之一。在过去20年里，观测光如何被时空偏转已成为了解宇宙的一种常用手段。通过观测近距星系的恒星，等待着看看它们的光是否会因为暗的大质量天体从其前面经过而引起聚焦，就有可能寻找到我们银河系里的暗物质。暗物质，如果它们存在的话，将起着爱丁顿实验中太阳的作用，它能弯曲星光，并使之聚焦，这种效应早已众所周知，只不过现在是在更宏大的尺度上，观测的是由几十乃至数百个星系组成的星系团。这些庞然大物沉入时空，将使得来自遥远星系的星光发生巨大的弯曲。天文学家现在就是用这些遥远星系的光的弯曲和偏移来估计星系团的大小。

为什么要停下来呢？天文学家、宇宙学家和相对论学者现在已经把目光投向了如何描画出尽可能远的时空的弯曲。通过观察宇宙的切片，观测那些星系的光是如何受到干预时空的影响的，我们就有可能建立起对我们周边的时空实际看起来该是什么样的详细描述。在一个新的水平上运用爱因斯坦和爱丁顿的想法，我们就能够驾驭宇宙，得知它是由什么构成的，以及我们现行的物理学法则是否能正确地解释时空的行为。 234

庆祝活动在普林西比持续了整整一天，每个人谈论的都是爱因斯坦和爱丁顿的名字。在这个极小岛屿的被遗忘的角落，任何人其实都知道我们在谈论什么。当地人与访客之间的点头示意没有多大意义。儿童和青少年在仪式上跑来跑去，他们不知道发生了什么，但他们显然都听说过爱因斯坦。有的甚至知道著名的英国人爱丁顿很多年前曾来到过这里。他们都认为这是一件好事——它使小岛声名鹊起。

当我注视着参加这一神奇而深奥的庆祝活动的人群时，我将它看成是爱因斯坦理论变得有多么普遍和民主的又一个神奇的迹象。爱因斯坦理论虽然曲折，有时甚至显得顽固，但它同时也很民主，它总结出的方程用几页纸就可以很容易地写下来。广义相对论的历史跨越了好几个大陆，全部的人物角色体现出真正的国际化和多样化——英国天文学家、俄罗斯气象学家、比利时神甫、新西兰数学家、德国士兵、印度神童、美国的原子弹专家、南非贵格会会员，以及那么多的由爱因斯坦理论的优雅和力量所凝聚起来的人们。

那天晚上，我们将望远镜递给人群，大家一起来观看天上的星星。苍穹广袤，随时愿意提供更多的信息，来帮助我们更深入地研究爱因斯坦理论。即使是现在，我想的依然是爱因斯坦理论如何激励我们去观测外面更大尺度上的宇宙。现在，新的“普林西比”可能位于非洲南部，也可能设在澳大利亚的沙漠里，而新的望远镜将采用21世纪最新最强大的技术。

爱丁顿当年用的是光学望远镜，讲究的是镜头、目镜和照相制版。与此不同，现在用的这种新望远镜将依靠射电天线和抛物面天线。射电波已经为广义相对论贡献了很多，但这次它要给出的信息将远远超出想象。我们的想法是建立一个由散布在成百上千千米远的地方的数以万计的射电天线组成的天线阵列，称为平方千米阵列（Square Kilometer Array），或简称为SKA。由于所有天线的总收集面积加起来

235

将达到平方千米的水平，因此它可能需要横跨整个一个大陆，甚至可能是两块大陆来布置它。有些望远镜位于澳大利亚广袤的西部，而另一些将散布于整个南部非洲。这个巨兽的核心将设在南非的卡鲁沙漠，但大量的锅型天线将散布在整个大陆，包括像纳米比亚、莫桑比克、加纳、肯尼亚和马达加斯加等地。这将是一个真正的大陆装置，需要非洲大陆的共同努力。并且，如同爱丁顿利用普林西比来确立广义相对论一样，SKA将以前所未有的精度在宇宙学尺度上来检验爱因斯坦理论的正确性。SKA将检测爱因斯坦的宏伟构想是否存在任何缺陷。它将能够检测出仍在那里等待我们去发现的难以捉摸的引力波。它甚至可能揭示臭名昭著的暗能量的性质，这种东西现在似乎已经凝固在目前的宇宙模型里。

那天晚上，在庆祝爱丁顿和爱因斯坦的巨大成就的同时，我在想，处在时空理论将告诉我们关于宇宙秘密的开端，我们该如何行动。21世纪无疑将是爱因斯坦广义相对论的世纪，能生在这样一个年代，有这么多新的东西等待我们去发现，我感到很幸运。在爱因斯坦终于想出了他的理论的近百年之后，一些奇妙的事情就要发生。

致谢

本书的产生应归功于两个人。帕特里克·沃尔什说服了我，并给了我这个机会来写我一直痴迷的这个领域的过往今昔。考特尼·扬以卓越的典雅和坚定性将我的手稿变成了我愿意读的样式。

本书是在同事、朋友、家人、读者和众多作家多年来的见证、建议和批评的基础上成文的，他们的名字可以列成如下这么一个长长的（很可能并不完全）清单：安迪·阿尔布雷希特、阿伦·安德森、泰莎·贝克、马克斯·巴尼亚多斯、朱利安·巴伯、约翰·巴罗、阿德里安·比克罗夫特、雅各布·贝肯斯坦、乔斯琳·贝尔·伯内尔、奥尔菲乌·贝尔托拉米、史蒂夫·比勒、迈克尔·布鲁克斯、哈维·布朗、菲尔·布尔、亚历克斯·巴特沃斯、菲利普·坎德拉斯、丽贝卡·卡特、克里斯·克拉克森、蒂姆·克利夫顿、弗兰克·克洛斯、彼得·科尔斯、阿曼达·库克、马克·戴维斯、森雅·德拉奥萨、塞西尔·德威特-莫雷特、迈克尔·达夫、乔·邓克利、露丝·杜蕾尔、乔治·埃夫斯塔西奥、乔治·埃利斯、格雷姆·法梅洛、雨果和卡琳·吉尔·费雷拉、安德鲁·霍奇斯、克里斯·艾沙姆、安德鲁·贾菲、大卫·凯泽、珍娜·莱文、罗伊·马尔滕斯、艾德·麦考利、乔奥·马盖若、大卫 · 马什、约翰 · 米勒、兰斯 · 米勒、何塞 · 莫朗、萨玛娅 · 尼桑克、蒂姆 · 帕尔默、约翰 · 皮考克、吉姆 · 皮布尔斯、罗杰 · 彭罗斯、若昂 · 皮门特尔、安德鲁 · 庞真、弗兰斯 · 比勒陀利乌斯、迪米特里奥斯 · 帕萨提斯、马丁 · 里斯、伯纳德 · 舒茨、乔 · 希尔克、康斯坦丁 · 什科尔季斯、李 · 斯莫林、乔治 · 斯穆特、安德烈 · 斯塔里内茨、凯利 · 斯特尔、弗朗西斯 · 西洛斯-拉比尼、基普 · 索恩、尼尔 · 图罗克、托尼 · 泰森、吉萨 · 维斯卡尔尼斯、约翰 · 维特、亚当 · 威沙特、卢卡斯 · 维洛斯基、安德烈 · 沃尔夫和汤姆 · 兹洛斯尼克。他们的贡献是无价的，如果最后的文本有任何错误或误解，责任在我自己。

康维尔和沃尔什的团队以令人难以置信的支持态度通读了本书。我在牛津大学的同事一贯热心乐于助人，与他们一起工作真是一种难得的享受。

注释

写这本书的一个乐趣就是阅读了有关广义相对论的很多原始文献，以及历史、人物传记和回忆录。我希望以下提供的具体信息源能够成为对进一步阅读相关主题的一种鼓励。做这种努力绝对是值得的。本节中引用的所有文献源可在参考书目中找到。

我强烈建议读者通读一些科学文献，即使你没有知识背景，不了解许多正在做的工作。通读文献能够让你真正体会到什么是科学，事情是如何呈现，如何被解释和推广的，以及众多科学家是如何通过科学期刊相互交流的。不幸的是，现在许多期刊都设置了“付费壁垒”，因此我这里列出的有些文章只有当你属于某个学术机构时才有权限访问。但大部分文章是可以找到的，我建议你找出来读一读，并使用下面的搜索引擎之一：

http://scholar.google.com

http://inspirehep.net

http://adsabs.harvard.edu/abstract_service.html

每个搜索引擎都有自己的章法，但总的说来，它们能够帮你找到任何一篇你要找的文章。在过去的20年里，科学界的天文学、数学和物理学分支已将文章的拷贝免费张贴在了http://arxiv.org文库。我会尽可能列出给定文献在该网站的链接。

最后，我采访了本书的几位主角。在下面的注释里，凡源自这些采访的引用的话我都明确做了标示。

引言

有关A.爱丁顿与L.西尔伯斯坦的对话的描述是由当时的见证人钱德拉塞卡描述的（Chandrasekhar,1983）。您可以到ArXiv.org的“gr-qc”部分查找到有关的很搞笑但有时确实很奇妙的材料。

第1章

很多人写过爱因斯坦，这让我一直大饱眼福。我曾用一些精湛的传记来引导我全面了解他的生活。弗尔辛的《爱因斯坦传》（Fölsing,1998）写得非常详尽，细致入微，而且取材丰富。艾萨克森的作品（Isaacson,2008）抓住了传主的内心，将爱因斯坦的生活和他所处的时代写得活灵活现。派斯的大作（Pais,1982）已成为经典，注重于爱因斯坦的工作，并将导致他做出这一伟大发现的许多数学和物理上的关键性步骤刻画得入木三分。

要说对20世纪之初物理学的全景式扫描，当属博丹尼斯的作品（Bodanis,2001）。这部作品以历史叙述的生花妙笔着重详述了爱因斯坦的著名公式$E=mc^2$的缘起及其带来的结果。博丹尼斯的另一部作品（Bodanis,2006）则对麦克斯韦及其同时代的物理学家们是如何用他们关于电和磁的工作来改变世界的过程给予了鲜活真切的描述。鲍姆和希恩（Baum and Sheehan,1997）带领我们重温了牛顿引力理论开始走向终结和勒威耶不成功的探索火神星的过程。

研究爱因斯坦的学者群人数众多。约翰·诺顿、约翰·施塔赫尔和米歇尔·杨森，还可以列举一些人，都试图真正深入到爱因斯坦的思想来阐明他的成功和失败。这是一个可以真正吸引你的丰富的文献宝库。那些想要亲眼看看他的发现，尤其是他的奇迹般的1905年的人，应该读一读施塔赫尔编辑的爱因斯坦论文集（Stachel,1998）。爱因斯坦探索广义相对论的第一步，他为《年鉴》写的文章，非常值得一读，但从爱因斯坦自己写的《相对论》（Einstein,2001）一文中可能更容易读到一个更恰当的描述。

[以下引语起首的数字是该引语的原版书页码（本书边码），后同此——译者注]

[1] “当你拿起一项应用方案时”：语出F.哈勒，见Isaacson,2008，67页。

[2] “你是个很聪明的孩子……”：H.韦伯对爱因斯坦所言，见Isaacson,2008，34页。

[3] “大大改善了与大众的关系”：爱因斯坦1918年对W.Dällenbach所言，见Fölsing,1998，221页。

[5] “不对称”：见Stachel,1998和Pais,1982，140页。

[7] 普鲁斯特和勒威耶：普鲁斯特，见Proust,1996。狄更斯和勒威耶，见Dickens,2011。

[8] “一个极其明亮又总靠近太阳的星球怎么可能……”：勒威耶，1859年，见Baum and Sheehan,1997，139页。

[9] “如果一个人自由下落”：爱因斯坦1922年在京都大学的讲座，见Einstein,1982。

[11] “我的论文正得到越来越多的承认”：爱因斯坦1906年给M.索洛文的信，见Fölsing,1998，201页。
“我得向你坦白……”：J.劳布1908年对爱因斯坦所言，见Fölsing,1998，235页。

第 2 章

虽然弗尔辛（Fölsing,1998）对发现广义相对论的前后过程以及爱因斯坦是如何艰难地取得了他的最终版本进行了仔细的描述，但派斯（Pais,1982）提供了细节——尽管非常数学化，但很值得一读。对于爱丁顿，我主要取材于三本非常不同的书。钱德拉塞卡（Chandrasekhar,1983）的书尽管很薄，但对他的工作和思想做了令人崇敬的描述。斯坦利（Stanley,2007）着重描述了爱丁顿的神秘和政治立场，以及他在第一次世界大战期间的表现。米勒的作品（Miller,2007）将我们带到了一个梦幻般的世界，让我们感受到爱丁顿的内心世界是如何的复杂（以及他晚年的生活变得有多么困难）。对日食远征的详细描述见科尔斯（Coles,2001）。

[12] “你知道，一旦你开始计算”：Fölsing,1998，311页。
“数学上显得笨拙”：H.闵可夫斯基对他的学生所言，见Reid,1970，112页，Fölsing,1998，311页。
“多余的花哨”：Fölsing,1998，311页。
“既然数学家扑向……”：同上，245页。

[14] “你得帮帮我”：同上，314页。

[15] “引力的事情已经澄清，我完全满意”：爱因斯坦致P.埃伦费斯特，见Pais,1982,223页。

[16] “疯人院”：爱因斯坦致H.桑戈，1915年，见Fölsing,1998,349页。
“生命或财产”：Fölsing,1998,345页。

[17] “所有国家受过教育的人”：同上，346页。

[18] 遇见C.珀赖恩：Mota, Crawford, and Simōs, 2008。
“我们要么重新接纳德国为国际社会的一员”：H.特纳,1916年，见Stanley,2007，88页。

[19] “我们不讲一个符号化的德国人”：见Eddington,1916。

[22] “我们之间曾有过某种敌意”：爱因斯坦致D.希尔伯特,1915年,见Fölsing,1998,376页。
“我一生中最有价值的发现”：爱因斯坦致A.索末菲，1915年，见Fölsing,1998，374页。

[23] “我们一直试图认为，德国人今天做出的夸大和虚假的断言……”：H.特纳，1918年，见Stanley,2007，97页。

“在目前条件下，日食的观察只有极少数人参与”：F.戴森,1918年,见Stanley,2007,149页。

[24] “穿过云层。有希望”：见Pais,1982，304页。

[25] “日食壮观”：同上。
“最重要的成果”：J.J.汤姆孙，1919年，见钱德拉塞卡（Chandrasekhar,1983）,29页。

[26] “革命科学”:《纽约时报》，1919年11月7日。
“天堂里所有的光都是歪斜的”:《纽约时报》，1919年11月10日。

[27] “在德国，我被称作德国的科学家”:“爱因斯坦谈他的理论”,《泰晤士报》，1919年11月28日。

第3章

关于宇宙膨胀的发现的信息相当丰富。主要文献可以在各种宇宙学经典合辑，例如伯恩斯坦和范伯格编辑的文献选编（Bernstein and Feinberg,1986）中找到。我避开了所有关于“马赫原理”的讨论，尽管这一原理对推动爱因斯坦制定他的稳恒态宇宙模型起过作用。但你可以从詹森的书（Janssen,2006）中找到有关对爱因斯坦与德西特之间辩论的讨论。关于宇宙膨胀的详细完备的历史记述见Kragh(1996)，最新进展见Nussbaumer and Bieri（2009）。对于本章中主角的更详细的描述，有关弗里德曼的，见Tropp，Frenkel,and Chernin（1993）；有关勒迈特的，见Lambert（1999），以及伯杰的书（Berger,1984）中A.Deprit的文章。有关哈勃和赫马森的有趣的描述可以在格里宾父女的书（Gribbin and Gribbin,2003）中找到，赫马森接受美国物理学会的采访记录见夏皮罗的著作（Shapiro,1965）。关于谁在发现宇宙膨胀过程中的具体贡献的争论（以及维斯托·斯莱弗所扮演的怀才不遇的角色），我建议读者去读（Nussbaumer and Bieri,2011），约翰·皮考克教授向斯莱弗的致敬，见http://www.roe.ac.uk/~jap/slipher.

[30] “这样一个常数的引入意味着在相当大程度上放弃了理论的逻辑简单性”: 见Einstein, 2001。
“对引力理论做了某种处理，这个威胁让我快要被关进疯人院了”: 爱因斯坦致P.埃伦费斯特，1917年，见Isaacson, 2008，252页。

[31] “承认这种可能性似乎毫无道理”: 同上。

[33] “宇宙学常数……是不确定的”: Friedmann, 1922，重印于Bernstein and Feinberg, 1986。

[34] “意义”: Einstein, 1922，重印于Bernstein and Feinberg, 1986。
“如果你发现我文中给出的计算是正确的话”: 弗里德曼1922年致爱因斯坦的信，见Schweber, 2008，324页。
“存在随时间变化的解”: Einstein, 1923, 重印于Bernstein and Feinberg, 1986。

[36] “非常优秀的学生”: Douglas, 1967。

[37] H.外尔和A.爱丁顿关于德西特效应的讨论：Weyl, 1923和Eddington, 1963。

[38] 维斯托·斯莱弗：相关论文见Slipher, 1913; Slipher, 1914和Slipher, 1917，亦可在http://www.roe.ac.uk/~jap/slipher上找到。

[39] K.伦德马克试图检测德西特效应：Lundmark, 1924。
不起眼的比利时杂志：Lemaître, 1927。

[40] “虽然你的计算是正确的”: 1927年索尔维会议上爱因斯坦对勒迈特所言，见Berger, 1984.
有关E.哈勃测量到仙女座距离的论文：Hubble, 1926和Hubble, 1929a。

[41] 哈勃和赫马森：有关两人在帕洛玛天文台工作情形的迷人的描述，可从M.赫马森接受美国物理学会的采访中得知，见Shapiro, 1965。

[42] E.哈勃和M.赫马森的背靠背的论文：Humason,1929和Hubble, 1929b。

[43] "我送你几份论文的单行本"：G.勒迈特1930年给A.爱丁顿的信，转自Nussbaumer and Bieri, 2009，123页。

[44] "如果世界始于单个量子"：Lemaître,1931。
"这种关于大自然现存秩序的开端的概念令我厌恶"：Eddington, 1931。

[46] "他们脸上严肃的表情"：《洛杉矶时报》，1933年1月11日。
"这是最漂亮、最满意的解释"：爱因斯坦关于G.勒迈特的评价，见Kragh,1996，55页。
"世界领先的宇宙学家"：《纽约时报》，1933年2月19日。

第4章

量子物理学史已有多种版本。库马尔的著作（Kumar, 2009）当是对人物和概念的最新的出色描述。米勒的书（Miller, 2007）对爱丁顿与钱德拉塞卡之间的斗争有很精彩的描绘。钱德拉赛卡的个人观点见Chandrasekhar(1983)。在索恩的书里（Thorne,1994），你可以看到他们之间的争论是如何被置于宏大的叙事背景下的。有关E.斯托纳和L.朗道几乎同时发现了钱德拉赛卡质量极限的问题，我在书里没有讨论。这部分内容请见Stoner(1929)和Landau (1932)。

奥本海默具有真正迷人的风采，关于他的传记有很多。我最喜欢的是伯恩斯坦对这位身材颀长、个性突出的人物的描述（Bernstein, 2004），但我也用伯德和舍温的权威名著（Bird and Sherwin, 2009）。蒙克的书(Monk, 2012)是极好的资源，但它出版时我已完成了本书的写作。

[48] “恒星趋向于封闭自己……”: Oppenheimer and Snyder,1939。
“正如你所看到的，战争对我是仁慈的”: K.施瓦西给爱因斯坦的信，Einstein,2012。
“施瓦西的顺应时势更为实际”: 爱丁顿对K.施瓦西的评价，见论文Eddington and Schwarzschild,1917。

[49] “我没料到有人可以用这么一种简单方法给出问题的精确解”: 爱因斯坦给K.施瓦西的信，见Einstein,2012。

[50] “当我们通过数学分析获得了对结果的理解时……”: Eddington, 1959，103页。

[51] “恒星将陷入一种尴尬的困境……”: 同上，172页。
“引力之力是如此之大”: 同上，6页。

[52] “当我们证明一个结果而不理解它时”。同上，103页。

“单纯用紫外光照射”: Lenard,1906。

[54] “当然，我最早的一个动机就是要向世界展示印度人可以做什么”: S.Chandrasekhar in Weart,1977。
钱德拉塞卡和索末菲: Sommerfeld，1923。

[57] “大质量的恒星不能过渡到白矮星阶段”: Chandrasekhar,1935 a。
“归谬法”……“各种意外都可能介入来拯救恒星”……“我认为应有一条自然定律来阻止……”: Eddington,1935 b。
“现在，问题很清楚……”: S.钱德拉塞卡对A.爱丁顿的评论，见Chandrasekhar,1983。

[58] “显然深受……的阻碍”: P.布里奇曼评J.R.奥本海默，见Bernstein,2004。

[59] “一群玩火柴棍的男孩”: W.泡利对J.R.奥本海默研究小组的评论，见Regis,1987。

[60] “怀有对真正社会主义的狂热的仇恨”……“变成像希特勒和墨索里尼”：Gorelik,1997。

[61] “考虑一种非静态的解是必不可少的”：Oppenheimer and Volkoff, 1939。
“质量会产生如此巨大的曲率”：Eddington,1959，6页。

[62] N.玻尔和J.惠勒的文章：Bohr and Wheeler,1939。

[64] “引力变得强大到足以胜过辐射”：Eddington,1935 b。
“就我而言，我只能说”：S.钱德拉塞卡对A.爱丁顿的评论，见Chandrasekhar,1983。
A.爱因斯坦错误地试图摆脱施瓦西解：Einstein,1939。

第5章

里吉斯对普林斯顿高等研究院的创建和生活给予了一些细节描述（Regis,1987）。爱因斯坦和奥本海默的关系及次数可以从（Schweber,2008）里找到。关于哥德尔在广义相对论中的作用，以及他与爱因斯坦的交往，见（Yourgrau,2005）。关于哥德尔和图灵的精品小说，见（Levin,2010）。关于20世纪逻辑学史有一本描述得绘声绘色的小说，见（Doxiadis and Papadimitriou,2009）。如果您想从现代观点更多地了解有关爱因斯坦在追求统一理论时为什么失败，你应该读一读（Weinberg,2009）。

对于爱因斯坦工作的德国背景，具体就广义相对论而言，我主要是参考Fölsing（1998），Wazek（2010）和Cornwell（2004）三本书。苏联方面的信息来源远更棘手，在我以格雷厄姆（Graham,1993）和武齐尼奇（Vucinich,2001）这两本书作为出发点时，那些从西方观点提出的关于苏联那段时期的信息开始真正被苏联档案馆解密。我很大程度上是基于我的同事安德烈·斯塔里涅茨博士对那段时间的档案材料的翻译。关于朗道时期，我热切地等待着戈罗别茨的译作（Gorobets,2008）。关于广义相对论在美国的停滞，可以从索恩（Thone,1994）、德威特-莫雷特

(DeWitt-Morette,2011)、惠勒和福特(Wheeler and Ford,1998)的书中得到。

[70] “理想世界不过是物质世界在人头脑中的反映”: Marx,1990。

[72] 给贝利亚的私人信件: ЦХСД.ф.4.ОП.9.Д.1487.Л.5.7.Копия.(俄罗斯联邦档案馆存档的现代时期中央文献)和ЦХСД.Ф.4.Оп.9.Д.1487.Л.11-11об.Копия.(俄罗斯联邦档案馆存档的现代时期中央文献)。

[74] “爱因斯坦又将做出伟大发现”:《纽约时报》, 1928年11月4日。
“爱因斯坦惊讶于理论引发的轰动”:《纽约时报》, 1929年2月4日。

[75] “爱因斯坦的新理论给出了开启宇宙奥秘的密钥”:《纽约时报》, 1949年12月27日。
“爱因斯坦拿出了统一宇宙定律的新理论”:《纽约时报》, 1953年3月30日。

[77] “地球上的一块奇妙之地”: 爱因斯坦1933年给比利时王后的信, 保存在耶路撒冷希伯来大学的爱因斯坦档案馆, 见Fölsing,1998, 679页。
“只是为了能与哥德尔一块儿步行回家”: 爱因斯坦谈K.哥德尔, 见Yourgrau,2005,6页。

[78] K.哥德尔的解: Gödel,1949。

[80] “重要贡献”: 爱因斯坦评哥德尔的解, Schilpp,1949。
“普林斯顿就是一所疯人院”: J.R.奥本海默给他弟弟的信, 见Schweber,2008, 265页。
“奥本海默……没做出……贡献”: W.泡利和爱因斯坦谈奥本海默, 见Schweber,2008, 271页。
“来宾名单上还将包括……”:《时代》周刊, 1948年11月8日。

[81] “广义相对论是最有前途的研究领域之一”: F.戴森的信, 1948

年，见Schweber,2008，272页。

“引力和基本理论”：S.古德斯米特所言，见DeWitt-Morette，2011。

[82] “坚持不懈地反对美国的军事政策”：《财富》，1953年5月，见Schweber,2009,181页。

“我们发现，奥本海默博士不断地与共产党交往的行为……”：Bernstein,2004。

“爱因斯坦警告世界”：《纽约邮报》，1950年2月13日。

[83] “少数知识分子应该怎么做来反对这种恶行”：A.爱因斯坦1953年致《纽约时报》，6月12日。

“爱因斯坦是物理学家、自然哲学家”：J.R.奥本海默1965年的演讲[1]，见Schweber,2008，277页。

“以物理学家圈内人的观点看”：《时代》杂志，1948年11月8日。

[84] “在他生命的尽头”：J.R.奥本海默，《快报》，1965年12月20日。

第6章

关于射电天文学以及它如何结束了广义相对论的狂热年代，以芒斯（Munns,2012）和索恩（Thorne,1994）的两本书写得最好。霍伊尔的形象要高于他在实际生活中所呈现的状态，他的自传（Hoyle,1994）绝对值得一读，还有两本传记也很出色：（Gregory,2005）和（Minton,2011）。沃特的美国物理学会对戈尔德的采访记录（Weart,1978）很有启发，克拉夫对霍伊尔与赖尔的冲突给予了详尽的描述（Kragh,1996）。我强烈建议你读一读央斯基（Jansky,1933）和雷伯（Reber,1940）的书，看看这一领域是如何被发现的。

[85] “这些理论全都基于这样一个假设”：F.霍伊尔在BBC电台的讲

1.这里注出的出处与正文“他在1948年为《时代》杂志撰写的介绍高等研究院的一篇文章里爽快地指出……”不符，但原文如此，特指出，待查证。——译者注

座，1949年。

[86] “一种感觉，他已经远远超出了……”：R.威廉姆森1951年对在加拿大广播公司评述F.霍伊尔的话，见Kragh,1996,194页。
爱丁顿的理论：奠定A.爱丁顿的基本理论的细节，见Eddington,1953。
“不论它是否能作为一项伟大的科学工作留存于后世”：E.A.米尔恩评爱丁顿的基本理论，见Kilmister,1994,3页。

[87] “完全是一派胡言。更确切地说……”：W.泡利评A.爱丁顿，见Miller,2007,89页。
“那时我或多或少都有些放任自流”：Lightman and Brawer,1990,53页。

[88] “我想我的余生就应该这么生活”：H.邦迪，见Kragh,1996,166页。
“一直在说……有时还相当啰唆”：T.戈尔德，见Kragh,1996,186页。

[89] “恐怕我们所能做的就是接受这个悖论”：W.德西特，见Kragh,1996,74页。
“一种无法用科学术语来描述的非理性的过程”：Hoyle,1950。

[90] “一个明显不尽如人意的概念”：同上。
《夜深人静时》：这是一部由阿尔贝托·卡瓦尔康蒂1945年拍摄的英国电影。

[91] “大约只相当于每个世纪……产生一个原子”：Hoyle,1955,290页。

两篇论文：Bondi and Gold,1948和Hoyle,1948。
“我不相信……假设”：E.A.米尔恩，见Kragh,1996,190页。
“如果说有一条法则能够经受得住物理学的所有变化和革命”：Born,1949。
“浪漫的炒作”：Michelmore,1962,253页。
“向……解释物理上……的要点搞得精疲力竭”：F.霍伊尔，见

Kragh,1996，192页。

[92] “我发现我的论文很难发表”：同上。
“我不认为这么说有什么不对”：同上，270页。

[93] 射电天文学的诞生：Jansky,1933,Reber,1940和Reber,1944。

[95] “我认为理论家误解了实验数据”：Lang and Gingrich,1979。

[96] “如果我们接受大多数射电星都处于河外这样一个结论”：Ryle,1955.
“不要相信它们”：对T.戈尔德的采访，见Weart,1978。

[97] “星表与最近的剑桥星表进行了细节上的比较”：Mills and Slee,1956。
“射电天文学家必须做出相当大的进步”：Hanbury-Brown,1959。
“这种情况已经发生不止一次”：Bondi,1960,167页。

[98] “似乎提供了推翻稳恒态理论的确凿证据”：Ryle and Clarke,1961。
“圣经是正确的”：Evening News and Star，1961年2月10日。
“我当然不认为这是……死亡宣判”：H.邦迪,《纽约时报》, 1961年1月11日。

第7章

惠勒是一位伟大人物，是现代广义相对论的推动者。他的传记（Wheeler and Ford,1998）坦率地公开了他的两面性：“激进”和“保守”。同样重要的还有几本书：DeWitt and Rickles, 2011；DeWitt-Morette, 2011；Mooallem, 2007和Kaiser, 2000。这几本书对当时的气氛以及工业界与相对论学者之间的离奇联盟给予了很好的描述。值得浏览的还有引力研究基金会的网站：http://

www.gravityresearchfoundation.org。在这里你可以找到德威特的获奖论文。

索恩的书（Thorne,1994）和怀特的美国物理学会对施密特的采访（Wright,1975）对认识类星体在认识宇宙中的作用给予了很好的描述。梅里亚着力描述了奥斯汀的席尔德小组的工作氛围（Melia,2009）。对于第一届得克萨斯研讨会期间所发生的事情，读者可以在（Schucking,1989）和（Chiu,1964）中找到第一手资料。

[100] “我踏入这个领域的第一步”：Wheeler,1998,228页。

[101] “激进的保守派”：A.科马尔，见Misner,2010。
“喜欢在课堂上传授我们……”：Wheeler,1998,87页。

[102] 费恩曼：有关理查德·费恩曼的科学生涯的引人入胜的描述，见Krauss,2012。
“将理论推演到极致”：Wheeler,1998,232页。

[104] “有好些年，我对……概念接受不了”：同上，294页。

[105] “太空旅行家”：B.德威特的论文《为什么要学物理学》见DeWitt-Morette,2011。
“一个没有良好敬业意识的寄居者”：S.温伯格写的B.德威特讣告，见DeWitt-Morette,2011。
“上得高便跌得狠”：见GRF网站的“R.巴布森”。
“她无法抵抗重力”：同上。

[106] “空间飞船的奇迹将指日可待”：《纽约先驱论坛报》，1955年11月21日。
“新的航空之梦”：《纽约先驱论坛报》，1955年11月22日。
“未来飞机可以克服地心引力”：《迈阿密先驱报》，1955年12月2日。

[107] “征服重力”:《纽约先驱论坛报》, 1955年11月20日。
“最终会像光和无线电波那样被控制”: 同上。
“非常实用的东西……”: B.德威特的获奖论文, 1953年, 见GRF网站。

[108] “引力在过去30年里引起的注意相当少……基本方程几乎没有希望能够求解”: 同上。
“我有生以来挣得最快的1000美元”: B.德威特, DeWitt-Morette, 2011。
“在公众的脑海里”: A.巴森, DeWitt and Rickles, 2011。

[109] “大会昨天就开始了”: Feynman,1985。

[110] “它存在……一个严重的困难”: R.费恩曼, DeWitt and Rickles, 2011。
“最好的观点”: 同上。

[111] “相对论看起来几乎就是一个纯数学的形式化体系”: R.迪克, DeWitt and Rickles, 2011。

[113] “今天在办公室里发生了可怕的事情”: M.施密特, Wright,1975。
“按宇宙学的标准看小得就像花生豆”:《时代》周刊, 1966年11月3日。

[114] “地球物理学和地质学领域之外的美国科学家很少会屈尊在那里定居”: Schucking,1989。

[115] “南方科学中心”: 同上。
“导致射电源形成的能量……”: Robinson,Schild,and Schucking, 1965。

[116] “空前壮观……美得令人难以置信”:《生活》杂志, 1964年1月24日。

"类星体": Chiu,1964。
"终态问题": J.惠勒, Harrison,Thorne,Wakano,and Wheeler,1965。

[117] "一位杰出的与会者……根本不相信……": Schucking,1989。
"科学家们已经将他们的想象力伸展到……地方":《生活》杂志,1964年1月24日。
"在此我们有机会向人证明了一点……": Robinson,Schild,and Schucking,1965。
"我们都希望这种状况是对的": 同上。

第8章

迄今为止,有关叙述广义相对论的黄金时代的最好的书当属索恩的(Thorne,1994)。这本书面面俱到,描写细致,充满了许多有关个人的趣闻轶事。它着力描写了三所推动该领域复兴的院校——剑桥大学、莫斯科大学和普林斯顿大学。梅里亚的书(Melia,2009)具有互补性观点,它描述了黑洞天体物理学发展到今天的过程。对于这段历程中苏联方面的情形,有关泽尔多维奇及其弟子的轶事和回忆的文集,见Sunyaev,2005;其中一些事情的发展,见Novikov,2001。贝尔·伯内尔对脉冲星的发现有很漂亮的叙述(Bell Burnell,2004)。

[118] "惠勒的演讲给我留下了很深的印象": R.彭罗斯,私人通信,2011。
"广义相对论的黄金时代": Thorne,1994。

[119] "嗯,你可以问问丹尼斯": 同上。

[120] "支持'过去的爱因斯坦'反对'现在的爱因斯坦'": 同上。
"我们从没问过这些钱是从哪里来": 同上。
克尔和彭罗斯:有关R.克尔和R.彭罗斯在第一届得克萨斯研讨会上的生动描述,可以在(Schucking,1989)中找到。

[121] "他们没太注意他": R.彭罗斯,私人通信,2011。

[122] “朗道的理论及格线”：见Ioffe,2002。

[123] “那个婊子”：L.朗道对Y.泽尔多维奇，见Gorelik,1997。
“这下好了。他走了”：L.朗道，见Gorelik,1997。

[124] “如果你像他们那样做，你其实证明不了任何东西”：R.彭罗斯，私人通信，2011。

[125] “偏离球对称性并不能阻止时空奇点的产生”：Penrose,1965。
“我只好躲在角落里……这太尴尬了”：R.彭罗斯，私人通信，2011。

[126] “正是这张图让丹尼斯改弦易辙”：M.里斯，私人通信，2011。

[129] “最初几年就是在这种条件下……参与了很多繁重的工作”：Bell Burnell,2004。
“当我离开这里时，我已经练得可以挥得动大锤”：同上。
“我们开始戏称它为‘小绿人’”：同上。
“异常信号”：Hewish,et al.,1968。
“记者们尽问些不相关的问题”：Bell Burnell,1977。

[130] “他们转向我”：Bell Burnell,2004。
“看见小绿人的女孩”：《太阳报》，1968年3月6日。
“脉冲星”：《每日电讯报》，1968年3月5日。
“最后我还是去了”：J.Bell Burnell，私人通信，2011。
泽尔多维奇：有关泽尔多维奇最重要的论文的评注性选集，见Ostriker,1993。
“掌握……很困难，但有趣”：Sunyaev,2005。
“精神分析的教父弗洛伊德教授告诉我们”：Ostriker,1993。

[132] “体积相对较小但质量极其巨大的天体”：Salpeter,1964。
“用正常大小的下水口来排干”：R.彭罗斯，John,1973。
“完全坍缩引力体”：Wheeler,1998，296页。

“你转着圈儿说了10遍后”: J.惠勒,《纽约时报》, 1992年10月20日。
“然而,我们之前得出的结论……可能是错的”: Lynden-Bell, 1969。

[134] “近10年来,广义相对论从……转变成……的故事”: DeWitt and DeWitt,1973。

[135] “有三个小组都在试图理解黑洞”: M.里斯,私人通信,2011。
“尽管我们拼命努力来收集尽可能多的信息”: Novikov,2001。
“我看到,黑洞正由……变成人们真心相信其存在的东西”: R.彭罗斯,私人通信,2011。

第9章

在过去的几十年里,人们对量子电动力学和标准模型的兴起已经有过详细的描述。关于量子电动力学的发展的大部头著作有Schweber(1994),但克洛斯的书(Close, 2011)在叙述这段历史方面更好懂。德威特-莫雷特的书(DeWitt-Morette,2011)是一部关于布莱斯·德威特的传记,其中选集了他所写的各种有趣多样的文章。关于狄拉克的高超的、令人信服的传记,见Farmelo(2010)。狄拉克本人写的一些短小精悍的论文也非常值得一读。

由艾沙姆、彭罗斯和席艾玛编辑的《牛津量子引力研讨会论文集》(Isham,Penrose,and Sciama,1975)是一部引人入胜的好书,它真实记录了当时所发生的一切。有关该领域最近的进展,见Duff(1993), Smolin(2000)和Rovelli(2010)。对黑洞辐射的发现的最早描述,见Hawking(1988)和Thorne(1994)。弗格森的霍金传记(Fergson,2012)对霍金的背景及其主要发现给予了相当完整、真实的记述。

[137] “引力场到底在做什么”: B.德威特语,见DeWitt-Morette,2011。
“这是一个非常重要的问题”: W.泡利对B.德威特所言,见DeWitt-Morette,2011。

[141] “这种情况非常不满……这不是有理智的数学”: Kragh,1990，184页。

[142] “在这里狄拉克就是个幽灵，我们很少看到他”: G.埃利斯，私人通信，2012。

[144] “报以一阵嘲笑的反对声”: M.达夫，私人通信，2011，和Duff, 1993。
“做的不是物理”: P.坎德拉斯，私人通信，2011。
“上帝在开天辟地时”: Isham,Penrose,and Sciama,1975。

[145] “看来运气不在我们这边”: M.达夫语，见Isham,Penrose,and Sciama,1975。
《自然》上发的一篇关于研讨会的文章：匿名发表，见*Nature*,248，282（1974）。

[148] “我们强调，人们不应该将*T*看作黑洞的温度”: Bekenstein,1973。
“蒸发掉”: Hawking,1974。
“一次相当小的爆炸”: 同上。

[149] “人们对霍金非常尊敬”: P.坎德拉斯，私人通信，2011。

[150] “我的报告受到普遍的怀疑”: Hawking,1988。
“这次会议的主要吸引力”: *Nature*,248,282（1974）。
“物理学史上最漂亮的工作之一”: D.席艾玛语，见Boslough,1989。
“像舌头上滚动的糖果”: B.凯尔对J.惠勒的描述，见《观察家》，2012年1月1日。

第10章

业内对约瑟夫·韦伯的这一悲剧性故事可谓众所周知，但很少有人将它写出来。柯林斯从一个社会学家的角度对引力波物理学的发展进行了深入研究（Collins,2004）。在韦伯仍处巅峰时期时柯林斯便开始了采访当事人，因此他的书里充满了各种访谈记录和引述的话。如果你想对这一领域的发展历程有一个全面了解，对LIGO的支持者不得不为LIGO的建设而唇枪舌剑，你就必须读一读这本书。索恩的书则是以引力波物理学元老的姿态从业内人士的视角对这段历史进行叙述（Thorne,1994）。Kennefick（2007）对该领域的基层和各项成就背后鲜为人知的故事进行了表现非常出色的描述。Bartusiak（1989）和更新近的Gibbs（2002）则总结了不同阶段的进展。阿佩尔巧妙地总结了数值相对论的历史（Appell,2011）。

一些原始文献非常值得一读。例如，查珀尔丘会议上有关引力波的实在性的讨论，见DeWitt and Rickles（2011）。韦伯的一系列论文——Weber (1969),Weber (1970 a),Weber (1970 b) 和Weber (1972)——曾大步迈向确定性。随后他被残酷地打倒在地，见Garwin（1974）。

[152] “我们在该领域排名第一”: J.韦伯语，见《巴尔的摩太阳报》，1991年4月7日。

[154] “思想的速度”: A.爱丁顿语，见Kennefick（2007）。
引力波的存在性：关于引力波的存在性的讨论可以在DeWitt and Rickles(2011)中找到。

[157] “一个有利的特征”: Weber（1970 b）。
韦伯的结果：韦伯的结果可以在1970年的《时代》杂志和《纽约时报》中找到。
引力辐射的来源：有关当时对引力辐射的假设性来源的综述可以在Tyson and Giffard（1978）中找到。

[158] “鉴于韦伯实验所显示的高的质量损失率……”: Sciama,Field,and Rees（1969）。

[159] “大家都心生疑窦”: B.舒茨，私人通信，2012。

[160] “并非源自引力波”: Garwin（1974）。

[161] 泰勒的结果：泰勒的结果公布于1978年在慕尼黑举行的第九届得克萨斯研讨会上。见埃勒斯、佩里和沃克编辑的该会议文集：Ehlers,Perry,and Walker（1980）。

[164] “要不就是程序员伤着自己……”: C.Misner in DeWitt and Rickles（2011）。

[165] 在计算机上解黑洞的碰撞：由L.斯马尔描述的第一步骤，见Christensen（1984）。
“不成熟的东西是无效的”: 比勒陀利乌斯，私人通信，2011。

[166] “事情很可能变成这样一种局面”: 同上。

[168] “大多数天体物理学家似乎觉得……”: A.泰森语，《纽约时报》，1991年4月30日。“应该等待，一定会有人想出……”: J.奥斯特里克语，《纽约时报》，1991年4月30日。

[169] “不想引人注目”: 比勒陀利乌斯，私人通信，2011。
“真的很痛苦”: 同上。
“这太让人兴奋了”: 同上。

[170] “一个伟大的人是不会害怕公开承认……”: F.戴森语，见Collins（2004）。

[171] “到他反对LIGO的时候”: B.舒茨，私人通信，2012。

第11章

现代宇宙学的惊人的成功故事已载入史册。皮布尔斯、佩吉和帕特里奇的书既有对这一领域崛起的描述，也包含一系列证据和文章（Peebles,Page,and Partridge,2009）。值得一读的还有一些书籍，如Overbye（1991）或莱特曼和布拉维尔的采访汇编

(Lightman and Brawer,1990)。有关COBE的发现的个人回忆录有Smoot and Davidson(1995),更多的新闻性记述,见Lemonick(1995)。Panek(2011)对20世纪90年代后期的宇宙学常数的探索做了梦幻般的描述,对超新星搜寻方面的细节有活灵活现的记叙。美国物理学会对皮布尔斯的采访——Harwitt (1984)、Lightman(1988 B)和Smeenk(2002)——是认识他的宇宙观的一个绝好的信息源。关于我们当前在宇宙论方面的更详细的解释,你可以去读Silk(1989)和Ferreira(2007)。有关现代宇宙学早期的一些主要论文,请查阅Bernstein and Feinberg(1986),也可去读霍金和伊斯雷尔编辑的《爱因斯坦诞辰百年纪念文集》(Hawking and Israel,1979)和图罗克编辑的《评判性对话论文集》(Turok,1997)。

[173] “一门基础科学……最宏伟的环境科学”: M.里斯语,见Turok(1997)。

[175] “宇宙学常数”: Peebles(1971)。
“令人不快的小秘密”: J.皮布尔斯,私人通信,2011。

[176] “在我的生涯中,我很快就进入……”: J.皮布尔斯语,Smeenk(2002)。
“一个很有限的学科”: J.皮布尔斯语,见Lightman(1988 B)。
“在他看来,物理学肯定是理论”: J.皮布尔斯语,Smeenk(2002)。
“我们被人抢先了”: R.迪克语,见Smeenk(2002)。

[177] 一个困难的、开放的、几乎没人想要去解决的问题:虽然皮布尔斯和他同时代的人真正建立起物理宇宙学研究领域,但膨胀的热大爆炸模型与星系的形成之间存在根本的联系这一想法是由勒迈特第一个提出的。见Lemaître(1934)和Gamow(1948)。

[178] 大尺度结构:导致提出大尺度结构形成的想法可以在Silk(1968)、Sachs and Wolfe(1967)Peebles and Yu(1970) 和Zel

dovich（1972）中找到。

[179] “没人注意到我们的论文”: J.皮布尔斯，私人通信，2011。
“超星系团……超星系”: G.德沃古勒语，见Lightman（1988a）。
“我们没有任何证据证明超级银河的存在”: 同上。

[180] “超星系团是不存在的”: 同上。
“良好的观测要比另一个平庸的理论更有价值”: M.戴维斯评皮布尔斯，见Lightman and Brawer（1990）。
“大吃一惊……我写了一些非常有害的论文……”: J.皮布尔斯语，见Lightman（1988b）。

[182] “内部空间和外部空间”: 有关“内部空间”与“外部空间”之间联系的概念是在1984年于费米实验室召开的一次历史性会议上提出的，见Kolb,et al.（1986）。

[183] “……发光物质的密度肯定是微不足道的”: F.兹维基语，见Panek（2011），48页。

[184] “我们认为，不可见物质的发现很可能是……”: Faber and Gallagher（1979）。
“我没有非常认真地看待这个问题”: J.皮布尔斯，私人通信，2011。

[185] “在80年代和90年代初有很多模型可供挑选”: J.皮布尔斯语，见Smeenk（2002）。

[186] Y.泽尔多维奇对宇宙常数大小的估计：Zel’dovich（1968）。
“我们在此认为，冷暗物质模型理论……”: Efstathiou,Sutherland, and Maddox（1990）。

[187] “宇宙有临界能量密度”: Ostriker and Steinhardt（1995）。
“这种选择所带来的问题……”: Peebles（1984）。

"一个非零宇宙学常数会……": Efstathiou,Sutherland,and Maddox(1990)。
"就需要对……参数进行微调": Blumenthal,Dekel,and Primack(1988)。
"我们如何从理论的角度来解释宇宙学常数的非零值": Ostriker and Steinhardt(1995)。

[188] "如果你信教,这就像在仰望上帝": 1992年,G.斯穆特在劳伦斯伯克利实验室举行的新闻发布会上的发言。

[190] "调查结果似乎还为认定存在……":《华盛顿邮报》, 1998年1月9日。
"爆发的恒星指向宇宙排斥力": Glanz(1998)。
"对宇宙可能在加速感到非常吃惊": 美国有线电视新闻网,1998年2月27日。
"我自己的反应则介于惊奇与恐惧之间": B.施密特语,《纽约时报》, 1998年3月3日。

[191] "数据告诉我们的最佳解释……": J.皮布尔斯,私人通信,2011。

[192] "一个精灵要是出了瓶子……": Zel'dovich and Novikov(1971), 29页。
暗能量:暗能量这一术语最早见于Huterer and Turner(1998)。

第12章

量子引力的近代史充满了令人陶醉的过程。要想得到一个总体的概述,可去读罗威利的书(Rovelli,2010)。这本书的附录里有对各主要阶段、发现和事态变迁的记述。德威特-莫雷特描述了"三部曲"的起源以及德威特是如何看待该领域的发展的(DeWitt-Morette,2011)。对于弦理论的巨大成功和总结,请见Greene(2000)。Yau and Nadis(2010)给出了弦理论的数学家的观点。斯莫林对量子引力的其他途径,譬如圈量子引力,有很好的描述(Smolin,2000)。讨论激烈反对弦理论的两本书是

Smolin（2006）和Woit（2007）。下面的一些博客和讨论也值得一看：

http://blogs.discovermagazine.com/cosmicvariance/
http://asymptotia.com/
http://www.math.columbia.edu/~woit/wordpress/

黑洞信息疑难是一个尚在继续的故事。尽管我在书中没有讨论“黑洞互补”的概念，但我强烈建议读者去读一读萨斯坎德的书（Susskind, 2008）。这本书从个人角度鲜活地叙述了这一疑难的历年发展。解决方案仍莫衷一是：在我即将结束本书的写作时，另一项建议——“防火墙”方案，对广义相对论进行修正的基本原理之一——正在激烈辩论。对于该方案的说明，请参阅http://blogs.scientific american.com/critical-opalescence/2012/12/14/when-you-fall-into-a-black-hole-how-long-have-you-got/。

[194] “理论物理学的终结是否就在眼前”：S.霍金演讲的全文见Boslough（1989）。

[195] 霍金的演讲：对霍金演讲的各种评论，见Susskind（2008）。

[197] “三部曲”：DeWitt-Morette（2011）。
“惠勒对此感到极大的兴奋”：同上。

[198] “弦理论的守护神……我在加州理工学院为超弦理论家设置了自然保护区……”：对M.盖尔曼的专访，《科学新闻》，2009年9月15日。

[199] “M可以代表魔术……”：瑞典公共电台对E.威滕采访，2008年6月6日。

[200] “我觉得超弦理论根本就是疯狂的……我不喜欢它们计算不了任何东西……”：R.费恩曼语，见Davies and Brown（1988），194页。

“超弦物理学家还不能证明他们的理论确实有效”: S.格拉肖语，见Davies and Brown（1988）。

“弦理论的长期危机”: Friedan（2002）。

[203] “看一看弦理论，你就会对……”: DeWitt-Morette（2011）。

“应扫进历史的垃圾堆……它违背了相对论精神”: 同上。

“惠勒-德威特方程是错误的……”: 同上。

“优雅的……除了一些关于所谓‘自旋泡沫’的……”: 同上。

“我们在弦理论和M理论上已经取得了巨大进步……”: M.达夫，私人通信，2011。

“M理论是关于宇宙的完备理论的唯一候选者”: Hawking and Mlodinow(2010)，181页。

[204] “量子引力……圈量子引力”: M.达夫，私人通信，2011。

“他们甚至算不出引力子能干什么”: P.坎德拉斯，私人通信，2011。

“很多人都对这种由某种风格主导的学界感到沮丧”: L.斯莫林语，《有线》，2006年9月14日。

每年的弦理论会议：2008年的弦理论年度大会在欧洲核子研究中心召开，罗威利终于被邀请做了圈量子引力的报告。

[205] “这是大忌”:《生活大爆炸》，系列2，第2集，查克·洛尔制作公司/CBS出品。

[207] “近似的、突现的经典概念”: Witten（1996a）。

“在极微小的水平上，几何似乎必然具有泡沫的性质”: Wheeler（1955）。

第13章

我可以推荐的有关修正引力理论的文献不是很多。巴罗的两本书（Barrow and Tipler,1988和Barrow,2003）对狄拉克所好奇的很多问题做了出色的讨论。Farmelo（2010）对这些问题也进行了讨论。Lourie（2002）和萨哈罗夫自己写的自传（Sakharov,1992）

对他的科学兴趣做了粗略的讨论。我建议你去看他的文集(Sakharov,1982),这样可以准确地了解他是如何进行科学研究的。对于米尔格罗姆和贝肯斯坦理论的历史,最好是去看贝肯斯坦的评述。例如,Bekenstein(2007)尽管是一部非常技术性的著作,但会给你另一番趣味。皮布尔斯对为什么寻求超越广义相对论可能是一件好事给予了权威性评述(Peebles,2004),对这一问题的进一步解释,可见Ferreira(2010)。

[212] “自然提供的方程的美……”:加拿大电台1979年对P.狄拉克的采访。
“实验家,特别是美国航空航天局的那些实验物理学家……”:Brans(2008)。

[213] “兴趣广泛的人”:A.萨哈罗夫对Y.泽尔多维奇的评论,见Sakharov(1988)。
“我不明白萨哈罗夫是怎么想的”:Y.泽尔多维奇评A.萨哈罗夫,见http://www.joshuarubenstein.com/KGB/KGB.html。

[215] “像霍金那样的人都献身于科学”:Y.泽尔多维奇评A.萨哈罗夫,见Sunyaev(2005)。
“我觉得有必要站出来说话”:Sakharov(1992)。

[217] “广义相对论的优美的逻辑……一种惊人的外推”:Peebles(2000)。

[218] “在某些时候,我觉得……”:J.贝肯斯坦,私人通信,2011。
“有些人看我,就像我告诉他们我看见了不明飞行物……”:同上。

[219] “一个肮脏的字眼”:N.图罗克(N.Turok),私人通信,2005年。
“我们绝不能排除MOND”:J.皮布尔斯语,见Smeenk(2002)。
“我们必须认识到……”:J.贝肯斯坦,私人通信,2011。
“现在是到了该拿出……的时候了”:同上。

第 14 章

贝肯斯坦的理论：Bekenstein（2004）。

如果你要掌握多元宇宙的概念，你可以尝试去找它的两个最有力的鼓吹者：萨斯坎德（Susskind,2006）和格林（Greene,2012），但如果能与埃利斯的作品（Ellis,2011B）对比着来读，就更能看出前者的门道。如果你想了解大实验，可浏览以下网站：

http://www.skatelescope.org/
http://www.eventhorizontelescope.org/
http://www.ligo.caltech.edu/

它们都给出了有关广义相对论的观测检验研究中的各种有趣的事实。

[226] 教材：两本经典教材：Misner,Thorne,and Wheeler（1973）和Weinberg（1972）。

[227] 事件视界望远镜：见http://www.eventhorizontelescope.org/。

[228] “已证实银河系中存在黑洞”：http://news.bbc.co.uk/2/hi/scien-ce/nature/7774287.stm。
“证据表明黑洞处在银河系中心”：《纽约时报》，2001年9月6日。
最近对类星体的观测：M.Capellari被问起的迄今所发现的最大的黑洞：
http://www.bbc.co.uk/news/science-environment-16034045。

[229] 大型强制对撞机里的黑洞：针对LHC里黑洞的一个有趣的例子，见http://www.lhcdefense.org/press.php。
“这就像站在北极问哪儿是北”：乔斯琳·贝尔·伯内尔，私人通信，2011。

[231] “我不相信存在”：Ellis（2011B）。
“多元宇宙的说法是有根有据”：Ellis（2011A）。
“我希望现在的……”：E.威滕语，Battersby（2005）。

参考文献

书目

Barrow,J.,*The Constants of Nature*,Vintage (2003).（中译本：《大自然的常数》，约翰·巴罗著，陆栋译，上海译文出版社，2006 年第 1 版）

Barrow,J.,P.Davies,and C.Harper Jr.,*Science and Ultimate Reality:Quantum Theory,Cosmolog-y and Complexity*,Cambridge University Press (2004).（中译本：《宇宙极问》，约翰巴罗、保罗·戴维斯、小查里斯·哈勃 编，朱芸慧、罗璇、雷奕安 译，湖南科学技术出版社，“第一推动丛书”，2009 年第 1 版）

Barrow,J.,and F.Tipler,*The Anthropic Cosmological Principle*,Oxford University Press (1988).

Baum,R.,and W.Sheehan,*In Search of the Planet Vulcan:The Ghost in Newton's Clockwork Universe*,Basic Books (1997).

Berendzen,R.,R.Hart,and D.Seeley,*Man Discovers the Galaxies*,Science History Publications (1976).

Berger,A.,*The Big Bang and Georges Lemaître*,D.Reidel (1984).

Bernstein,J.,*Oppenheimer:Portrait of an Enigma*,Ivan R.Dee (2004).

Bernstein,J.,and G.Feinberg,*Cosmological Constants:Papers in Modern Cosmology*, Columbia University Press (1986).

Bird,K.,and M.Sherwin,American Prometheus:The Triumph and Tragedy of J.Robert *Oppenheimer*,Atlantic (2009).（中译本：《奥本海默传》，凯·伯德、马丁·J. 舍温 著，李霄垅、华夏、裔祖 译，译林出版社，2009 年第 1 版）

Bodanis,D.,*$E=mc^2$:A Biography of the Worlds Most Famous Equation*,Pan (2001).（中译本（台版）:《$E=mc^2$：天字第一号公式传记》，大卫·博丹尼斯 著，陈柏苍 译，经典传讯出版，2004 年 10 月）

——,*Electric Universe:How Electricity Switched On the Modern World*,Abacus (2006).

Bondi,H.,*Cosmology*,Cambridge University Press (1960).

Boslough,J.,*Stephen Hawking's Universe*,Avon (1989).

Burbidge,G.,and M.Burbidge,*Quasi-Stellar Objects*,W.H.Freeman(1967).

Chandrasekhar,S.,Eddington:*The Most Distinguished Astrophysicist of His Time*,Cambridge University Press (1983).（中译本：《爱丁顿》，钱德拉塞卡 著，吴智恒，王恒碧 译，上海远东出版社，1991 年第 1 版）

Christensen,S.,ed.,*Quantum Theory of Gravity:Essays in Honor of the 60th Birthday of Bryce S. DeWitt*, Adam Hilger (1984).

Close,F.,*The Infinity Puzzle*,Oxford University Press (2011).
Collins,H.,*Gravitys' Shadow:The Search for Gravitational Waves.* University of Chicago Press (2004).

Cook,N.,*The Hunt for Zero Point*,Arrow (2001).

Cornwell,J.,*Hitlers Scientists:Science,War,and the Devils Pact*,Pengtun (2004).

Danielson,D.,*The Book of the Cosmos:Imagining the Universe From Heraclitus to Hawking,* Perseus (2000).

Davies,P.,and J.Brown,eds.,*Superstrings*,Cambridge University Press (1988).（中译本：《超弦：一种包罗万象的理论》, P.C.W. 戴维斯 , J. 布朗 著 , 中国对外翻译出版社 , 1994 年 2 月）

DeWitt,C.,and B.DeWitt,eds.,*Relativity Groups and Topology*,Gordon and Breach *Science* Publishers (1964).

——,eds.,*Black Holes*,Gordon and Breach Science Publishers (1973).

DeWitt,C.,and D.Rickles,*The Role of Gravitation in Physics:Report from the* 1957 *Chapel Hill Conference*,Edition Open Access (2011).

DeWitt-Morette,C.,*Gravitational Radiation and Gravitational Collapse*,D.Reidel (1974).

——,*The Pursuit of Quantum Gravity:Memoirs of Bryce DeWitt From 1946 to 2004*,Springer (2011).

Dickens,C.,*A Detective Police Party*,Read Books (2011).

Doxiadis,A.,and C.Papadimitriou,*Logicomix:An Epic Search for Truth*,Bloomsbury (2009).

Durham,F.,and R.Purrington,*Frame of the Universe:A History of Physical* Cosmology,Columbia University Press (1983).

Eddington,A.,*The Nature of the Physical World*,Cambridge University Press (1929).

——,*Fundamental Theory,Cambridge* University Press (1953).

——,*The Internal Constitution of the Stars*,Dover (1959).

——,*The Mathematical Theory of Relativity*,Cambridge University Press (1963).

Ehlers,J.,J.Perry,and M.Walker,9*Th Texas Symposium on Relativistic Astrophysics*,New York Academy of Sciences (1980).

Einstein,A.,*Relativity*,Routledge Classics (2001).

——,*The Collected Papers of Albert Einstein*,Volumes 1-13,Princeton University Press (2012).（中译本：《爱因斯坦全集》，第一卷 - 第十卷，湖南科学技术出版社，2014 年）

Eisenstaedt,J.,*The Curious History of Relativity:How Einstein.s Theory of Gravity Was Lost and Found Again*,Princeton University Press (2006).

Eisenstaedt,J.,and A.Kox,eds.,*Studies in the History of General Relativity*,Volume 3,Birkhauser (1992).

Ellis,G.,A.Lanza,and J.Miller,*The Renaissance of General Relativity and osmology*,Cambridge University Press (1993).

Farmelo,G.,*The Strangest Man:The Life of Paul Dirac*,Faber and Faber (2010).（中译本：《量子怪杰：保罗·狄拉克传》，格雷姆·法米罗 著，兰梅 译，季燕江 审校，重庆大学出版社，2015 年 5 月；该作者另有一本书中译出版：格雷厄姆·法米罗，《天地有大美——现代科学之伟大方程》，涂泓，吴俊译，冯承天 译校，上海科技教育出版社，2006 年 4 月）

Ferguson,K.,*Stephen Hawking:His Life and Work*,Bantam (2012).（中译本（台译）：《时空旅行的梦想家：史蒂芬·霍金》，吉蒂·弗格森 著，蔡承志 译，时报文化出版，2013 年 11 月；该作者另有一本书中译出版：吉蒂·费格森，《量天：人类探索宇宙边界的历史》，孙宏涛，晏凯亮 译，北京大学出版社，2005 年 6 月）

Ferreira,P.,*The State of the Universe:A Primer in Modern Cosmology*,Phoenix (2007).

Feynman,R.,*Surely You.re Joking,Mr.Feynman! Adventures of a Curious Character*,W.W.Norton (1985).（中译本：《别逗了，费曼先生》，王祖哲 译，湖南科学技术出版社，“走近费曼丛书”，2013 年第 2 版）

Feynman,R.,F.Morinigo,and W.Wagner,*Lectures on Gravitation*,Penguin (1999).

Fölsing,A.,*Albert Einstein*,Penguin (1998).（中译本:《爱因斯坦传》, A. 弗尔辛 著，薛春志译，人民文学出版社，2011 年版）

Gamow,G.,*My World Line:An Informal Autobiography*,Viking (1970).

Gorobets,B.,*The Landau Circle:The Life of a Genius*,URSS (2008).

Graham,L.,*Science in Russia and in the Soviet Union:A Short History*,Cambridge University Press (1993).

Greene,B.,*The Elegant Universe:Superstrings,Hidden Dimensions,and the Quest for the Ultimate Theory*,Vintage (2000).（中译本：《宇宙的琴弦》，B. 格林 著，李泳 译，湖南科学技术出版社，2005 年第 2 版）

——,*The Hidden Reality:Parallel Universes and the Deep Laws of the Cosmos*,Penguin (2012).（中译本：《隐藏的现实：平行宇宙是什么》，B. 格林 著，李剑龙、权伟龙、田苗 译，人民邮电出版社，2013 年第 1 版）

Gregory,J.,*Fred Hoyle.s Universe*, Oxford University Press (2005).

Gribbin,J.,and M.Gribbin,*How Far Is Up:The Men Who Measured the Universe*,Icon Books (2003).

Harrison,B.,K.Thorne,M.Wakano,and J.Wheeler,*Gravitation Theory and Gravitational Collapse*,University of Chicago Press (1965).

Harvey,A.,On *Einstein.s Path:Essays in Honor of Engelbert Schucking*,Springer-Verlag (1992).

Hawking,S.,*A Brief History of Time:From the Big Bang to Black Holes*,Bantam (1988).(中译本:《时间简史》，史蒂芬·霍金 著，许明贤、吴忠超 译，湖南科学技术出版社，2010 年版)

Hawking,S.,and W.Israel,eds.,*General Relativity:An Einstein Centenary Survey*,Cambridge University Press (1979).

——,eds.,*Three Hundred Years of Gravitation*,Cambridge University Press (1989).

Hawking,S.,and L.Mlodinow,*The Grand Design*,Random House (2010).(中译本:《大设计》,史蒂芬·霍金、列纳德·蒙洛迪诺 著，吴忠超 译，湖南科学技术出版社，2011 年第 1 版)

Hoyle,F.,*The Nature of the Universe*,Oxford Blackwell (1950).

——,*Frontiers of Astronomy*,Mentor (1955).（中译本：《天文学前沿》，F. 霍伊尔、J. 纳里卡 著，何香涛、赵君亮 译，湖南科学技术出版社，2007 年第 1 版）

——,*Home Is Where the Wind Blows:Chapters From a Cosmologist's Life*,University Science Books (1994).

Hoyle,F.,G.Burbidge,and J.Narlikar,*A Different Approach to Cosmology:From a Static Universe Through the Big Bang Towards Reality*,Cambridge University Press (2000).

Isaacson,W.,*Einstein:His Life and Universe*,Pocket Books (2008).（中译本：《爱因斯坦：生活和宇宙》，沃尔特·艾萨克森 著，张卜天 译，湖南科学技术出版社，2009 年第 1 版）

Isham,C.,R.Penrose,and D.Sciama,eds.,*Quantum Gravity:An Oxford Symposium*,Clarendon (1975).

John,L.,*Cosmology Now*,BBC (1973).

Kaiser,D. " *Making Theory:Producing Physics and Physicists in Postwar America,* " unpublished PhD thesis,Harvard University (2000).

Kennefick,D.,*Traveling at the Speed of Thought:Einstein and the Quest for Gravitational Waves*,Princeton University Press (2007).（中译本：《传播，以思想的速度：爱因斯坦与引力波》，丹尼尔·肯尼菲克 著，黄艳华 译，上海科技教育出版社，2010 年）

Kilmister,C.,*Eddington.s Search for a Fundamental Theory:A Key to the Universe*,Cambridge University Press (1994).

Kolb,E.,M.Turner,K.Olive,and D.Seckel,*Inner Space/Outer Space*,University of Chicago Press (1986).

Kragh,H.,Dirac:*A Scientific Biography*,Cambridge University Press (1990).（中译本：《狄拉克：科学和人生》，赫尔奇·克劳 著，肖明、龙芸、刘丹 译，湖南科学技术出版社，2009 年第 1 版）

——,*Cosmology and Controversy:The Historical Development of Two Theories of the Universe*,Princeton University Press (1996)

Krauss,L.,*Quantum Man:Richard Feynman.s Life in Science*,W.W.Norton (2012).（中译本（港译）：《量子先生：费曼的科学人生》，劳伦斯·克劳斯 著，严丽娟 译，博雅书屋出版，2012 年）

Kumar,M.,*Quantum:Einstein,Bohr,and the Great Debate About the Nature of Reality*,Icon (2009).（中译本：《量子理论：爱因斯坦与玻尔关于世界本质的伟大论战》，曼吉特·库马尔 著，包新周、伍义生、余瑾 译，重庆出版集团，2012 年第 1 版）

Lambert,D.,*Un atome d.univers:La vie et l.oeuvre de Georges Lemaître*,Éditions Racine (1999).

Lang,K.,and O.Gingrich,*A Source Book in Astronomy and Astrophysics*,1900~1975,Harvard University Press (1979).

Lemonick,M.,*The Light at the Edge of the Universe*,Princeton University Press (1995).

Lenin,V.,*Materialism and Empiriocriticism*,*Literary Licensing*,LLC (2011).（中译本：《唯物主义和经验批判主义》，V. 列宁 著，人民出版社）

Levin,Janna.,*A Madman Dreams of Turing Machines*,Phoenix (2010).

Lichnerowicz,A.,A.Mercier,and M.Kervaire,*Cinquantenaire de la théorie de la relativité*,Birkhäuser (1956).

Lightman,A.,and R.Brawer,Origins:*The Lives and Worlds of Modern Cosmologists*,Harvard University Press (1990).

Lourie,R.,*Sakharov:A Biography*,Brandeis (2002).

Marx,K.,*Capital*,Penguin (1990).（中译本：《资本论》，卡尔·马克思 著，人民出版社）

Melia,F.,*Cracking the Einstein Code:Relativity and the Birth of Black Hole Physics*,University of Chicago Press (2009).（该作者有一本书中译出版：弗里维奥·梅利亚 著，《无限远的边缘：宇宙中的特大质量黑洞》，萧耐园 译，湖南科学技术出版社，2006 年 11 月）

Michelmore,P.,*Einstein:Profile of the Man*,Dodd,Mead (1962).

Miller,A.,*Empire of the Stars:Friendship,Obsession,and Betrayal in the Quest for Black Holes*,Abacus (2007).

——,*Deciphering the Cosmic Number:The Strange Friendship of Wolfgang Pauli and Carl Jung*,W.W.Norton (2009).

Minton,S.,*Fred Hoyle: A Life in* Science,Cambridge University Press (2011).

Misner,C.,K.Thorne,and J.Wheeler,*Gravitation*,W.H.Freeman (1973).（中译本（台译）：《引力论》，C.W. 麦思纳，K.S. 索恩，J.A. 惠勒 著，陈秉乾，马，陈熙谋，李淑娴 译，正中书局出版，1997 年 12 月）

Monk,R.,*Inside the Centre:The Life of J.Robert Oppenheimer*,Jonathan Cape (2012).

Munns,D.,*A Single Sky:How an International Community Forged the Science of Radio Astronomy*,MIT Press (2012).

North,J.,*The Measure of the Universe:A History of Modern Cosmology*,Dover (1965).

Novikov,I.,*River of Time*,Cambridge University Press (2001).（中译本:《时间之河》,伊戈尔诺维科夫 著，吴王杰，陆雪莹，闵锐 译，上海科学技术出版社，2001 年 11 月）

Nussbaumer,H.,and L.Bieri,*Discovering the Expanding Universe*,Cambridge University Press (2009).

Ostriker,J.,*Selected Works of Yakov Borisovich Zeldovich*,Princeton University Press (1993).

Overbye,D.,*Lonely Hearts of the Cosmos*,Harper Collins (1991).（中译本：《环宇孤心》，丹尼斯·奥弗比 著，任华，苑爱玲，谢天海，甄春亮 译，中信出版社，2002 年 3 月）

Pais,A.,*Subtle Is the Lord:The Science and Life of Albert Einstein*,Oxford University Press (1982).（中译本：《爱因斯坦传》，亚伯拉罕·派斯 著，方在庆、李勇 等译，商务印书馆，2004 年第 1 版）

Pais,A.,and R.Crease,*J.Oppenheimer:A Life*,Oxford University Press (2006).

Panek,R.,*The 4% Universe:Dark Matter,Dark Energy,and the Race to Discover the Rest of Reality*,Houghton Miffl in Harcourt (2011).

Peat,D.,*Superstrings and the Search for the Theory of Everything*,Contemporary Books (1988).

Peebles,P.,*Physical Cosmology*,Princeton University Press (1971).

Peebles,P.,L.Page,and B.Partridge,*Finding the Big Bang*,Cambridge University Press (2009).

Proust,M.,*In Search of Lost Time,Volume 5:The Captive and the Fugitive*,Vintage (1996).

Regis,E.,*Who Got Einstein.s Office? Eccentricity and Genius at the Princeton Institute for Advanced Study*,Penguin (1987).（中译本：《谁得到了爱因斯坦的办公室》，埃德·里吉斯 著，张大川 译，上海科技教育出版社，“哲人石丛书”，2012 年第 1 版）

Reid,C.,*Hilbert*,Springer-Verlag (1970).

Robinson,I.,A.Schild,and E.Schucking,*Quasi-stellar Sources and Gravitational Collapse*,University of Chicago Press (1965).

Rovelli,C.,*Quantum Gravity*,Cambridge University Press (2010).（该作者有一本书中译出版:

卡尔罗·罗威利，《假如时间不存在？——讲点颠覆常理的科学》，李润 译，化学工业出版社，2013 年 5 月）

Sakharov,A.,*Collected Scientific Works*,Marcel Dekker (1982).

——,*Memoirs*,Vintage (1992).

Schilpp,P.,*Albert Einstein:Philosopher-Scientist*,Open Court (1949).

Schrödinger,E.,*Space-Time Structure*,Cambridge University Press (1960).

Schweber,S.,*QED and the Men Who Made It*,Princeton University Press (1994).

——,*Einstein and Oppenheimer:The Meaning of Genius*,Harvard University Press (2008).

Silk,J.,*The Big Bang*,W.H.Freeman (1989).

Smolin,L.,*Three Roads to Quantum Gravity*,Weidenfeld & Nicholson (2000).（中译本：《通向量子引力的三条途径》，李·斯莫林 著，李新洲 等译，上海科学技术出版社，2003 年第 1 版）

——,*The Trouble with Physics:The Rise of String Theory,the Fall of Science,and What Comes Next*,Allen Lane (2006).（中译本：《物理学的困惑》，L. 斯莫林 著，李泳 译，湖南科学技术出版社，2008 年第 1 版）

Smoot,G.,and K.Davidson,*Wrinkles in Time:The Imprint of Creation*,Abacus (1995).

Sommerfeld,A.,*Atomic Structure and Spectral Lines*,Methuen (1923).

Stachel,J.,ed.,*Einstein.s Miraculous Year:Five Papers That Changed the Face of Physics*, Princeton University Press (1998).（中译本：《爱因斯坦奇迹年》，约翰·施塔赫尔 主编，范岱年、许良英 译，上海世纪出版集团，2007 年第 1 版）

Stalin,J.,*Problems of Leninism*,Foreign Languages Press (1976).（中译本:《列宁主义问题》，J. 斯大林 著，人民出版社）

Stanley,M.,*Practical Mystic*,University of Chicago Press (2007).

Sunyaev,R.,ed.,*Zeldovich:Reminiscences*,Taylor & Francis (2005).

Susskind,L.,*The Cosmic Landscape:String Theory and the Illusion of Intelligent Design*,Back Bay Books (2006).

——,*The Black Hole War:My Battle With Stephen Hawking to Make the World Safe for Quantum Mechanics*,Back Bay Books (2008).（中译本:《黑洞战争》，伦纳德萨斯坎德 著，李新洲、敖犀晨、赵伟 译，湖南科学技术出版社，2010 年第 1 版）

Thorne,K.,*Black Holes and Time Warps:Einstein.s Outrageous Legacy*,Picador (1994).（中译本：《黑洞与时间弯曲》，基普索恩 著，李泳 译，湖南科学技术出版社，2000 年第 1 版）

Tropp,E.,V.Frenkel,and A.Chernin,*Alexander A.Friedmann:The Man Who Made the Universe Expand*,Cambridge University Press (1993).

Turok,N.,ed.,*Critical Dialogues in Cosmology*, World Scientific (1997).（收录了普林斯顿 1996 年宇宙学评判性对话论文）

Vucinich,A.,*Einstein and Soviet Ideology*,Stanford University Press (2001).

Wazek,M.,*Einsteins Gegner*,Campus Verlag (2010).

Weinberg,S.,*Gravitation and Cosmology*,John Wiley and Sons (1972).（中译本：《引力论和宇宙论》，S. 温伯格 著，邹振隆 等译，科学出版社，1979 年版）

——,*Lake Views:This World and the Universe*,Harvard University Press (2009).（中译本:《湖畔遐思：宇宙和现实世界》，史蒂文·温伯格 著，丁亦兵，乔从丰，李学潜，沈彭年 译，科学出版社，2015 年 4 月）

Wheeler,J.,*Geometrodynamics*,Academic Press (1962).

——,*At Home in the Universe*,AIP Press (1994).（中译本:《宇宙逍遥》，约翰阿奇博尔德惠勒 著，田松、南宫梅芳 译，北京理工大学出版社，"盗火者译丛"，2006 年第 1 版）

Wheeler,J.,and K.Ford,*Geons,Black Holes,and Quantum Foam:A Life in Physics*,W.W.Norton (1998).（中译本:《惠勒自传》，约翰阿奇博尔德惠勒 著，向真 译，湖南科学技术出版社，2015 年第 1 版；中译本（台译）：《约翰·惠勒自传》，约翰·惠勒 著，蔡承志 译，汕头大学出版社，2004 年第 1 版）

Woit,P.,*Not Even Wrong:The Failure of String Theory and the Continuing Challenge to Unify the Laws of Physics*,Vintage (2007).

Yau,S-T.,and S.Nadis,*The Shape of Inner Space:String Theory and the Geometry of the Universe's Hidden Dimensions*,Basic Books (2010).（中译本：《大宇之形》，丘成桐，史蒂夫·纳迪斯著，翁秉仁，赵学信 译，湖南科学技术出版社，2012 年）

Yourgrau,P.,*A World Without Time:The Forgotten Legacy of Gödel and Einstein*,Allen Lane (2005).（中译本（台译）：《没有时间的世界》，（美）尤格拉著，尤斯德，马自恒 译，电子工业出版社，2013 年）

Zel'dovich,Y.,and I.Novikov,*Relativistic Astrophysics:Stars and Relativity*,University of Chicago Press (1971).

文章

Abadies,J.,http://arxiv.org/abs/1003.2480 (2010).

Abramowicz,M.,and P.Fragile,http://arxiv.org/abs/1104.5499 (2011).

Albrecht,A.,and P.Steinhardt,*Phys.Rev.Lett.*,48,1220 (1982).

Alpher,R.,H.Bethe,and G.Gamow,*Nature*,73,803 (1948).

Altshuler,B.,http://arxiv.org/abs/hep-ph/0207093 (2002).

Appell,D.,*Physics World*,October,36 (2011).

Ashtekhar,A.,*Phys.Rev.Lett.*,57,2244 (1986).

——,*Phys.Rev.*D,36,1587 (1987).

Ashtekhar,A.,and R.Geroch,*Rep.Prog.Phys.*,37,122 (1974).

Bahcall,N.,et al.,*Science*,284,1481 (1999).

Barbour,J.,*Nature*,249,328 (1974).

Barreira,M.,M.Carfora,and C.Rovelli,http://arxiv.org/abs/gr-qc/9603064 (1996).

Bartusiak,M.,*Discovery*,August,62 (1989).

Battersby,S.,*New Scientist*,April,30 (2005).

Bekenstein,*J.,Phys.Rev.D*,7,2333 (1973).

——,*Phys.Rev.D*,11,2072 (1975).

——,*Sci.Am.*,August,58 (2003).

——,http://arxiv.org/abs/astro-ph/0403694 (2004).

——,http://arxiv.org/abs/astro-ph/0701848 (2007).

Bekenstein,J.,and A.Meisels,*Phys.Rev.*D,18,4378 (1978).

——,*Phys.Rev.*D,22,1313 (1980).

Bekenstein,J.,and M.Milgrom,*Astroph.Jour.*,286,7 (1984).

Belinsky,V.,I.Khalatnikov,and E.Lifshitz,*Advances in Physics*,19,525 (1970).

Bell Burnell,J.,*Ann.New York Ac.Sci.*,302,665 (1977).

——,Astron.& Geoph.,47,1.7 (2004).

Blandford,R.,and M.Rees,*Mon.Not.Roy.Ast.Soc.*,169,395 (1974).

Blumenthal,G.,A.Dekel,and J.Primack,*Astroph.Jour.*,326,539 (1988).

Bohr,N.,and J.Wheeler,*Phys.Rev.*,56,426 (1939).

Bondi,H.,and T.Gold,*Mon.Not.Roy.Ast.Soc.*,108,252 (1948).

Born,M.,*Nature*,164,637 (1949).

Bowden,M.,*Atlantic Monthly*,July (2012).

Brans,C.,http://arxiv.org/abs/gr-qc/0506063 (2005).

——,AIP Conf.Proc.,1083,34 (2008).

Calder,L.,and O.Lahav,*Astron.& Geoph.*,49,1.13 (2008).

Candelas,P.,et al.,*Nuc.Phys.* B,258,46 (1985).

Carroll,S.,W.,and E.Turner,*Ann.Rev.Astron.Astroph.*,30,499 (1992).

Carter,B.,*Phys.Rev.*,141,1242 (1966).

——,*Phys.Rev.*,174,1559 (1968).

——,http://arxiv.org/abs/gr-qc/0604064 (2006).

Centrella,J.,et al.,*Rev.Mod.Phys.*,82,3069 (2010).

Chandrasekhar,S.,*Astroph.Journ.*,74,81 (1931a).

——,*Mon.Not.Roy.Ast.Soc.*,91,456 (1931b).

——,*The Observatory*,57,373 (1934).

——,*The Observatory*,58,33 (1935a).

——,*Mon.Not.Roy.Ast.Soc.*,95,207 (1935b).

——,*Mon.Not.Roy.Ast.Soc.*,95,226 (1935c).

Chandrasekhar,S.,and C.Miller,*Mon.Not.Roy.Ast.Soc.*,95,673 (1935).

Chandrasekhar,S.,and J.Wright,*Proc.Nat.Ac.Sci.*,47,341 (1961).

Chiu,H.,*Physics Today*,May,21 (1964).

Choptuik,M.,*Astron.Soc.Pac.*,123,305 (1997).

Coles,P.,http://arxiv.org/abs/astro-ph/0102462 (2001).

Crease,R.,*Physics World*,January,19 (2010).

Davis,M.,et al.,*Astroph.Jour.*,292,371 (1985).

——,*Nature*,356,489 (1992).

de Bernardis,P.,et al.,*Nature*,404,955 (2000).

de Sitter,W.,*Proc.Roy.Neth.Ac.Art.Sci.*,20,229 (1918).

——,*The Observatory*, 53,37 (1930).

DeVorkin,D.,interview with V.Rubin for AIP,http://www.aip.org/history/ohilist/5920_1.html (1984).

DeWitt,B.,*Phys.Rev.*,160,1113 (1967a).

——,*Phys.Rev.*,162,1195 (1967b).

——,*Phys.Rev.*,162,1239 (1967c).

——,*Gen.Rel.Grav.*, 41,413 (2009).

Dicke,R.,et al.,*Astroph.Jour.*,142,414 (1965).

Dirac,P.,*Nature*,168,906 (1958a).

——,*Proc.Roy.Soc.Lon.*A,246,333 (1958b).

——,*Proc.Roy.Soc.*A.,338,439 (1974).

Doroshkevich,A.,R.Sunyaev,and Y.Zel.dovich,*IAU Symp.*,63,213 (1974).

Doroshkevich,A.,Y.Zel.dovich,and I.Novikov,*Sov.Ast.*,11,233 (1967).

Douglas,D.,*Jour.Roy.Ast.Soc.Can.*,61,77 (1967).

Duff,M.,*Phys.Rev.*D,7,2317 (1971).

——,*New Scientist*,January,96 (1977).

——,http://arxiv.org/abs/hep-th/9308075 (1993).

——,*Sci.Am.*,February,64 (1998).

——,http://arxiv.org/abs/1112.0788 (2011).

Dyson,F.,A.Eddington,and C.Davison,*Phil.Trans.Roy.Soc.Lon.*,A 220,291 (1920).

Earman,J.,and C.Glymour,*Arch.Hist.Exac.Sci.*,19,291 (1978).

Eddington,A.,*The Observatory*,36,62 (1913).

——,*The Observatory*,38,93 (1915).

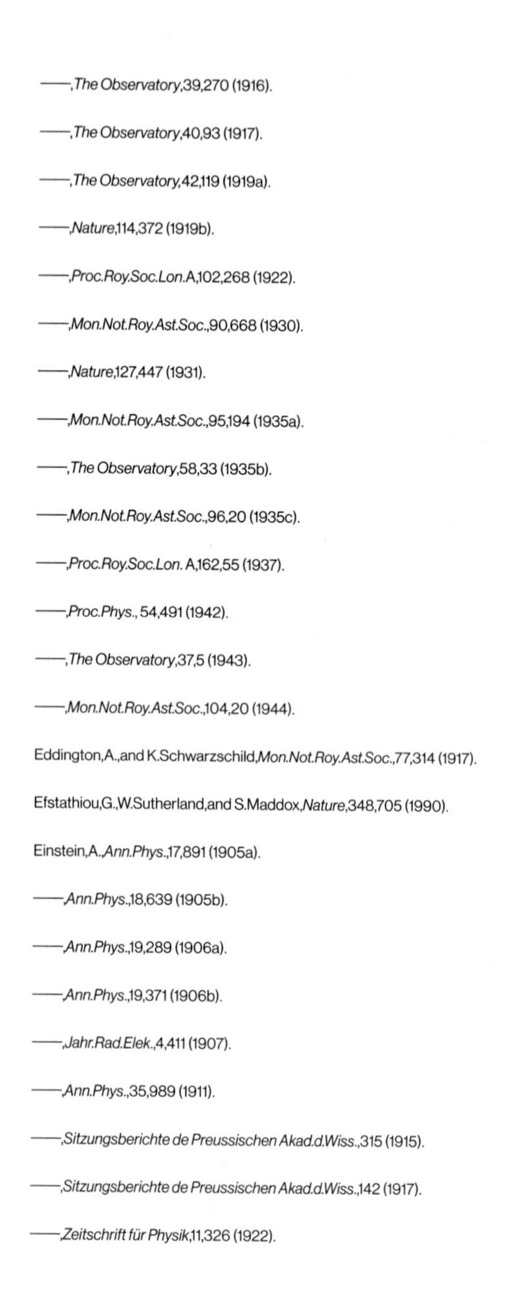

——,*The Observatory*,39,270 (1916).

——,*The Observatory*,40,93 (1917).

——,*The Observatory*,42,119 (1919a).

——,*Nature*,114,372 (1919b).

——,*Proc.Roy.Soc.Lon*.A,102,268 (1922).

——,*Mon.Not.Roy.Ast.Soc*.,90,668 (1930).

——,*Nature*,127,447 (1931).

——,*Mon.Not.Roy.Ast.Soc*.,95,194 (1935a).

——,*The Observatory*,58,33 (1935b).

——,*Mon.Not.Roy.Ast.Soc*.,96,20 (1935c).

——,*Proc.Roy.Soc.Lon*. A,162,55 (1937).

——,*Proc.Phys*., 54,491 (1942).

——,*The Observatory*,37,5 (1943).

——,*Mon.Not.Roy.Ast.Soc*.,104,20 (1944).

Eddington,A.,and K.Schwarzschild,*Mon.Not.Roy.Ast.Soc*.,77,314 (1917).

Efstathiou,G.,W.Sutherland,and S.Maddox,*Nature*,348,705 (1990).

Einstein,A.,*Ann.Phys*.,17,891 (1905a).

——,*Ann.Phys*.,18,639 (1905b).

——,*Ann.Phys*.,19,289 (1906a).

——,*Ann.Phys*.,19,371 (1906b).

——,*Jahr.Rad.Elek*.,4,411 (1907).

——,*Ann.Phys*.,35,989 (1911).

——,*Sitzungsberichte de Preussischen Akad.d.Wiss*.,315 (1915).

——,*Sitzungsberichte de Preussischen Akad.d.Wiss*.,142 (1917).

——,*Zeitschrift für Physik*,11,326 (1922).

——,*Zeitschrift für Physik*,16,228 (1923).

——,*Philosophy of Science*,1,163 (1934).

——,*Ann.Math.*,40,992 (1939).

——,*Physics Today*,August,45 (1982).

Einstein,A.,and M.Grossman,*Zeitschrift für Physik*,62,225 (1913).

Ellis,G.,http://www.st-edmunds.cam.ac.uk/faraday/cis/Ellis (2007).

——,*Nature*,469,294 (2011a).

——,*Sci.Am.*,August,38 (2011b).

Esposito,G.,http://arxiv.org/abs/1108.3269v1 (2011).

Faber,S.,and J.Gallagher,*Ann.Rev.Astron.Astroph.I*,17,135 (1979).

Ferreira,P.,*New Scientist*,12 October (2010).

Fock,V.,*Voprosy Philosophii*,1,168 (1953).

Fowler,R.,*Mon.Not.Roy.Ast.Soc.*,87,114 (1926).

Friedan,D.,http://arxiv.org/abs/hep-th/0204131 (2002).

Friedmann,A.,*Zeitschrift für Physik*,10,377 (1922).

Gamow,G.,*Nature*,162,680 (1948).

Garwin,R.,*Physics Today*,27,9 (1974).

Giacconi,R.,et al.,*Phys.Rev.Lett.*,9,439 (1962).

Gibbs,G.,*Sci.Am.*,April,89 (2002).

Giddings,S.,http://arxiv.org/abs/1105.6359v1 (2011a).

——,http://arxiv.org/abs/1108.2015v2 (2011b).

Glanz,J.,*Science*,279,651 (1998).

Gödel,K.,*Rev.Mod.Phys.*,21,447 (1949).

Goenner,H.,*Liv.Rev.*Rel.,7 (2004).

Gorelik,G.,*Sci.Am.*,August,72 (1997).

Green,M.,and J.Schwarz,*Phys.Lett.B*,149,117 (1984).

Greenstein,J.,*Ann.Rev.Astron.Astroph.*,22,1 (1984).

Gross,D.,*Nuc.Phys.*B.,236,349 (1984).

Guth,A.,*Phys.Rev.*D,23,347 (1981).

Guzzo,L.,et al.,http://arxiv.org/abs/0802.1944 (2008).

Hamber,H.,http://arxiv.org/abs/0704.2895v3 (2007).

Hanany,S.,*Astroph.Jour.Lett.*,545,5 (2000).

Hanbury-Brown,R.,*IAU Supp.*,9,471B (1959).

Hannam,M.,*Class.Quant.Grav.*,26,114001 (2009).

Harvey,A.,and E.Schucking,*Am.Journ.Phys.*,68,723 (1999).

Harwitt,M.,interview with P.J.E.Peebles for AIP,http://www.aip.org/history/ohilist/4814.html (1984).

Hawking,S.,*Phys.Rev.Lett.*,17,444 (1966).

——,*Comm.Math.Phys.*,25,152 (1971a).

——,*Phys.Rev.Lett.*,26,1344 (1971b).

——,*Nature*,248,30 (1974).

——,*Comm.Math.Phys.*,43,199 (1975).

——,*Phys.Rev.D*,13,13 (1976a).

——,*Phys.Rev.D*,14,2460 (1976b).

——,*Nuc.Phys.B*,144,349 (1978).

——,*Comm.Math.Phys.*,87,395 (1982).

Hawking,S.,and G.Ellis,*Astroph.Jour.*,152,25 (1968).

Hawking,S.,and R.Penrose,*Proc.Roy.Soc.Lon.*A,314,529 (1970).

Hegyi,D.,ed.,6*Th Texas Symposium on Relativistic Astrophysics*,*Ann.*New York Ac.Sci.,224 (1973).

Hetherington,N.,*Nature*,316,16 (1986).

Hewish,A.,S.Bell,J.Pilkington,P.Scott,and R.Collins,*Nature*,217,709 (1968).

Hoyle,F.,*Mon.Not.Roy.Ast.Soc.*,108,372 (1948).

Hoyle,F.,and G.Burbidge,*Astroph.Jour.*,144,534 (1966).

Hoyle,F.,and J.Narlikar,*Proc.Roy.Soc.Lon.A*,273,1 (1963).

Hoyt,W.,*Biographical Memoirs,Nat.Ac.Sci.*52,411 (1980).

Hubble,E.,*Astr.Jour.*,64,321 (1926).

——,*Astr.Jour.*,69,103 (1929a).

——,*Proc.Nat.Ac.Sci.*,15,168 (1929b).

Hughes,S.,http://arxiv.org/abs/hep-ph/0511217 (2005).

Humason,M.,*Proc.Nat.Ac.Sci.*,15,167 (1929).

Huterer,D.,and M.Turner,http://arxiv.org/abs/astro-ph/9808133 (1998).

Ioffe,B.,http://arxiv.org/abs/hep-ph/0204295 (2002).

Isham,C.,http://arxiv.org/abs/gr-qc/9210011 (1992).

Israel,W.,*Phys.Rev.*,164,1776 (1967).

Jacobson,T.,http://arxiv.org/abs/gr-qc/9908031 (1999).

Jacobson,T.,and L.Smolin,*Nuc.Phys.*B,299,295 (1988).

Jansky,K.,*Proc.IRE*,21,1387 (1933).

Janssen,M.,University of Minnesota Colloquium at https://sites.google.com/a/umn.edu/micheljanssen/home/talks (2006).

Jennison,R.,and M.Das Gupta,*Nature*,172,996 (1953).

Kennefick,D.,*Physics Today*,September,43 (2005).

Kerr,R.,*Phys.Rev.Lett.*,11,237 (1963).

Kragh,H.,*Centaurus*,32,114 (1987).

Kragh,H.,and R.Smith,*Hist.Sci.*,41,141 (2003).

Krasnov,K.,http://arxiv.org/abs/gr-qc/9710006 (1997).

Landau,L.,*Physikalische Zeitschrift der Sowjetunion*,1,258 (1932).

——,*Nature*,364,333 (1938).

Lemaître,G.,*Ann.de la Soc.Sci.de Brux.*,A47,49 (1927).

——,*Nature*,127,706 (1931).

——,*Proc.Nat.Ac.Sci.*,20,12 (1934).

——,*Ricerche Astronomiche*,5,475 (1958).

Lenard,P.,Nobel lecture,http://www.nobelprize.org/nobel_prizes/physics/laureates/1905 (1906).

Le Verrier,U.,*Ann.De l.Obs.Imp.Paris*,IV (1858).

Lifshitz,E.,and I.Khalatnikov,*Soviet Physics* — JETP,12,108 and 558 (1961).

Lightman,A.,interview with G.de Vaucouleurs for AIP,http://www.aip.org/history/ohilist/33930.html (1988a).

——,interview with P.J.E.Peebles for AIP,http://www.aip.org/history/ohilist/33957.html (1988b).

Linde,A.,*Phys.Lett.*B,108,389 (1982).

Lundmark,K.,*Mon.Not.Roy.Ast.Soc.*,84,747 (1924).

Lynden-Bell,D.,*Nature*,223,690 (1969).

Lynden-Bell,D.,and M.Rees,*Mon.Not.Roy.Ast.Soc.*,152,461 (1971).

Maksimov,A.,*Red Fleet,*14 June (1952).

Mathur,S.,http://arxiv.org/abs/gr-qc/0502050 (2005).

——,http://arxiv.org/abs/0909.1038v2 (2009).

Milgrom,M.,*Astroph.Jour.*,270,365 (1983).

Mills,B.,and O.Slee,*Aust.Jour.Phys.*,10,162 (1956).

Misner,C.,*Rev.Mod.Phys.*,29,497 (1957).

——,*Astrophys.Space Sci.Lib.*,367,9 (2010).

Mooallem,J.,*Harper's Magazine*,October,84 (2007).

Mota,E.,P.Crawford,and A.Simões,Brit.Journ.Hist.Sci.,42,245 (2008).

Neyman,J.,and E.Scott,*Astroph.Jour.*,116,144 (1952).

——,*Astroph.Jour.Supp.*,1,269 (1954).

Norton,J.,in Reflections on Spacetime,Kluwer Academic Publishing (1992).

——,*Stud.Hist.Phil.Mod.Phys.*,31,135 (2000).

Novikov,I.,*Soviet Ast.*,11,541 (1967).

Nussbaumer,H.,and L.Bieri,http://arxiv.org/abs/1107.2281 (2011).

Oppenheimer,J.R.,and R.Serber,*Phys.Rev.*,54,540 (1938).

Oppenheimer,J.R.,and H.Snyder,*Phys.Rev.*,56,455 (1939).

Oppenheimer,J.R.,and G.Volkoff,*Phys.Rev.*,55,375 (1939).

Osterbrock,D.,R.Brashear,and J.Gwinn,*Ast.Soc.Pac.*,10,1 (1990).

Ostriker,J.,and P.Steinhardt,*Nature*,377,600 (1995).

Overbye,D.,*New York Times*,November 11,2003.

Peacock,J.,http://arxiv.org/abs/0809.4573 (2008).

Peat,D.,and P.Buckley,interview with P.Dirac,http://www.fdavidpeat.com/interviews/dirac.htm (1972).

Peebles,P.,*Astroph.Jour.*,142,1317 (1965).

——,*Astroph.Jour.*,146,542 (1966a).

——,*Phys.Rev.Lett.*,16,410 (1966b).

——,*Astroph.Jour.*,147,859 (1967).

——,*Nature*,220,237 (1968).

——,*Astroph.Jour.*,158,103 (1969).

——,*IAU Symp.*,58,55 (1974).

——,*Astroph.Jour.Lett.*,263,1 (1982).

——,*Astroph.Jour.*,284,439 (1984).

——,*Nature*,327,210 (1987a).

——,*Astroph.Jour.Lett.*,315,73 (1987b).

——,http://arxiv.org/abs/astro-ph/0011252v1 (2000).

——,http://arxiv.org/abs/astro-ph/0410284v1 (2004).

Peebles,P.,and J.Yu,*Astroph.Jour.*,162,815 (1970).

Penrose,R.,*Phys.Rev.Lett.*,14,57 (1965).

——,*Nature*,229,185 (1971).

Penzia,A.,and R.Wilson,*Astroph.Jour.*,142,419 (1965).

Perlmutter,S.,et al.,*Astroph.Jour.*,517,565 (1999).

Pretorius,F.,*Phys.Rev.Lett.*,95,121101 (2005).

——,http://arxiv.org/abs/0710.1338 (2007).

Pringle,J.,M.Rees,and A.Pacholczyk,*Astron.& Astroph.*,29,179 (1973).

Reber,G.,*Astroph.Jour.*,91,621 (1940).

——,*Astroph.Jour.*,100,279 (1944).

Rees,M.,*Mon.Not.Roy.Ast.Soc.*,135,145 (1967).

——,*IAU Symposium*,64,194 (1974).

——,*The Observatory*,98,210 (1978).

Rees,M.,and D.Sciama,*Nature*,207,738 (1965a).

——,*Nature*,208,371 (1965b).

——,*Nature*,211,468 (1966).

Reiss,A.,et al.,*Astroph.Jour.*,16,1009 (1998).

Robertson,H.,*Proc.Nat.Ac.Sci.*,93,527 (1949).

Rovelli,C.,http://arxiv.org/abs/gr-qc/9603063 (1996).

——,http://arxiv.org/abs/1012.4707v2 (2010).

Rovelli,C.,and L.Smolin,*Phys.Rev.* D,61,1155 (1988).

——,*Nuc.Phys.*B,331,80 (1990).

——,*Phys.Rev.* D,52,5743 (1995).

Rubin,V.,*Proc.Nat.Ac.Sci.*,40,541 (1954).

——,*Astroph.Jour.*, 159,379 (1970).

——,*Physics Today*,December,8 (2006).

Ruffini,R.,and J.Wheeler,*Physics Today*,January,30 (1971).

Ryle,M.,*The Observatory*,75,13 (1955).

Ryle,M.,and J.Bailey,*Nature*,217,907 (1968).

Ryle,M.,and R.Clarke,*Mon.Not.Roy.Ast.Soc.*,172,349 (1961).

Ryle,M.,F.Smith,and B.Elsmore,*Mon.Not.Roy.Ast.Soc.*,110,508 (1950).

Sachs,R.,and A.Wolfe,*Astroph.Jour.*,147,73 (1967).

Sakharov,A.,*Nature*,331,671 (1988).

Salpeter,E.,*Astroph.Jour.*,140,796 (1964).

Schucking,E.,*Physics Today*,August,46 (1989).

——,http://arxiv.org/abs/0903.3768 (2009).

Sciama,D.,*Nature*,224,1263 (1969).

Sciama,D.,G.Field,and M.Rees,*Phys.Rev.Lett.*,23,1514 (1969).

Sciama,D.,and M.Rees,*Nature*,211,1283 (1966).

Shapiro,B.,interview with M.Humason for AIP,www.aip.org/history/ohilist/4686.html (1965).

Shields,G.,*Pub.Ast.Soc.Pac.*,111,661 (1999).

Silk,J.,*Astroph.Jour.*,151,459 (1968).

Slipher,V.,*Lowell Observatory Bulletin*,58 (1913).

——,*Lowell Observatory Bulletin*,62 (1914).

——,*Proc.Amer.Phil.Soc.*,56,403 (1917).

Smeenk,C.,interview with P.J.E.Peebles for AIP,

http://www.aip.org/history/ohilist/25507_1.html (2002).

Smolin,L.,*Nuc.Phys.*B,160,253 (1979).

Smoot,G.,et al.,*Astroph.Jour.Lett.*,396,1 (1992).

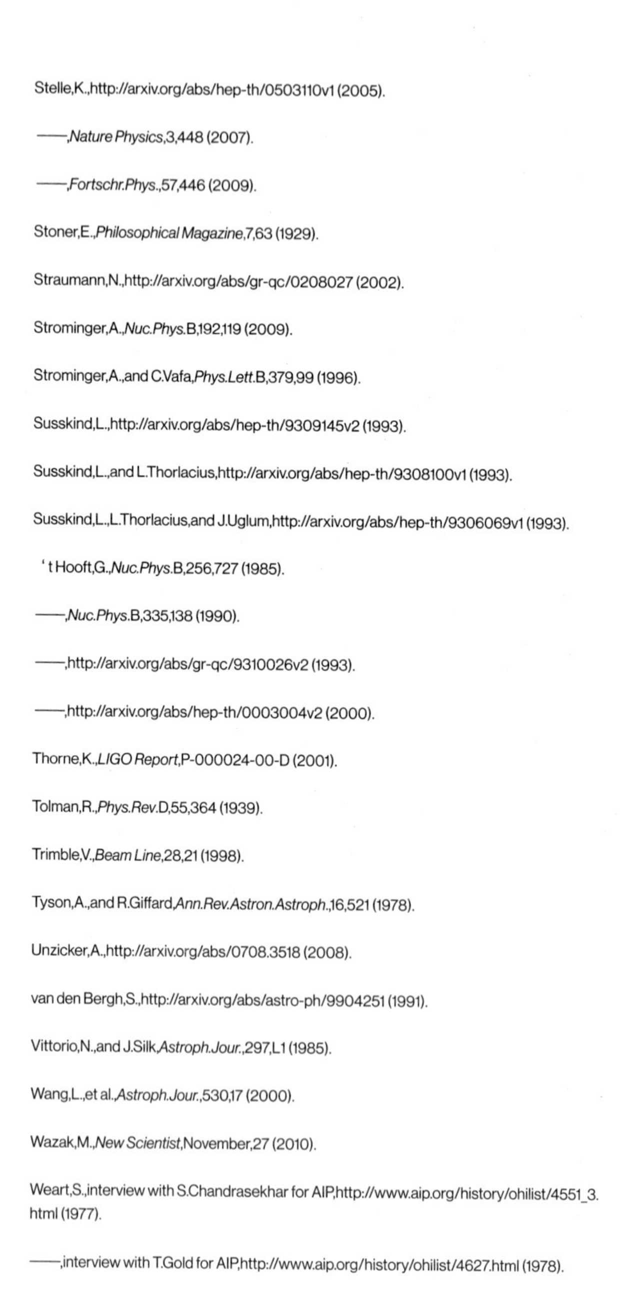

Stelle,K.,http://arxiv.org/abs/hep-th/0503110v1 (2005).

——,*Nature Physics*,3,448 (2007).

——,*Fortschr.Phys.*,57,446 (2009).

Stoner,E.,*Philosophical Magazine*,7,63 (1929).

Straumann,N.,http://arxiv.org/abs/gr-qc/0208027 (2002).

Strominger,A.,*Nuc.Phys.*B,192,119 (2009).

Strominger,A.,and C.Vafa,*Phys.Lett.*B,379,99 (1996).

Susskind,L.,http://arxiv.org/abs/hep-th/9309145v2 (1993).

Susskind,L.,and L.Thorlacius,http://arxiv.org/abs/hep-th/9308100v1 (1993).

Susskind,L.,L.Thorlacius,and J.Uglum,http://arxiv.org/abs/hep-th/9306069v1 (1993).

‘t Hooft,G.,*Nuc.Phys.*B,256,727 (1985).

——,*Nuc.Phys.*B,335,138 (1990).

——,http://arxiv.org/abs/gr-qc/9310026v2 (1993).

——,http://arxiv.org/abs/hep-th/0003004v2 (2000).

Thorne,K.,*LIGO Report*,P-000024-00-D (2001).

Tolman,R.,*Phys.Rev.*D,55,364 (1939).

Trimble,V.,*Beam Line*,28,21 (1998).

Tyson,A.,and R.Giffard,*Ann.Rev.Astron.Astroph.*,16,521 (1978).

Unzicker,A.,http://arxiv.org/abs/0708.3518 (2008).

van den Bergh,S.,http://arxiv.org/abs/astro-ph/9904251 (1991).

Vittorio,N.,and J.Silk,*Astroph.Jour.*,297,L1 (1985).

Wang,L.,et al.,*Astroph.Jour.*,530,17 (2000).

Wazak,M.,*New Scientist*,November,27 (2010).

Weart,S.,interview with S.Chandrasekhar for AIP,http://www.aip.org/history/ohilist/4551_3.html (1977).

——,interview with T.Gold for AIP,http://www.aip.org/history/ohilist/4627.html (1978).

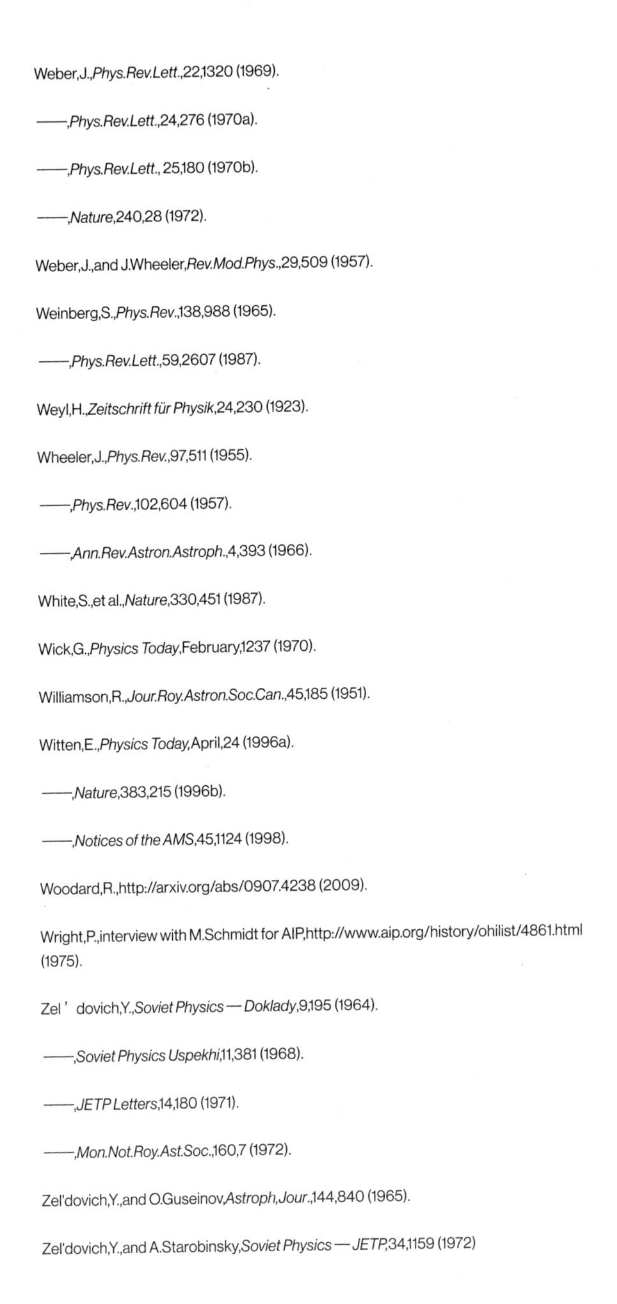

Weber,J.,*Phys.Rev.Lett.*,22,1320 (1969).

——,*Phys.Rev.Lett.*,24,276 (1970a).

——,*Phys.Rev.Lett.*, 25,180 (1970b).

——,*Nature*,240,28 (1972).

Weber,J.,and J.Wheeler,*Rev.Mod.Phys.*,29,509 (1957).

Weinberg,S.,*Phys.Rev.*,138,988 (1965).

——,*Phys.Rev.Lett.*,59,2607 (1987).

Weyl,H.,*Zeitschrift für Physik*,24,230 (1923).

Wheeler,J.,*Phys.Rev.*,97,511 (1955).

——,*Phys.Rev.*,102,604 (1957).

——,*Ann.Rev.Astron.Astroph.*,4,393 (1966).

White,S.,et al.,*Nature*,330,451 (1987).

Wick,G.,*Physics Today*,February,1237 (1970).

Williamson,R.,*Jour.Roy.Astron.Soc.Can.*,45,185 (1951).

Witten,E.,*Physics Today*,April,24 (1996a).

——,*Nature*,383,215 (1996b).

——,*Notices of the AMS*,45,1124 (1998).

Woodard,R.,http://arxiv.org/abs/0907.4238 (2009).

Wright,P.,interview with M.Schmidt for AIP,http://www.aip.org/history/ohilist/4861.html (1975).

Zel’dovich,Y.,*Soviet Physics — Doklady*,9,195 (1964).

——,*Soviet Physics Uspekhi*,11,381 (1968).

——,*JETP Letters*,14,180 (1971).

——,*Mon.Not.Roy.Ast.Soc.*,160,7 (1972).

Zel'dovich,Y.,and O.Guseinov,*Astroph,Jour.*,144,840 (1965).

Zel'dovich,Y.,and A.Starobinsky,*Soviet Physics — JETP*,34,1159 (1972)

名词索引

条目后数字为原版书页码，即本书边码。

acceleration: 加速

in expanding universe model, 膨胀宇宙模型中的 ~ 189-190,216

gravity and, 引力与 ~ 9-10,13-14

accretion disks, 吸积盘 132-133,135

“Against the Ignorant Criticism of Modern Theories in Physics” (Fock), “反对对现代物理学理论的无知批评”（福克）72

“Against the Reactionary Einsteinianism in Physics” (Maximow), “反对反动的爱因斯坦物理学”（马克西莫夫）71-72

Andromeda Galaxy, 仙女座星云 39

identification of,~ 的确认 40-41

Rubin and, 鲁宾与 ~ 182-183

anthropic principle: 人存原理

Carter and, 卡特与 ~ 231

Dicke and, 迪克与 ~ 230-231

“Appeal to Europeans,An” (Einstein), “告欧洲人书”（爱因斯坦）17

Arecibo Observatory (Puerto Rico), 阿雷西博天文台（波多黎各）99

Ashtekar,Abhay:solves field equations, 阿巴·阿什台卡：解场方程 201,203

astronomy: 天文学：

general relativity.s effects on,~ 上的广义相对论效应 29

Newtonian physics in,~ 里的牛顿物理学 7-9

use of gravity waves in,~ 里对引力波的应用 160-162,168

atomic bomb, 原子弹 xvi,63-64,87,101-102

German attempt to develop, 德国人试图发展 ~ 69

Soviet Union develops, 苏联发展 ~ 72,121-123,213-214

B

Baade,Walter, 沃尔特·巴德 179-180
Babson,Roger:and gravity, 罗杰·巴布森，与引力 105-106,107-108
Bahcall,John, 约翰·巴考 169
Bahnson,Agnew:and gravity, 阿格纽·巴森，与引力 108
Bardeen,James, 詹姆斯·巴丁 133-134
“Beginning of the World From the Point of View of the Quantum Theory,The”
(Lemaître), “从量子理论的视角看世界的起源”（勒迈特）44-45
Bekenstein,Jacob: 雅各布·贝肯斯坦
and black holes,~ 与黑洞 146-148,151,193,217,219
and field equations,~ 与场方程 219
and modifications to general relativity,~ 与广义相对论的修正 217-218,221
and Modified Newtonian Dynamics,~ 与修正的牛顿动力学 218,219
and tensor-vector-scalar theory,~ 与张量矢量标量理论 219-220
Belinski,Vladimir, 弗拉基米尔·别林斯基 125
Bell-Burnell,Jocelyn, 乔斯琳·贝尔·伯内尔 xiv,229
denied Nobel Prize,~ 与诺贝尔奖无缘 130
discovers pulsars,~ 发现脉冲星 129-130
“Observation of a Rapidly Pulsating Radio Source”,“对一个快速脉动射电源的观测”129
and quasars,~ 与类星体 129
Bergmann,Peter, 彼得·伯格曼 120,197
Beria,Lavrentiy, 拉夫根季·贝利亚 72,213
Bethe,Hans, 汉斯·贝特 63
“Big Bang Cosmology—Enigmas and Nostrums,The”(Dicke & Peebles),“大爆炸宇宙学——谜和秘方”（迪克和皮布尔斯）180-181,182
“Big Bang” theory: 大爆炸理论
Dicke and, 迪克与 ~176
Eddington rejects, 爱丁顿拒绝 ~44-45,90
Einstein accepts, 爱因斯坦接受 ~46
and expanding universe model,~ 与膨胀宇宙模型 181

Gamow and, 伽莫夫与 ~ 127
and general relativity,~ 与广义相对论 216
Hawking and, 霍金与 ~ 128,229
Hoyle rejects, 霍伊尔拒绝 ~ 85,126-127
Lemaître proposes, 勒迈特提出 ~ 44-45,59,85,88,90,126,181
observational evidence for,~ 的观测证据 127,176
Peebles and, 皮布尔斯与 ~ 176,180-181,182,188,216
Penrose and, 彭罗斯与 ~ 229
Penzias and, 彭齐亚斯与 ~ 126127,128,176,178
Rees and, 里斯与 ~ 173
relic radiation in,~ 的残余辐射 176,178-179,182,188-189
Sachs and, 萨克斯与 ~178
Sciama accepts, 席艾玛接受 ~ 126,127
Silk and, 西尔克与 ~ 178,182,188
string theory and, 弦理论与 ~229-230
Wilson and, 威尔森与 ~ 126-127,128,176,178
Wolfe and, 沃尔夫与 ~ 178
Zel'dovich and, 泽尔多维奇与 ~ 178,181,182,188
Big Bang Theory (TV series),《生活大爆炸》（电视节目）205
“Black Hole Information Paradox” (Hawking),“黑洞信息疑难”（霍金）195-196,205,206
black holes, 黑洞 xiv-xv.see also stars,evolution and decay of 亦见“恒星的演化和衰亡”
area of,~ 的面积 146,148,151,207
Bekenstein and, 贝肯斯坦与 ~ 146-148,151,193,217,219
Carter and, 卡特与 ~ 133-134,146
at center of Milky Way, 银河系中心的 ~ 227-228
Chandra on, 钱德拉塞卡论 ~ 57,64
collision of, 黑洞的碰撞 163-65,169-170,225
Cygnus X-1, 天鹅座 X-1 射电源 133
DeWitt and, 德威特与 ~ 133-34,150,164-165
Eddington rejects, 爱丁顿拒绝 ~ 124,125,134,226
Einstein rejects, 爱因斯坦拒绝 ~ 64-65,124,125,134,226
energy production by,~ 产生的能量 131-132
entropy of,~ 的熵 146-148,151,193,196,206
event horizon of,~ 的事件视界 147,148,205,225

and general relativity,~ 与广义相对论 118,123-124,131-132,134,205,226
Hawking and, 霍金与 ~ 128,133-134,135,145-146,148-151,193-195
and information paradox,~ 与信息疑难 196,205,206-207
Israel and, 伊斯雷尔与 ~ 146
Kerr and, 克尔与 ~ 131
Khalatnikov and, 哈拉尼科夫与 ~ 123-124,125
Lifshitz and, 利弗席兹与 ~ 123-124,125
Lynden-Bell and, 林登 - 贝尔与 ~ 132-133,225,226
nature of,~ 的性质 132-135
Newman and, 纽曼与 ~ 134
Novikov and, 诺维科夫与 ~ 134,135,225,226,227
observational evidence for,~ 的观测证据 132-33,226-227
Oppenheimer and Snyder study, 奥本海默和斯奈德的研究 47-48,49,64,120,123
Penrose and, 彭罗斯与 ~ 124-126,128,132,135,145-146,148,226
quantum physics and, 量子理论与 ~ 148-149
quasars as, 作为 ~ 的类星体 228
radiation by,~ 辐射 145,149-151,193-195,196,205,206-207
as radio sources, 作为射电源的 ~ 131-132
Rees and, 里斯与 ~ 135,173,225,226
satellite-based study of,~ 的卫星天文台研究 224-225
Schwarzschild discovers, 施瓦西对 ~ 的发现 49-50,64,75,131,132
Sciama and, 席艾玛与 ~ 150
and search for gravity waves,~ 与引力波的搜寻 163-164,169-170,225
Smarr and, 斯马尔与 ~ 165,166
Thorne and, 索恩与 ~ 133-134,135,226
Wheeler and, 惠勒与 ~ 100,103,116,118,123,132,134,150,175,226
Zel'dovich and, 泽尔多维奇与 ~ 131-132,133,135,148,225,226,227
Blumenthal,George:and cosmological constant, 乔治·布卢门撒尔，与宇宙学常数 187
Bohr,Niels, 尼尔斯·玻尔 73,122
and quantum physics,~ 与量子物理学 101
Bohr,Niels & John Archibald Wheeler: “The Mechanism of Nuclear Fission”, 玻尔与惠勒合写的文章：“核裂变的机制”62-63
Boltzmann,Ludwig, 路德维希·玻尔兹曼 3
Bondi,Hermann, 赫尔曼·邦迪 86,87-88,114,120

and general relativity,98,~ 与广义相对论 119,154
and gravity waves,~ 与引力波 154
performs thought experiments,~ 的思想实验 154
and steady-state theory,~ 与稳恒态理论 89-91,96,97-98,119
Born,Max, 马克斯·玻恩 58
flees Germany,~ 逃离德国 69
on steady-state theory,~ 关于稳恒态理论 91
Brans,Carl:and gravity, 卡尔·布兰斯，与引力 212-213
Bronstein,Matvei, 马特维·布朗斯坦 143
Burbidge,Geoffrey & Margaret, 伯比奇夫妇，杰弗里与玛格丽特 98
and stellar energy sources,~ 与恒星能源 113
Burnell,Jocelyn, 见 Bell-Burnell，Jocelyn
Butterfield,Herbert, 赫伯特·巴特菲尔德 91

Calabi-Yau geometry:and string theory, 卡拉比-丘几何，与弦理论 199
Cambridge,University of:cosmology at, 剑桥大学，宇宙学 86-93,94,96-98,119
Candelas,Philip, 菲利普·坎德拉斯 144
on Hawking,~ 论霍金 149-150
andstring theory,~ 与弦理论 199,204
Carter,Brandon: 布兰顿·卡特
and anthropic principle, 与人择原理 231
and black holes,~ 与黑洞 133-134,146
CDM model of universe, 宇宙的冷暗物质模型 184-185.see also dark matter 亦见“暗物质”
cosmological constant in,~ 中的宇宙学常数 185,186-187,189,191
and galaxy formation,~ 与星系的形成 184,185
inflationary model and, 暴胀模型与 ~ 185
large-scale structure theory and, 大尺度结构理论与 ~ 184,189
Peebles and, 皮布尔斯与 ~ 184-185,188,191
Center for Relativity (Austin):（奥斯汀）相对论研究中心
Kerr at, 克尔在 ~ 120-121

Penrose at, 彭罗斯在 ~ 120-121
Schild forms, 席尔德推动建立 ~ 114-115,120
Cepheids, 造父变星 40
CERN (Geneva):and unified theory, 欧洲核子研究中心（日内瓦），与统一理论 142,144
Chandrasekhar,Subrahmanyan: 萨婆罗门扬·钱德拉塞卡
on black holes,~ 论黑洞 57,64
Eddington opposes, 爱丁顿反对 ~ 57,64,211
and Gödel,~ 与哥德尔 79
and quantum physics,~ 与量子物理学 54-58,59
and radio astronomy,~ 与射电天文学 94
and stellar evolution and decay,~ 与恒星的演化和衰亡 55-57,64,115,129,139,211
cold dark matter model. 冷暗物质模型
See CDM model of universe 见“宇宙的冷暗物质模型”
Coleman,Sidney, 西德尼·科尔曼 201
concordance model of universe, 一致性模型 190-192
large-scale structure theory and, 大尺度结构与 ~ 191
Copernicus,Nicolaus, 尼古拉·哥白尼 29
Cosmic Background Explorer (satellite): 宇宙背景探测器（卫星）
measures relic radiation,~ 测量残余辐射 188
Smoot and, 斯穆特与 ~ 188
“Cosmic Static”(Reber),“静宇宙”（雷伯）94,95
“cosmic web”,“宇宙网”180,224
cosmological constant: 宇宙学常数
Blumenthal and, 布鲁门萨尔与 ~ 187
in CDM model, 冷暗物质模型下的 ~ 185,186-187,189,191
dark energy and, 暗能量与 ~ 192,216
Davis and, 戴维斯与 ~ 186
Dekel and, 德克尔与 ~ 187
discarded, 丢弃 ~ 43,185-186
Eddington and, 爱丁顿与 ~ 185-186
Efstathiou and, 埃夫斯塔西奥与 ~ 210
Einstein introduces, 爱因斯坦引入 ~ 29-30,32-33,37-38,174-175,185
energy and, 能量与 ~ 186
Frenk and, 弗伦克与 ~ 186

Gott and, 戈特与 ~ 187
High-Z Supernova Search project and, 高 Z 超新星搜寻项目与 ~ 189-190
Lemaître and, 勒迈特与 ~ 186
in multiverse model, 多元宇宙模型中的 ~ 230-231
observational evidence for, ~的观测证据 187,190-191
Ostriker and, 奥斯特里克与 ~ 187
Peebles and, 皮布尔斯与 ~ 175,187,191
Primack and, 普里马克与 ~ 187
quantum gravity and, 量子引力与 ~ 192
rehabilitation of, ~的复活 189-192
Schmidt and, 施密特与 ~ 190
Spergel and, 施佩格尔与 ~ 187
Steinhardt and, 斯坦哈特与 ~ 187
in string theory, 弦理论里的 ~ 231
Supernova Cosmology Project and, 超新星宇宙学项目与 ~ 189-190
supernovae and, 超新星与 ~ 189
Turner and, 特纳与 ~ 187
White and, 怀特与 ~ 186
Zel-dovich and, 泽尔多维奇与 ~ 186,191,192
"Cosmological Constant and Cold Dark Matter,The" (Efstathiou), "宇宙学常数与冷暗物质"(埃夫斯塔西奥)186-187
cosmology:concordance model, 宇宙学，一致性模型 190-192
cyclical model, 循环模型 230
expanding universe model, 膨胀宇宙模型 30-31,33-34,36-39,41-46,48,71,88-89,96,177
Gott on, 戈特论 ~ 174
Hoyle popularizes, 霍伊尔通俗化 85-86,91-92
inflationary universe model, 暴胀宇宙模型 181-182
large-scale structure theory in, ~里的大尺度结构 174-175,179-180
multiverse model, 多元宇宙模型 230-231
nature of, ~的性质 173-174,190
observational evidence in, ~的观测证据 220-222,231
Peebles and, 皮布尔斯与 ~ 176-177
popular interest in, 公众对~的兴趣 228
radio astronomy and, 射电天文学与 ~ 97,234-235

Rees on, 里斯论 ~ 173-174
Sakharov and, 萨哈罗夫与 ~ 213-214
Spergel on, 施佩格尔论 ~ 174
static universe model, 稳恒态宇宙模型 29-30,32-35,36,45,85-86,90,92
steady-state theory in, ~的稳恒态理论 85-86,89-92,96
Turner on, 特纳论 ~ 174-175
at University of Cambridge, 剑桥大学的 ~ 86-93,94,96-98,119
Cosmos (TV series),《宇宙》（电视系列节目）x
Cottingham,Edward, 爱德华·科廷厄姆 24
Course of Theoretical Physics (Landau),《理论物理学教程》（朗道）72
“creation field”:Hoyle and, “创生场”，霍伊尔与 ~ 90-91,110
Critical Dialogues in Cosmology (Princeton,1996), 宇宙学评判性对话（普林斯顿，1996）173-175,187（有论文集 Turok,N,1997）
Crommelin,Andrew, 安德鲁·克罗姆林 24-25
cyclical model of universe, 宇宙的循环模型 230
Cygnus A:as radio source, 天鹅座 A，作为射电源的 ~ 112
Cygnus X-1:as black hole, 天鹅座 X-1，作为黑洞的 ~ 133

D

dark energy, 暗能量 xiv-xv,174,220-221,224
and cosmological constant, ~与宇宙学常数 192,216
dark matter, 暗物质 xiv,xv,174.see also CDM model of universe 亦见“宇宙的冷暗物质模型”
distribution of, ~的分布 184-185,218
Faber and, 法伯与 ~ 183-184
Gallagher and, 加拉格尔与 ~ 183-184
general relativity and, 广义相对论与 ~ 217
in large-scale structure theory, 大尺度结构理论中的 ~ 209-210,224
Modified Newtonian Dynamics and, 修正的牛顿动力学与 ~ 218-219
observational evidence for, ~的观测证据 233
Peebles and, 皮布尔斯与 ~ 184
standard model and, 标准模型与 ~ 174

Davidson,Charles, 查尔斯·戴维森 24-25

Davis,Marc, 马克·戴维斯 180

and cosmological constant, ~与宇宙学常数 186

and galaxy formation, ~与星系形成 184

de Sitter,Willem, 维勒姆·德西特 22

on age of universe, ~论宇宙的年龄 89

and expanding universe model, ~与膨胀宇宙模型 31,33-34,36-37,38-39,41,42-43

and static universe model, ~与稳恒态宇宙模型 30,37

de Sitter effect, 德西特效应 37,38,41-43,88

de Vaucouleurs,Gérard:and galaxy superclusters, 热拉尔·德沃古勒，与超星系团 179-180

Dead of Night (film),《夜深人静时》（电影）90

Dekel,Avishai:and cosmological constant, 阿维沙·德克尔，与宇宙学常数 187

Deser,Stanley, 斯坦利·德塞尔 144,201

“Detection of Gravity Waves Challenged” (Garwin),“引力波检测的挑战”（加尔文）160

“Detective Police,The” (Dickens),《侦探警察》（狄更斯）7-8

DeWitt,Bryce: 布赖斯·德威特

background of, ~的背景 105

and black holes, ~与黑洞 133-134,150,164-165

and canonical approach to spacetime, ~与时空的规范处理 197,201

and gravitons, ~与引力子 143-144,150,165,197

and gravity, ~与引力 107-108

and Institute of Field Physics, ~与场物理研究所 108,110

and quantum electrodynamics, ~与量子电动力学 143,197

and quantum gravity, ~与量子引力 137,143-144,197-198,201,203

on string theory, ~与弦理论 203

Wheeler and, 惠勒与~ 197

DeWitt-Morette,Cécile, 塞西尔·德威特莫瑞特 105,108,133,201

“Dialectical and Historical Materialism” (Stalin),《辩证唯物主义和历史唯物主义》（斯大林）70

dialectical materialism: 辩证唯物主义

general relativity and, 广义相对论与~ 70-71

quantum physics and, 量子物理学与~ 70-71

Dicke,Robert, 罗伯特·迪克 180,188

and anthropic principle, ~与人存原理 230-231

and “Big Bang” theory, ~与大爆炸理论 176
and general relativity, ~与广义相对论 111-112,175-176,212
Dicke,Robert & Philip Peebles: “The Big Bang Cosmology—Enigmas and Nostrums”, 罗伯特·迪克与菲利普·皮布尔斯：“大爆炸宇宙学——谜与秘方”180-181,182
Dickens,Charles: “The Detective Police”, 狄更斯：《侦探警察》7-8
Dirac,Paul, 保罗·狄拉克 xi,18,143,197
background and personality of, ~的背景和个性 138,142
on field equations, ~论场方程 212
and gravity, ~与引力 212-213
as Lucasian Professor of Mathematics, ~与数学卢卡斯讲席教授 138,142,150,193
and mathematics, ~与数学 138,140-141,142
and modifications to general relativity, ~与广义相对论的修正 213,217-218,221
and quantum electrodynamics, ~与量子电动力学 140-141
and quantum physics, ~与量子力学 119,138-143
Sciama and, ~与席艾玛 119-120
and standard model, ~与标准模型 142
and unified theory, ~与统一理论 138-139
wins Nobel Prize, ~荣获诺贝尔奖 140
Dirac equation, 狄拉克方程 138-140
Doppler effect, 多普勒效应 38
Drever,Ronald, 罗纳德·德雷弗 167
Duff,Michael: 迈克尔·达夫
and gravity, ~与引力 144-145
on string theory, ~与弦理论 203-204
Dyson,Frank, 弗兰克·戴森 23,232
Dyson,Freeman: 弗里曼·戴森
on general relativity, ~论广义相对论 81
and Weber, ~与韦伯 170-171

Eddington,Sir Arthur, 亚瑟·爱丁顿勋爵 87-88
academic career, 学术生涯 17-18

and clumping of matter, ~与物质聚集 45
and cosmological constant, ~与宇宙学常数 185-186
and expanding universe model, ~与膨胀宇宙模型 36,37,39,41,44-45
The Fundamental Theory,《基本理论》86-87
The Internal Constitution of the Stars,《恒星的内部结构》50-51,54,55,61,87
leads Príncipe expedition (1919), ~率领普林西比探险队 ix,22-25,26,30,34,50,111,211,232-233,234-235
and Lemaître, ~与勒迈特 36,43
and nuclear fusion, ~与核裂变 62
opposes Chandra, ~反对钱德拉塞卡 57,64,211
personality of, ~的个性 17
political opinions, ~的政治观点 18-19,22-23,35,42
promotes general relativity, ~推动广义相对论 ix-xi,18,22-23,26,30,50,64,86
rejects "Big Bang" theory, ~反对大爆炸理论 44-45,90
rejects black holes, ~反对黑洞 124,125,134,226
rejects gravity waves, ~反对引力波 154
on Schwarzschild, ~论施瓦西 48
Stars and Atoms,《恒星与原子》87
and stellar evolution and decay, ~与恒星的演化与衰亡 50-52,54-55,56-57,64,65,114
and unified theory, ~与统一理论 86-87,137,212
"Effect of Wind and Air-Density on the Path of a Projectile,The" (Schwarzs-child), "风和空气密度对弹道的影响"（施瓦西）48
Efstathiou,George, 乔治·埃夫斯塔西奥
and cosmological constant, ~与宇宙学常数 210
"The Cosmological Constant and Cold Dark Matter", "宇宙学常数与冷暗物质模型" 186-187
and galaxy formation, ~与星系形成 184
and large-scale structure theory, ~与大尺度结构理论 209-210
and standard model, ~与标准模型 221-222
Ehrenfest,Paul, 保罗·埃伦费斯特 31
Einstein,Albert: 阿尔伯特·爱因斯坦
accepts "Big Bang" theory, ~接受大爆炸理论 46
"An Appeal to Europeans", "告欧洲人书" 17
background of, ~的背景 2-3,26-27

as celebrity, 作为名流的 ~ 67-68,234
death of, ~ 的去世 83
and distribution of matter, ~ 与物质分布 78
divorces Maric′ , ~ 与米列娃离婚 16
emigrates to United States, ~ 移民美国 68-70,73,75
and expanding universe model, ~ 与膨胀宇宙模型 43,44,45-46,90
as fellow of Prussian Academy of Sciences, ~ 成为普鲁士科学院院士 16,21
and gravity waves, ~ 与引力波 153-154
Grossmann assists, 格罗斯曼帮助 ~ 14-16,20
Eidgenössische Technische Hochschule Zürich (ETH), 苏黎世联邦理工大学 14
heads Kaiser Wilhelm Institute of Physics, ~ 出任威廉皇家物理研究所所长 16
at Institute for Advanced Study, ~ 在高等研究院 66-67,73,119-120
introduces cosmological constant, ~ 引入宇宙学常数 29-30,32-33,37-38,174-175,185
later life, ~ 晚年 66-67
marriage to Lowenthal, ~ 娶洛文塔尔 16,66
marriage to Mari'c, ~ 与米列娃结婚 3,11,16
and mathematics, ~ 与数学 12,14,20,22,73,76,199
and McCarthyism, ~ 与麦卡锡主义 83
“A New Determination of Molecular Dimensions” (1905), “分子大小的新测定”（1905）3
“On the Relativity Principle and the Conclusions Drawn From It” (1907), “关于相对性原理和由此得出的结论”（1907）x,2,4,5,10,67
Oppenheimer and, 奥本海默与 ~ 80,81-82,83-84
and orbital decay, ~ 与轨道衰减 160-161
performs thought experiments, ~ 演绎思想实验 3-4,5-6,9-10,22,71
personality of, ~ 的个性 2
and photoelectric effect, ~ 与光电效应 52-53
physical intuition, ~ 的物理直觉 16,20,29,31,46,73,79-80
political opinions, ~ 的政治观点 17,35,82
popular acclaim for, 公众对 ~ 的追捧 26-27
promotes static universe model, ~ 提倡稳恒态宇宙模型 31,33-35,36,37,39,90,92
rejects black holes, ~ 反对黑洞 64-65,124,125,134,226
rejects expanding universe model, ~ 反对膨胀宇宙模型 31,33-35,36,39
relationship with Hilbert, ~ 与希尔伯特的关系 19-20,22

relationship with Lemaître, ~与勒迈特的关系 39-40,45-46,64
Schwarzschild and, 施瓦西与~ 48-50
search for unified theory, ~追求统一理论 73-75,86,110,137,211-212
and spacetime, ~与时空 xi,215
on steady-state theory, ~论稳恒态理论 91
and stellar evolution and decay, ~与恒星演化和衰亡 64-65
studies non-Euclidian geometry, ~对非欧几何的研究 14-15,20,22
as Swiss patent inspector, ~作为瑞士专利局审查员 1,3-4,9,11,13,27
as university professor, ~作为大学教授 11,13-14
and World War I, ~与第一次世界大战 16-17,19
Einstein,Eduard, 爱德华·爱因斯坦 13-14
Einstein,Hans Albert, 汉斯·阿尔伯特·爱因斯坦 11
Einstein,Maja, 玛雅·爱因斯坦 66
“Electrical Disturbances Apparently of Extraterrestrial Origin”(Jansky),“明显的地外电性干扰源”(央斯基)93
electromagnetism: 电磁学
gravity and, 引力与~ 74,143
Hertz and, 赫兹与~ 153
Maxwell and, 麦克斯韦与~ 5-6,52,110,141,153
in unified theory, 统一理论中的~ 73,140-142,143
electroweak force:in unified theory, 电弱力，统一理论 142,143
Ellis,George, 乔治·埃利斯 128
and general relativity, ~与广义相对论 231
on multiverse model, ~与多元宇宙模型 231-232
energy: 能量
and cosmological constant, ~与宇宙学常数 186
distribution of, ~的分布 28-29,32-33
produced by black holes, 黑洞产生的~ 131-132
relationship to mass, ~物质关系式 x,2,50-51
entropy:of black holes, 熵，黑洞的~ 146-148,151
Erhard,Werner:sponsors physics lectures, 维尔纳·艾哈德，赞助物理学讲座 195
European Space Agency, 欧洲航天局 223,225-226
Event Horizon Telescope, 事件视界望远镜 227
exclusion principle:Pauli and, 不相容原理，泡利与~ 80,86-87,139

expanding model of universe, 膨胀宇宙模型 30-31

acceleration in, ~中的加速 189-190,216

"Big Bang" theory and, 大爆炸与~ 181

de Sitter and, 德西特与~ 30-31,33-34,36-37,38-39,42-43

Eddington and, 爱丁顿与~ 36,37,39,44-45

Einstein and, 爱因斯坦与~ 43,44,45-46,90

Einstein rejects, 爱因斯坦反对~ 31,33-35,36

Friedmann and, 弗里德曼与~ 33-35,36,37,39,42-45,46,48,71,88-90,91-92,96,177

gravity and, 引力与~ 177-178

Hoyle and, 霍伊尔与~ 88,89

Lemaître and, 勒迈特与~ 37-38,39,42-46,48,88-90,91-92,96,177

Lifshitz and, 利弗席兹与~ 72

and redshift effect, ~与红移效应 36-37,38-39,41-42

Weyl and, 外尔与~ 37,39

F

Faber,Sandra:and dark matter, 桑德拉·法伯，与暗物质 183-184

Faraday,Michael, 迈克尔·法拉第 1

Fermi,Enrico, 恩里科·费米 141

Feynman,Richard, 理查德·费恩曼 63,143,195

and general relativity, ~与广义相对论 109-110,111

and gravity waves, ~与引力波 154

and quantum electrodynamics, ~与量子电动力学 140

and quantum physics, ~与量子物理学 102,109

on string theory, ~论弦理论 200

Wheeler and, 惠勒与~ 102

wins Nobel Prize, ~荣获诺贝尔奖 140

Field,George:and gravity waves, 乔治·菲尔德，与引力波 158

field equations, 场方程 21,28-29,30,111,195

Ashtekar solves, 阿什台卡解~ 201,203

Bekenstein and, 贝肯斯坦与~ 219

Dirac on, 狄拉克与~ 212

Friedmann and, 弗里德曼与 ~ 32-33,64,67,78,80
Gödel solves, 哥德尔解 ~ 78-80
gravity waves and, 引力波与 ~ 164,165
Hoyle and, 霍伊尔与 ~ 90
Kerr solves, 克尔解 ~ 120-121,125,134,148
Lemaître and, 勒迈特与 ~ 67,78,80
Lifshitz and, 利弗席兹与 ~ 177-178
Pretorius solves, 比勒陀利乌斯解 ~ 169-170
Sakharov and, 萨哈罗夫与 ~ 214
Schwarzschild solves, 施瓦西解 ~ 48-50,51-52,58,61-62,64,67,80,116,120-121,125,134
in unified theory, 统一理论中的 ~ 74
Fock,Vladimir: " Against the Ignorant Criticism of Modern Theories in Physics ", 弗拉基米尔·福克：“反对对现代物理学理论的无知批评”72
Fowler,Ralph, 拉尔夫·福勒 18
and stellar evolution and decay, ~与恒星演化和衰亡 55-56,139
Fowler,William, 威廉·福勒 98
and stellar energy sources, ~与恒星能源 113-114
Frenk,Carlos: 卡洛斯·弗伦克
and cosmological constant, ~与宇宙学常数 186
and galaxy formation, ~与星系形成 184
Friedan,Daniel:on string theory, 丹尼尔·弗利丹，论弦理论 200
Friedmann,Alexander, 亚历山大·弗里德曼 28,111
background and personality of, ~的背景和个性 32
death of, ~的去世 35
and expanding universe model, ~与膨胀宇宙模型 33-35,36,37,39,42-45,46,48,71,88-90,91-92,96,177
and field equations, ~与场方程 32-34,64,78,80
" On the Curvature of Space ", “论空间的曲率” 33-34
in World War I, ~在第一次世界大战 31-32,35,48
" frozen stars " 冻结星 See black holes 见“黑洞”
Fundamental Theory,The (Eddington),《基本理论》（爱丁顿）86-87

G

galaxies: 星系

and accretion disks, ~与吸积盘 132-133

de Vaucouleurs and superclusters of, 德沃古勒与超星系团 179-180

distribution of, ~的分布 185,192,220,224

formation and structure of, ~的产生和结构 177-178,182-184,185,216,218,220,233

Gamow and, 伽莫夫与~ 177,178

in general relativity, 广义相对论里的~ 177,220

gravity and, 引力与~ 177-178,183,218

and large-scale structure theory, ~与大尺度结构理论 177

nebulae identified as, 确认为星云的~ 40-41

Zwicky and, 兹维基与~ 183

Galilei,Galileo, 伽利略 1

Gallagher,Jay:and dark matter, 杰伊·加拉格尔，与暗物质 183-184

Galle,Gottfried, 戈特弗里德·加勒 7

Gamow,George: 乔治·伽莫夫

and "Big Bang" theory, ~与大爆炸理论 127

and galaxies, ~与星系 177,178

Garwin,Richard: "Detection of Gravity Waves Challenged", 理查德·加尔文，"引力波检测的挑战" 160

Gauss,Carl Friedrich:and non-Euclidian geometry, 卡尔·F. 高斯，与非欧几何 14-15,21

Gell-Mann,Murray:and string theory, 默里·盖尔曼，与弦理论 198-199

general theory of relativity. 广义相对论 See relativity, 见"相对论"

general geometry,non-Euclidian: 一般几何，非欧几何

Einstein studies, 爱因斯坦研究~ 14-15,20,22

Gauss and, 高斯与~ 14-15,21

Riemann and, 黎曼与~ 15,21,74

geometry,quantum, 几何，量子 201

Germany:Jewish physicists flee, 德国，犹太物理学家的逃亡 63,68-69

Giaccone,Riccardo, 里卡多·贾科内 133

Glashow,Sheldon: 谢尔顿·格拉肖

and electroweak force, ~与电弱作用力 142

and standard model, ~与标准模型 144

on string theory, ~论弦理论 200

Gödel,Kurt: 库尔特·哥德尔

background of, ~的背景 76

Chandra and, 钱德拉与~ 79

death of, ~的去世 80

emigrates to United States, ~移民美国 77

and general relativity, ~与广义相对论 75-76,78-80

and incompleteness theorem, ~与不完备定理 76-77

at Institute for Advanced Study, ~在高等研究院 77

and mathematics, ~与数学 76-78

solves field equations, ~解场方程 78-80

and time travel, ~与时间旅行 78-79

Gold,Thomas, 托马斯·戈尔德 86,87-88,95,114

on general relativity, ~论广义相对论 117

and radio astronomy, ~与射电天文学 98-99

and steady-state theory, ~与稳恒态模型 89-91,96,98,110

Gott,J-Richard: 理查德·戈特

and cosmologicalconstant, ~与宇宙学常数 187

on cosmology, ~论宇宙学 174

Goudsmit,Samuel:and general relativity, 萨缪尔·戈德斯密特，与广义相对论 81

Gravitation and Cosmology (Weinberg),《引力论和宇宙论》（温伯格）226,228

Gravitation (Wheeler,Misner & Thorne),《引力论》（惠勒、米斯纳和索恩）226

“Gravitational Collapse and Spacetime Singularities” (Penrose),“引力坍缩与时空奇点”(彭罗斯）125

gravitons: 引力子

DeWitt and, 德威特与~ 143-144,150,165,197

in quantum gravity, 量子引力里的~ 198,204

in string theory, 弦理论下的~ 198

gravity: 引力

and acceleration, ~与加速 9-10,13-14

alternative theories of, ~的替代理论 209-210

antigravity research, 反引力研究 105-107

Babson and, 巴布森与 ~ 105-106,107-108
Bahnson and, 巴森与 ~ 108
Brans and, 布兰斯与 ~ 212-213
deflects light, 偏折光线 12-13,18,21,23-24,25-26,50,75,232
DeWitt and, 德威特与 ~ 107-108,137,143,197
Dirac and, 狄拉克与 ~ 212-213
Duff and, 达夫与 ~ 144-145
effect on spacetime, ~的时空效应 48-49,59,61-62,227,233
effect on stars, ~的恒星效应 51,55-57,131-132
and electromagnetism, ~与电磁学 74,143
and expanding universe model, ~与膨胀宇宙模型 177-178
and galaxies, ~与星系 177-178,183,218
in general relativity, ~与广义相对论 6,9-10,15-16,20-22,29-30,143-145,211,220
Hawking and, 霍金与 ~ 150,194
Hilbert on, 希尔伯特与 ~ 21-22
Jordan and, 约丹与 ~ 212
Milgrom and modification of, 米尔格罗姆与 ~ 的修正 218
in Newtonian physics, 牛顿物理学里的 ~ 6-9,49,211,212,217,218
Sakharov and, 萨哈罗夫与 ~ 214
supergravity, 超引力 194-195,215
tensor-vector-scalar theory, 张量-矢量-标量理论 219-220
in unified theory, 统一理论下的 ~ 140-141
as weak force, 作为弱力的 ~ 218
Gravity Research Foundation:sponsors essay competitions, 引力研究基金，赞助论文比赛 105-107
gravity waves: 引力波
black holes and search for, 黑洞与 ~ 搜寻 163-164,169-170,225
Bondi and, 邦迪与 ~ 154
detection of, ~探测 152-153,155-157,158-159,161-163,166-168,169-172,225
Eddington rejects, 爱丁顿与 ~ 154
Einstein and, 爱因斯坦与 ~ 153-154
Feynman and, 费恩曼与 ~ 154
Field and, 菲尔德与 ~ 158
and field equations, ~与场方程 164,165

general relativity and, 广义相对论与 ~ 168
Hawking and, 霍金与 ~ 157
laser interferometry and search for, 激光干涉仪与 ~ 搜寻 161-162,166-169,171-172
Milky Way as source of, 作为 ~ 源的银河系 157-158,159
neutron stars and, 中子星与 ~ 160-161,162-163,225
Ostriker on, 奥斯特里克论 ~ 168
Penrose and, 彭罗斯与 ~ 157
Pretorius and, 比勒陀利乌斯与 ~ 165-166,169-170
Rees and, 里斯与 ~ 158
Sciama and, 席艾玛与 ~ 158
supernovae and, 超新星与 ~ 163
Thorne and, 索恩与 ~ 167,169,171
Tyson on, 泰森论 ~ 168
use in astronomy, 用于天文学的 ~ 160-162,168
Weber bars and search for, 韦伯棒与 ~ 搜寻 155-157,158-159,161-163,171
Weber searches for, 韦伯搜寻 ~ 152-153,154-160,163,170-171,172
Green,Michael: 迈克尔·格林
as Lucasian Professor of Mathematics, 作为卢卡斯数学讲席教授的 ~ 204
and string theory, ~ 与弦理论 199,204
Grossmann,August, 奥古斯特·格罗斯曼 3
Grossmann,Marcel:assists Einstein, 马塞尔·格罗斯曼，帮助爱因斯坦 14-16,20
Guth,Alan:and inflationary universe model, 阿兰·古斯，与暴胀宇宙模型 180

Hawking,Stephen, 史蒂芬·霍金 142,215
background of, ~ 的背景 128
and “Big Bang” theory, ~ 与大爆炸理论 128,229
“Black Hole Information Paradox”, “黑洞信息疑难” 195-196,205,206
and black holes, ~ 与黑洞 128,133-134,135,145-146,148-151,193-195
Candelas on, 坎德拉斯论 ~ 149-150
and Einstein centenary, ~ 与爱因斯坦百年纪念 180

on “end of theoretical physics”, ~论“理论物理的终结”194-195
and general relativity, ~与广义相对论 231
and gravity, ~与引力 150,194
and gravity waves, ~与引力波 157
health issues, ~的健康问题 128,146
as Lucasian Professor of Mathematics (Cambridge), ~作为（剑桥）卢卡斯数学讲席教授 150,193-194,195,204
and quantum gravity, ~与量子引力 193-195
Sciama and, 席艾玛与~ 127-128,145
and standard model, ~与标准模型 194
on string theory, ~论弦理论 203
and supersymmetry, ~与超对称性 194-195
Hawking radiation, 霍金辐射 145,149-151,193-195,196,205,206-207
Heisenberg,Werner, 维尔纳·海森伯 143
and quantum physics, ~与量子物理学 53-54,55,101,119
Stark attacks, 斯塔克攻击~ 69
and steady-state theory, ~与稳恒态理论 91
uncertainty principle, ~提出不确定性原理 53-54,55
Hertz,Heinrich:and electromagnetism, 海因里希·赫兹，与电磁学 153
Hewish,Antony, 安东尼·休伊什 129
wins Nobel Prize, 荣获诺贝尔奖 130
High-Z Supernova Search project:and cosmological constant, 高 Z 超新星探测计划，与宇宙学常数 189-190
Hilbert,David, 大卫·希尔伯特 37,58,66
on gravity, ~论引力 21-22
and incompleteness theorem, ~与不完备定理 77
and mathematics, ~与数学 76-77
relationship with Einstein, ~与爱因斯坦的关系 19-20,22
Horowitz,Gary:and string theory, 加里·霍洛维茨，与弦理论 199
Hoyle,Fred, 弗雷德·霍伊尔 138
background of, ~背景 87
and “creation field”, ~与“创生场”90-91,110
criticized by colleagues, ~遭到同事的批评 86,91-92
and expanding universe model, ~与膨胀宇宙模型 88,89

and field equations, ~与场方程 90
and Nobel Prize, ~与诺贝尔奖 98
popularizes cosmology, ~与通俗宇宙学 85-86,91-92
promotes steady-state theory, ~提倡稳恒态理论 85-86,89-92,96,97,98,113,119-120,126,230
and quantum physics, ~与量子物理学 87
and radar research, ~与雷达研究 87-88
rejects "Big Bang" theory, ~反对大爆炸理论 85,126-127
Ryle and, 赖尔与~ 95
and stellar energy sources, ~与恒星能源 87,113-114
Hubble,Edwin, 埃德温·哈勃 59
background and personality of, ~的背景和个性 40-41
Hubble constant, 哈勃常数 88
identifies nebulae as galaxies, 星云到星系的确认 40-41
measures redshift effect, ~测量红移 41-43,78,88-89,111,189
"A Relation Between Distance and Radial Velocity Among Extragalactic Nebulae","星云的距离与视向速度之间的关系"42
in World War Ⅰ, ~在第一次世界大战 40
Hubble Space Telescope, 哈勃空间望远镜 189,223
Huchra,John, 约翰·赫钦拉 180
Hulse,Russell:and neutron stars, 拉塞尔·赫尔斯，与中子星 160-161,162,163
Humason,Milton:measures redshift effect, 米尔顿·赫马森，测量红移效应 41-42,45,52,78,88,189
hydrogen bomb, 氢弹 82,102,165

I

incompleteness theorem: 不完备性定理
Gödel and, 哥德尔与~ 76-77
Hilbert and, 希尔伯特与~ 77
Russell and, 罗素与~ 77
Wittgenstein and, 维特根斯坦与~ 77

inertial frames of reference:in special relativity, 惯性系，狭义相对论 4-6,9,10,14,15

Infeld,Leopold, 利奥波德·英费尔德 114

inflation model of the universe, 宇宙的暴胀模型 181-182,187

and CDM model, ~与冷暗物质模型 185

effects on spacetime, ~的时空效应 182

Guth and, 古斯与~ 181

large-scale structure theory and, 大尺度结构与~ 182

in unified theory, 统一理论中的~ 180

Institute for Advanced Study (Princeton):Einstein at,（普林斯顿）高等研究院，爱因斯坦在~ 66-67,73,119-120

Gödel at, 哥德尔在~ 77

Oppenheimer directs, 奥本海默在~ 66-67,80,83

Institute of Astronomy (Cambridge),（剑桥）天文学研究所 209-210,221

Institute of Field Physics:DeWitt and, 场物理研究所，德威特与~ 108,110

inaugural meeting (Chapel Hill,1957),1957 年查珀尔丘（场物理研究所成立）会议 109-111,114,115,154,221

Internal Constitution of the Stars,The (Eddington),《恒星的内部结构》（爱丁顿）50-51,54,55,61,87

International Astronomical Union, 国际天文学联合会 216,218,232

Israel,Werner，维纳·伊斯雷尔

and black holes, ~与黑洞 146

and Einstein centenary, ~与爱因斯坦百年诞辰 180

J

Jacobson,Theodore:and quantum gravity, 西奥多·雅各布森，与量子引力 201

Jansky,Karl:“Electrical Disturbances Apparently of Extraterrestrial Origin”, 卡尔·央斯基：“明显的地外电性干扰源”93

Jewish physicists:flee Germany, 犹太物理学家，逃离德国 63,68-69

“Jewish physics”:Nazis oppose,“犹太物理学”，纳粹反对 68-70,75

Jodrell Bank Observatory (Manchester), 焦德雷尔班克天文台（曼彻斯特）93,97

Jordan,Pascual:and gravity, 帕斯夸尔·约当，与引力 212

K

Kaiser Wilhelm Institute of Physics (Berlin):Einstein heads, 威廉皇家物理研究所（柏林）**16**

Kaluza,Theodor:and five-dimensional universe, 西奥多·卡鲁扎，与五维宇宙 **73-74**

Kennedy assassination (1963), 肯尼迪被暗杀（1963 年）**115**

Kerr,Roy, 罗伊·克尔

and black holes, ~与黑洞 **131**

at Center for Relativity, ~在相对论研究中心 **120-121**

solves field equations, ~解场方程 **120-121,125,134,148**

Khalatnikov,Isaak:and black holes, 伊萨克·哈拉尼科夫，与黑洞 **123-124,125**

Klein,Oskar:and five-dimensional universe, 奥斯卡·克莱因，与五维宇宙 **73-74**

Krasnow,Kirill:and quantum gravity, 基里尔·克拉斯诺夫，与量子引力 **206**

Kurchatov,Yakov, 雅科夫·库尔恰托夫 **213**

L

Landau,Lev Davidovich, 列夫·达维多维奇·朗道 **213**

Course of Theoretical Physics,《理论物理学教程》**72**

and nuclear physics, ~与核物理 **122-123**

political opinions, ~的政治观点 **60**

and quantum physics, ~与量子物理学 **59,122**

and stellar energy sources, ~与恒星能源 **59-61**

and stellar evolution and decay, ~与恒星演化和衰亡 **104,130,139**

Large Hadron Collider (LHC):popular fear of, 大型强子对撞机 **228-229**

large'scale structure theory of universe, 宇宙的大尺度结构理论

and CDM model, ~与冷暗物质模型 **184,188**

and concordance model, ~与一致性模型 **191**

in cosmology, 宇宙学的~ **174-175,179-180**

dark matter in, ~下的暗物质 **209-210,224**

Efstathiou and, 埃夫斯塔西奥与~ **209-210**

galaxies and, 星系与~ **177**

and inflation model, ~与暴胀模型 182

Peebles and, 皮布尔斯与~ 175,177,179-180,187-188,189,192,216

Silk and, 希尔克与~ 187

Zel'dovich and, 泽尔多维奇与~ 187

Laser Interferometer Gravitational Wave Observatory (LIGO)， funding and construction of, 激光干涉引力波天文台，~的投资与建设 167-169,170,224,225

Laser Interferometer Space Antenna (LISA), 激光干涉空间天线 224,225-226

laser interferometry: 激光干涉仪

GEO600,GEO600 ~ 167-168,224

satellite-based, 卫星基~ 224

and search for gravity waves, ~与引力波搜寻 161-162,166-169,171-172

TAMA,（日本）TAMA ~ 167

Weber and, ~与韦伯 161

Le Verrier,Urbain: 乌尔班·勒威耶

and discovery of Neptune, ~与海王星的发现 7-8

and Mercury, ~与水星 8-9,20-21,217

Lemaître,Georges, 乔治·勒迈特 28,111

“The Beginning of the World From the Point of View of the Quantum Theory”, “从量子理论的观点看世界的起源” 44-45

and cosmological constant, ~与宇宙学常数 186

Eddington and, 爱丁顿与~ 36,43

and expanding universe model, ~与膨胀宇宙模型 37-38,39,42-46,48,88-90,91-92,96, 177

and field equations, ~与场方程 67,78,80

as Jesuit, 作为耶稣会神甫的~ 35

promotes general relativity, ~提倡广义相对论 36,71

proposes “Big Bang” theory, ~提出大爆炸理论 44-45,59,85,88,90,126,181

relationship with Einstein, ~与爱因斯坦的关系 39-40,45-46,64

in World War I, ~在第一次世界大战中 35

Lenard,Philipp, 菲利普·勒纳德

discovers photoelectric effect, ~发现光电效应 52

rejects general relativity, ~反对广义相对论 68

wins Nobel Prize, ~荣获诺贝尔奖 68

Lifshitz,Evgeny，叶夫根尼·利弗席兹

and black holes, ~与黑洞 123-124,125

and expanding universe model, ~与膨胀宇宙模型 72

and field equations, ~与场方程 177-178

light，光

gravity deflects, ~的引力弯曲 12-13,18,21,23-24,25-26,50,75,233

in Newtonian physics, 牛顿物理学里的~ 52

particle theory of, ~的粒子理论 x,2,53

in quantum physics, 量子物理学里的~ 52-53

and redshift effect, ~与红移 36-37,38-39,41-43,45,52,61,78

relationship to mass, ~与物质的关系 103

speed of, ~速 5-6,9,10,49,56,154

loop quantum gravity, 圈量子理论 201-202,203-204,206

Lovell,Bernard，伯纳德·洛维尔

and radio astronomy, ~与射电天文学 93,94

and radio sources, ~与射电源 112

Lowell Observatory (Flagstaff), 洛厄尔天文台（弗拉格斯塔夫）38

Lowenthal,Elsa:marriage to Einstein, 爱尔莎，嫁给爱因斯坦 16,66

Lucasian Professors of Mathematics (Cambridge): 卢卡斯数学讲席教授（剑桥大学）

Dirac as, 狄拉克 138,142,150,193

Green as, 格林 204

Hawking as, 霍金 150,193-194,195,204

Newton as, 牛顿 138,193

Lundmark,Knud:measures distance of nebulae, 克努德·伦德马克，测量星云距离 39,41,42

Lynden-Bell,Donald:and black holes, 唐纳德·莱顿-贝尔，与黑洞 132-133,225,226

Manhattan Project, 曼哈顿计划 122

Oppenheimer and, 奥本海默与~ 63-64,8182

Wheeler and, 惠勒与~ 101

Marić ,Mileva: 米列娃·玛里奇

Einstein divorces, , 与爱因斯坦离婚 16

marriage to Einstein, 与爱因斯坦结婚 3,11,16
mass: 质量，
relationship to energy, ~与能量的关系 x,2,50-51
relationship to light, ~与光的关系 103
mathematics: 数学
Dirac and, 狄拉克与 ~ 138,140-141,142
Einstein and, 爱因斯坦与 ~ 12,14,20,22,73,76,199
Gödel and, 哥德尔与 ~ 76-78
Hilbert and, 希尔伯特与 ~ 76-77
renormalization in, ~中的重整化 140-141,142,143,145,194,198
matter: 物质
distribution of, ~的分布 28-29,32-33
Eddington and clumping of, 爱丁顿与~的产生 45
Einstein and distribution of, 爱因斯坦与~的分布 78
Maximow,Alexander: " Against the Reactionary Einsteinianism in Physics ", 亚历山大·马克西莫夫，"反对反动的爱因斯坦物理学" 71-72
Maxwell,James Clark, 克拉克·詹姆斯·麦克斯韦 1
and electromagnetism, ~与电磁学 5-6,52,110,141,153
McCarthyism: 麦卡锡主义
Einstein and, 爱因斯坦与 ~ 83
Oppenheimer and, 奥本海默与 ~ 82-83,102
Meeting on General Relativity and Cosmology,Third (London,1965), 第三届广义相对论与宇宙学会议（伦敦，1965 年）124
Mercury: 水星
Le Verrier and, 勒威耶与 ~ 89,20-21,217
orbit of, ~轨道 10,26,49-50
Milgrom,Mordehai: 莫迪海·米尔格罗姆 218
Milky Way galaxy, 银河系 29,40
black hole at center of, ~中心的黑洞 227-228
radio astronomy and, 射电天文学与 ~ 93-94,95
as source of gravity waves, 作为引力波源的 ~ 157-158,159
Mills,Bernard:and radio sources, 伯纳德·米尔斯，与射电源 96-97
Milne,E-A-:on steady-state theory, 米尔恩，论稳恒态理论 91
Minkowski,Hermann, 赫尔曼·闵可夫斯基 19

Misner,Charles, 查尔斯·米斯纳 **103,125,197,226**

Modified Newtonian Dynamics (MOND): 修正的牛顿动力学 **218,219**

Mount Wilson Observatory (Pasadena), 威尔逊山天文台（帕萨迪纳）**41,43**

multiverse model of universe, 多元宇宙模型 **230-231**

N

National Center for Supercomputing Applications, 国家超级计算机应用中心 **166**

Nature of the Universe,The **(radio series),**《宇宙的性质》（广播节目）**85-86,91-92**

Nazis:oppose "Jewish physics", 纳粹，反对"犹太物理学" **68-70,75**

nebulae: 星云 **39,41,42**

Neptune:Le Verrier and discovery of, 海王星，勒威耶与～的发现 **7-8**

Nernst,Walther, 瓦尔特·能斯特 **16**

neutron stars, 中子星 **61,104,129-130,139,226.see also pulsars** 亦见"脉冲星"

  and general relativity, ～与广义相对论 **160-161**

  and gravity waves, ～与引力波 **160-161,162-163,225**

  Hulse and, 赫尔斯与～ **160-161,162,163**

  Taylor and, 泰勒与～ **160-161,162,163**

"New Determination of Molecular Dimensions,A" (Einstein),《分子大小的新测定》（爱因斯坦）**3**

Newman,Ezra:and black holes, 埃兹拉·纽曼，与黑洞 **134**

Newton,Sir Isaac, 艾萨克·牛顿爵士 **1,26**

  as Lucasian Professor of Mathematics, 作为卢卡斯数学讲席教授的～ **138,193**

Newtonian physics: 牛顿物理学

  in astronomy, 天文学与～ **7-9**

  and general relativity, ～与广义相对论 **15,21,90-91**

  gravity in, ～下的引力 **6-9,49,211,212,217,218**

  inconsistencies and limitations of, ～的不一致性和局限性 **5-6**

  invention of, ～的发现 **ix**

  light in, ～的光 **52**

  prediction in, ～的预言 **53-54**

Nobel Prize: 诺贝尔奖

Bell denied, 贝尔错失 ~ 130

Dirac wins, 狄拉克 140

Feynman wins, 费恩曼 140

Hewish wins, 休伊什 130

Hoyle and, 霍伊尔 98

Lenard wins, 勒纳德 68

Penzias & Wilson win, 彭齐亚斯与威尔逊 176

Perlmutter wins, 珀尔马特 190

Riess wins, 里斯 190

Ryle wins, 赖尔 99,130

Schmidt wins, 施密特 190

Smoot wins, 斯穆特 188

Townes wins, 汤斯 161

Novikov,Igor, 伊戈尔·诺维科夫 132-133,188,192

and black holes, ~与黑洞 134,135,225,226,227

nuclear energy, 核能 59-60

nuclear physics: 核物理学

develops in World War Ⅱ，~在二战中的发展 63-64

Eddington and fusion, 爱丁顿与聚变 ~ 62

Landau and, 朗道与 ~ 122-123

Oppenheimer and fission, 奥本海默与聚变 ~ 62-64

Wheeler and, 惠勒与 ~ 100,104,122

Zel'dovich and, 泽尔多维奇与 ~ 122

“Observation of a Rapidly Pulsating Radio Source” (Bell), “对一个快速脉动射电源的观测”（贝尔）129

“On the Curvature of Space” (Friedmann), “论空间曲率”（弗里德曼）33-34

“On the Relativity Principle and the Conclusions Drawn From It” (Einstein), “关于相对性原理和由此得出的结论”（爱因斯坦）x,2,4,5,10,67

Oppenheimer,J.Robert, 罗伯特·奥本海默 91,111

background of, ~背景 58
and black holes, ~与黑洞 47-48,49,64,120,123
directs Institute for Advanced Study, ~领导高等研究院 66-67,80,83
and Einstein, ~与爱因斯坦 80,81-82,83-84
and European scientific refugees, ~与欧洲科学家难民 63
and general relativity, ~与广义相对论 59,60-62,80-81
and Manhattan Project, ~与曼哈顿计划 63-64,81-82
and McCarthyism, ~与麦卡锡主义 82-83,102
and nuclear fission, ~与核裂变 62-64
Pauli on, 泡利论~ 59
personality of, ~的个性 58-59
political opinions, ~的政治观点 102
and quantum physics, ~与量子物理学 47,58-59
and quasars, ~与类星体 115-116
and stellar energy sources, ~与恒星能源 60-61
and stellar evolution and decay, ~与恒星演化和衰亡 61-62,64,75,81,100,101,104,115,116,130
Ostriker,Jeremiah: 杰里迈亚·奥斯特里克
and cosmological constant, ~与宇宙学常数 187
and galaxy formation, ~与星系形成 183-184
on gravity waves, ~论引力波 168

Oxford Symposium on Quantum Gravity (1974), 牛津量子引力研讨会 144-145,149-150,197-198
particles: 粒子
antiparticles, 反粒子 139-140,148-149
gravitons, 引力子 143-144
high-energy, 高能粒子 xi
photons, 光子 53,139
and quantum electrodynamics, ~与量子电动力学 140-141
quarks, 夸克 141
types of, ~的种类 139-140,141,194,198

Pauli,Wolfgang, 沃尔夫冈·泡利 xi,137,143,144

and exclusion principle, ~与不相容原理 80,86-87,139

on Oppenheimer, ~与奥本海默 59

Pawsey,Joseph:and radio astronomy, 约瑟夫·波西，与射电天文学 93,94

Peebles,Philip James: 菲利普·詹姆斯·皮布尔斯

background and personality of, ~的背景和个性 175-176,191

and "Big Bang" theory, ~与大爆炸理论 176,180-181,182,188,216

and CDM model, ~与冷暗物质模型 184-185,188,191

and cosmological constant, ~与宇宙学常数 175,187,191

and cosmology, ~与宇宙学 176-177

and dark matter, ~与暗物质 184

and evolution of universe, ~与宇宙的演化 178-179,182

and galaxy formation, ~与星系形成 177-178,183-184,216,220

on general relativity, ~论广义相对论 216-217

and large-scale structure theory, ~与大尺度结构理论 175,177,179-180,187-188,189,192,216

and Modified Newtonian Dynamics, ~与修正的牛顿动力学 219

Physical Cosmology,《物理宇宙学》175

Penrose,Roger, 罗杰·彭罗斯 136,138

and "Big Bang" theory, ~与大爆炸理论 229

and black holes, ~与黑洞 124-126,128,132,135,145-146,148,226

at Center for Relativity, ~与相对论研究中心 120-121

creates spin networks, ~创建自旋网络 202

and general relativity, ~与广义相对论 118-121,231

"Gravitational Collapse and Spacetime Singularities", "引力坍缩与时空奇点" 125

and gravity waves, ~与引力波 157

Penrose diagrams, 彭罗斯图 118,119,121,124,125

Penrose superradiance, 彭罗斯超辐射 148

Penzias,Arno: 阿诺·彭齐亚斯

and "Big Bang" theory, ~与大爆炸理论 126-127,128,176,178

wins Nobel Prize, ~荣获诺贝尔奖 176

Perlmutter,Saul:wins Nobel Prize, 索尔·珀尔马特，荣获诺贝尔奖 190

Perrine,Charles, 查尔斯·珀赖恩 18

photoelectric effect: 光电效应

Einstein and, 爱因斯坦与 ~ 52-53

Lenard discovers, 勒纳德发现 ~ 52

Physical Cosmology (Peebles),《物理宇宙学》（皮布尔斯）175

Planck,Max, 马克斯·普朗克 16

planets:orbits of, 行星， ~轨道 7-8

plutonium:Seaborg discovers, 钚，西博格发现 ~ 63

predictability:general relativity and, 可预言性，广义相对论与 ~ 111

Pretorius,Frans: 弗兰斯·比勒陀利乌斯

and gravity waves, ~与引力波 165-166,169-170

solves field equations, ~解场方程 169-170

Primack,Joel:and cosmological constant, 乔尔·普里马克，与宇宙学常数 187

Príncipe expedition (1919):Eddington leads, 普林西比探险（1919 年），爱丁顿领导的 ~ ix,22-25,26,30,34,50,111,211,232-233,234-235

Principia Mathematica (Whitehead & Russell),《数学原理》（怀特海与罗素）18

Prussian Academy of Sciences:Einstein as fellow of, 普鲁士科学院，爱因斯坦作为 ~ 院士 16,21

pulsars, 脉冲星 160.see also neutron stars 亦见“中子星”

Bell discovers, 贝尔发现 ~ 129-130

quantum electrodynamics (QED), 量子电动力学 198

DeWitt and, 德威特与 ~ 143,197

Dirac and, 狄拉克与 ~ 140-141

particles and, 粒子与 ~ 140-141

Schwinger and, 施温格与 ~ 140,142

and unified theory, ~与统一理论 140-142,145

quantum geometry, 量子几何 201

quantum gravity, 量子引力 145,150-151,165,216,229

and cosmological constant, ~与宇宙学常数 192

DeWitt and, 德威特与 ~ 137,143-144,197-198,201,203

gravitons in, 引力子 198,204

Hawking and, 霍金与 ~ 193-195

Jacobson and, 雅各布森与 ~ 201
Krasnow and, 克拉斯诺夫与 ~ 206
loop quantum gravity, 圈量子引力 201-202,203-204,206,230
Rovelli and, 罗威利与 ~ 202,206
Smolin and, 斯莫林与 ~ 201-202,204,206
spin networks and, 自选网络与 ~ 202,203
string theory and, 弦理论与 ~ 199,202,206
Woit and, 沃伊特与 ~ 204
quantum physics, 量子力学 xi,xv
basic principles of, ~的基本原理 53-54
and black holes, ~与黑洞 148-149
Bohr and, 玻尔与 ~ 101
Chandra and, 钱德拉与 ~ 54-58,59
and dialectical materialism, ~与辩证唯物主义 70-71
Dirac and, 狄拉克与 ~ 119,138-143
exclusion principle in, ~里的不相容原理 55,80
Feynman and, 费曼与 ~ 102,109
and general relativity, ~与广义相对论 44,47-48,78,81,84,103,137,145,150-151,194,197-198,211,216-217
Heisenberg and, 海森伯与 ~ 53-54,55,101,119
Hoyle and, 霍伊尔与 ~ 87
information and predictability in, ~里的信息和可预言性 196
Landau and, 朗道与 ~ 59,122
light in, ~里的光 52-53
observational evidence for, ~的观察证据 137-138
Oppenheimer and, 奥本海默与 ~ 47,58-59
Schrödinger and, 薛定谔与 ~ 53,55,74,101,119,197
in Soviet Union, ~在苏联 72-73
and special relativity, ~与狭义相对论 138-140
and stars, ~与恒星 50-52,54-56
uncertainty principle in, ~里的不确定性原理 53-54,55
Wheeler and, 惠勒与 ~ 101,207
quarks, 夸克 141
quasars, 类星体 226.see also radio sources 亦见“射电源”

Bell and, 贝尔与 ~ 129
as black holes, 作为黑洞的 ~ 228
and general relativity, ~ 与广义相对论 116-117,126,134
Oppenheimer and, 奥本海默与 ~ 115-116
Rees and, 里斯与 ~ 132-133
Sciama and, 席艾玛与 ~ 126,132-133
at Texas Symposium (1963), 作为得克萨斯研讨会（1963 年）的主题 115-117

radar: 雷达
developed in World War Ⅱ，~ 在二战中的发展 87-88,92-93
Hoyle researches, 霍伊尔的研究 87-88,92
Ryle researches, 赖尔的研究 92,94
radio astronomy: 射电天文学
Chandra and, 钱德拉与 ~ 94,115
and cosmology, ~ 与宇宙学 97,234-235
development of, ~ 的发展 93-94,96
and general relativity, ~ 与广义相对论 234-235
Gold and, 戈尔德与 ~ 98-99
Lovell and, 洛维尔与 ~ 93,94
and Milky Way galaxy, ~ 与银河系 93-94,95
Pawsey and, 波西与 ~ 93,94
Ryle and, 赖尔与 ~ 93,94
radio sources, 射电源 .see also quasars 亦见“类星体”
black holes as, 作为黑洞的 ~ 131-132
distribution of, ~ 的分布 94-97,99
Lovell and, 洛维尔与 ~ 112
Mills and, 米尔斯与 ~ 96-97
physical nature of, ~ 的物理性质 112-114,115
Reber and, 雷伯与 ~ 95,112
redshift effect and, 红移与 ~ 113,126

Ryle and, 赖尔与 ~ 96-97,112,128

Schmidt and, 施密特与 ~ 112-113,115,228

Slee and, 斯利与 ~ 96-97

radio telescope: 射电望远镜

Reber invents, 雷伯发明 ~ 94

Reber,Grote: 格罗特·雷伯

“Cosmic Static,” “静宇宙” 94,95

invents radio telescope, ~发明射电望远镜 94

and radio sources, ~与射电源 95,112

redshift effect: 红移

Hubble measures, 哈勃测量 ~ 41-43,78,88-89,111,189

Humason measures, 赫马森测量 ~ 41-42,45,52,78,88,189

and radio sources, ~与射电源 113,126

Slipher measures, 斯利弗测量 ~ 38-39,40,41,42,52,78

Rees,Martin, 马丁·里斯 128,142

and “Big Bang” theory, ~与大爆炸理论 173

and black holes, ~与黑洞 135,173,225,226

on cosmology, ~与宇宙学 173-174

and gravity waves, ~与引力波 158

and quasars, ~与类星体 132-133

and steady-state theory, ~与稳恒态理论 126

“Reflections on Progress,Peaceful Coexistence,and Intellectual Freedom” (Sa-kharov),“反思进展、和平共处与知识自由”(萨哈罗夫)215

“Relation Between Distance and Radial Velocity Among Extragalactic Nebulae,A” (Hubble),“河外星云的距离与视向速度之间的关系”(哈勃)42

relativity,general: 广义相对论

basic prinicples of, ~的基本原理 4-6,37,103

Bekenstein and modifications to, 贝肯斯坦与~的修正 217-218,221

“Big Bang” theory and, 大爆炸与 ~ 216

black holes and, 黑洞与 ~ 118,123-124,131-132,134,205,226

Bondi and, 邦迪与 ~ 98,119,154

and dark matter, ~与暗物质 217

and dialectical materialism, ~与辩证唯物主义 70-71

Dicke and, 迪克与 ~ 111-112,175-176,212

difficulty in understanding, 理解 ~ 的困难 x-xi,xii-xiii,28
Dirac and modifications to, 狄拉克与 ~ 的修正 213,217-218,221
Dyson on, 戴森论 ~ 81
Eddington promotes, 爱丁顿提倡 ~ ix-xi,18,22-23,26,30,50,64,86
effect on astronomy, 天文学上的 ~ 效应 29
effects on spacetime, 时空的 ~ 效应 6,21,103-104,107,118-120,124-125,153,163,179,197,202-203
Ellis and, 埃利斯与 ~ 231
and evolution of universe, ~ 与宇宙演化 29-30,33-35,36-37
Feynman and, 费恩曼与 ~ 109-110,111
galaxies in, ~ 与星系 177,220
Gödel and, 哥德尔与 ~ 75-76,78-80
Gold on, 戈尔德论 ~ 117
Goudsmit and, 戈德斯密特与 ~ 81
gravity in, ~ 下的引力 6,9-10,15-16,20-22,29-30,143-145,211,220
and gravity waves, ~ 与引力波 168
Hawking and, 霍金与 ~ 231
as key scientific concept, 作为关键科学概念的 ~ xi-xiv,234
Lemaître promotes, 勒迈特提倡 ~ 36,71
Lenard rejects, 勒纳德反对 ~ 68
limitations of, ~ 的极限 xiv,207-208,217,224
neutron stars and, 中子星与 ~ 160-161
Newtonian physics and, 牛顿力学与 ~ 15,21,90-91
observational evidence for, ~ 的观察证据 xii,xiv,13,22-26,36,37,39,50,52,62,68,78,80,
111-112,
162,175-176,212,220-221,224-225,232-233,234
Oppenheimer and, 奥本海默与 ~ 59,60-62,80-81
and origin of universe, ~ 与宇宙起源 43-46
as orthodoxy, 作为正统的 ~ 210-211,212-213
Peebles on, 皮布尔斯与 ~ 216-217
Penrose and, 彭罗斯与 ~ 118-121,231
as “perfect theory,” 作为“完美理论”的 ~ xii,212
popular interest in, ~ 的公众兴趣 25-27,228,234
and predictability, ~ 与可预见性 111

proposed modifications to, 建议修改 ~ 209-213,215,217-220
quantum physics and, 粒子物理学与 ~ 44,47-48,78,81,84,103,137,145,150-151,194,197-198,211,216-217
quasars and, 类星体与 ~ 116-117,126,134
radio astronomy and, 射电天文学与 ~ 234-235
resistance to, 坚持 ~ xiv
Sakharov and modifications to, 萨哈罗夫与 ~ 的修正 215
and satellite missions, ~ 与卫星任务 223-225
Schild and, 席尔德与 ~ 114-115
in Soviet Union, ~ 在苏联 70-72,121-124,230
Stark rejects, 斯塔克反对 ~ 69
and string theory, ~ 与弦理论 xiv-xv
tensor-vector-scalar theory and, 张量矢量标量理论与 ~ 219
Weinberg and, 温伯格与 ~ 226
Wheeler and, 惠勒与 ~ 81,100-105,110-111,130,208
Zel'dovich and, 泽尔多维奇与 ~ 130-131
relativity,numerical, 数字相对论 165-166,169
relativity,special: 狭义相对论
basic principles of, ~ 的基本原理 50-51,56,138-139
inertial frames of reference in, ~ 的惯性参照系 4-6,9,10,14,15
quantum physics and, 粒子物理学与 ~ 138-140
Silberstein and, 希尔伯斯坦与 ~ ix-x
relic radiation: 残余辐射
in "Big Bang" theory, 大爆炸理论下的残余辐射 176,178-179,182,188-189
measurement of, ~ 的测量 188-189
Research Institute for Advanced Studies, 高等研究院 107
Riemann,Bernhard:and non-Euclidian geometry, 黎曼，与非欧几何 15,21,74
Riess,Adam:wins Nobel Prize, 亚当·里斯，荣获诺贝尔奖 190
Robertson,H.P.,H.P. 罗伯逊 79
Rosen,Nathan, 纳塔·罗森 154
Rovelli,Carlo:and quantum gravity, 卡尔罗·罗威利，与量子引力 202,206
Royal Astronomical Society, 皇家天文学会 ix,18,25,56-57,95,211,232
Rubin,Vera, 维拉·罗宾 218
and Andromeda Galaxy, ~ 与仙女座星系 182-183

Ruffini,Remo, 雷莫·鲁菲尼 134
Russell,Bertrand, 伯特兰·罗素 18
and incompleteness theorem, ~与不完备性定理 77
Rutherford,Ernest, 厄内斯特·卢瑟福 18
Ryle,Martin: 马丁·赖尔
attacks steady-state theory, ~攻击稳恒态理论 95-96,97-98,120,126
background of, ~的背景 92-93
and Hoyle, ~与霍伊尔 95
and radar research, ~与雷达研究 92,94
and radio astronomy, ~与射电天文学 93,94
and radio sources, ~与射电源 96-97,112,128
wins Nobel Prize, ~荣获诺贝尔奖 99,130

S

Sachs,Rainer:and “Big Bang” theory, 莱纳·萨克斯，与大爆炸理论 178
Sagan,Carl, 卡尔·萨根 x
Sakharov,Andrei: 安德烈·萨哈罗夫
background of, ~背景 213
and cosmology, ~与宇宙学 213-214
and field equations, ~与场方程 214
and gravity, ~与引力 214
and modifications to general relativity, ~与广义相对论的修正 215,221
political opinions, ~的政治观点 214-215
“Reflections on Progress,Peaceful Coexistence,and Intellectual Freedom”,“反思进展、和平共处与知识自由”215
and spacetime, ~与时空 213-214
Zel-dovich and, 泽尔多维奇与~ 213,215
Salam,Abdus, 阿卜杜勒·萨拉姆 144
and electroweak force, ~与电弱作用力 142
and standard model, ~与标准模型 143,200
Salpeter,Edwin, 埃德温·萨尔皮特 131-132
satellite missions:general relativity and, 卫星任务，广义相对论与~ 223-224

Schild,Alfred, 阿尔弗雷德·席尔德 **221**
background of, ~的背景 **114-115**
forms Center for Relativity, ~组建相对论研究中心 **114-115,120**
Schmidt,Brian: 布莱恩·施密特
and cosmological constant, ~与宇宙学常数 **190**
wins Nobel Prize, ~荣获诺贝尔奖 **190**
Schmidt,Maarten:and radio sources, 马尔腾·施密特 **112-113,115,228**
Schrödinger,Erwin, 埃尔温·薛定谔 **xi**
flees Germany, ~逃离德国 **69**
and quantum physics, ~与量子力学 **53,55,74,101,119,197**
Space-Time Structure, 时空结构 **119**
Schutz,Bernard, 伯纳德·舒茨 **159,171**
Schwartz,John:and string theory, 约翰·施瓦茨，与弦理论 **199,204-205**
Schwarzschild,Karl, 卡尔·施瓦西 **111**
death of, ~去世 **49**
discovers black holes, ~发现黑洞 **49-50,64,75,131,132**
Eddington on, 爱丁顿论~ **48**
"The Effect of Wind and Air-Density on the Path of a Projectile", "风和空气密度对弹道的影响" **48**
and Einstein, ~与爱因斯坦 **48-50**
and gravity's effects on spacetime, ~与时空的引力效应 **48-49,61-62**
solves field equations, ~解场方程 **48-50,51-52,58,61-62,64,80,116,120-121,125,134**
in World War I, ~在第一次世界大战 **48**
"Schwarzschild surface", ~曲面 **49-50,61-62,118-119,120,131,146,225,227**
Schwinger,Julian:and quantum electrodynamics, 朱利安·施温格 **140,142**
Sciama,Dennis, 丹尼斯·席艾玛 **121,132,138,142,144,149**
accepts "Big Bang" theory, ~接受大爆炸理论 **126,127**
background of, ~的背景 **119-120**
and black holes, ~与黑洞 **150**
and Dirac, ~与狄拉克 **119-120**
and gravity waves, ~与引力波 **158**
and Hawking, ~与霍金 **127-128,145**
and quasars, ~与类星体 **126,132-133**
and steady-state theory, ~与稳恒态理论 **119-120,126**

Seaborg,Glenn:discovers plutonium, 格伦·西博格，发现钚 63
Serber,Robert, 罗伯特·瑟博 60
Silberstein,Ludwik:and special relativity, 路德维克·希尔伯斯坦，与狭义相对论 ix-x
Silk,Joseph: 约瑟夫·希尔克 178,182,188
singularities 奇点，See “Big Bang” theory;black holes 见“大爆炸理论”、“黑洞”
Sirius B:as white dwarf star, 天狼 B 星，作为白矮星的 ~ 52,55
Slee,Bruce:and radio sources, 布鲁斯·斯利，与射电源 96-97
Slipher,Vesto:measures redshift effect, 维斯托·斯莱弗，测量红移 38-39,40,41,42,52,78
Smarr,Larry:and black holes, 拉里·斯马尔，与黑洞 165,166
Smolin,Lee:and quantum gravity, 李·斯莫林，与量子引力 201-202,204,206
    on string theory, ~论弦理论 204
Smoot,George:and Cosmic Background Explorer, 乔治·斯穆特，与宇宙背景探测器 188
    wins Nobel Prize, ~荣获诺贝尔奖 188
Snyder,Hartland: 哈特兰·斯奈德
    and black holes, ~与黑洞 47-48,49,64,120,123
    and stellar evolution and decay, ~与恒星的演化和衰亡 61-62,64,75,81,101,116
Sommerfeld,Arnold, 阿诺德·索末菲 54
Southwest Center for Advanced Studies (Dallas), 西南高等研究中心（达拉斯）115
Soviet Union: 苏联
    develops atomic bomb, ~发展原子弹 72,121-123,213-214
    general relativity in, ~的广义相对论研究 70-72,121-124,230
    purge of physicists in, ~对物理学家的清洗 72
    quantum physics in, ~的量子物理学 72-73
Space-Time Structure (Schrödinger),《时空结构》（薛定谔）119
spacetime: 时空
    canonical approach to, ~的规范处理 197-198,201,203-204,205
    covariant approach to, ~的协变处理 197-198,200,202,205
    curvature of, ~的曲率 14-15,21,30-31,32,37,78-79,180-181,182
    effect of gravity on, ~的引力效应 48-49,59,61-62,227,233
    effects of general relativity on, ~的广义相对论效应 6,10,21,103-104,107,118-120,124-125,153,163,179,197,202-203
    effects of inflationary universe model on, ~的暴胀宇宙学效应 182
    Einstein and, 爱因斯坦与 ~ xi,215
    geometry of, ~几何 73,180-181,200-202,205-207,214,215,216,221,229-230

observational evidence of, ~的观测证据 233-234
Sakharov and, 萨哈罗夫与~ 213-214
in string theory, 弦理论下的~ 205-207
wave theory of, ~的波动理论 153
Spergel,David, 戴维·施佩格尔
and cosmological constant, ~与宇宙学常数 187
on cosmology, ~论宇宙学 174
spin networks: 自旋网络 202,203
Square Kilometer Array (SKA), 平方千米阵列 234-235
Stalin,Joseph: " Dialectical and Historical Materialism ", 约瑟夫·斯大林，《辩证唯物主义和历史唯物主义》70
and Soviet atomic bomb project, ~与苏联原子弹计划 122-123
standard model of forces, 力的标准模型 145,197,199
and dark matter, ~与暗物质 174
Dirac and, 狄拉克与~ 142
Efstathiou and, 埃弗斯塔西奥与~ 221-222
Glashow and, 格拉肖与~ 144
Hawking and, 霍金与~ 194
Salam and, 萨拉姆与~ 143,200
and stringtheory, ~与弦理论 198,200-201
Weinberg and, 温伯格与~ 143,200,226
Star Trek (TV series),《星际迷航》（电视系列片）x
Stark,Johannes, 约翰内斯·斯塔克 4
attacks Heisenberg, ~攻击海森伯 69
rejects general relativity, ~反对广义相对论 69
Starobinsky,Alexei, 阿列克谢·斯塔罗宾斯基 148
stars: 恒星
Eddington and, 爱丁顿与~ 50-52,54-55
globular clusters, 球状星系 184
gravity-s effect on, ~的引力效应 51,55-57,131-132
neutron stars, 中子星 61,104,129,139
quantum physics and, 量子物理学与~ 50-52,54-56
sources of energy in, ~能源 50-51,59-61,87,113-114,115
supernovae, 超新星 163

X-ray stars,X 射线星 132-133,134,224-225,226

stars，evolution and decay of, 恒星的演化和衰亡 49-52,120,123-124,163.see also black holes 亦见“黑洞”

Chandra and, 钱德拉塞卡与 ~ 55-57,64,115,129,139,211

Eddington and, 爱丁顿与 ~ 56-57,64,65,114,124,125

Einstein and, 爱因斯坦与 ~ 64-65

Fowler and, 福勒与 ~ 55-56,139

Landau and, 朗道与 ~ 104,130,139

Oppenheimer and, 奥本海默与 ~ 61-62,64,75,81,100,101,115,116,130

Snyder and, 斯奈德与 ~ 61-62,64,75,81,101,116

Wheeler and, 惠勒与 ~ 116-117,125-126,128,175

white dwarfs, 白矮星 52,54,55-58,64,87,129,139

Stars and Atoms (Eddington),《恒星与原子》（爱丁顿）87

static model of universe, 稳恒态宇宙模型 29,32.See also steady-state theory 亦见“稳恒态理论”

de Sitter and, 德西特与 ~ 30,37

Einstein promotes, 爱因斯坦提倡 ~ 31,33-35,36,37,90,92

instability of, ~的不稳定性 45

steady-state theory, 稳恒态理伦 .see also static model of universe 亦见“稳恒态宇宙模型”

Bondi and, 邦迪与 ~ 89-91,96,97-98,119

Born on, 玻恩与 ~ 91

Einstein on, 爱因斯坦论 ~ 91

Gold and, 戈尔德与 ~ 89-91,96,98,110

Heisenberg and, 海森伯与 ~ 91

Hoyle promotes, 霍伊尔提倡 ~ 85-86,89-92,96,97,98,113,119-120,126,230

Milne on, 米尔恩论 ~ 91

Rees and, 里斯与 ~ 126

Ryle attacks, 赖尔攻击 ~ 95-96,97-98,120,126

Sciama and, 席艾玛与 ~ 119-120,126

Steinhardt,Paul:and cosmological constant, 保罗·斯坦哈特，与宇宙学常数 187

Stern,Otto, 奥托·斯特恩 12

string theory: 弦理论

and “Big Bang” theory, ~与大爆炸理论 229-230

Calabi-Yau geometry and, 卡拉比-丘几何与 ~ 199

Candelas and, 坎德拉斯与 ~ 199,204
cosmological constant in, 宇宙学常数 231
and covariant approach to spacetime, ~与时空的协变处理 198,202
DeWitt on, 德威特论 ~ 203
Duff on, 达夫论 ~ 203-204
Feynman on, 费恩曼论 ~ 200
Friedan on, 弗里丹与 ~ 200
Gell-Mann and, 盖尔曼与 ~ 198-199
general relativity and, 广义相对论与 ~ xiv-xv
Glashow on, 格拉肖论 ~ 200
gravitons in, ~的引力子 198
Green and, 格林与 ~ 199,204
Hawking on, 霍金论 ~ 203
Horowitz and, 加里·霍洛维茨与 ~ 199
hostility toward, 敌视 ~ 204-205
M-theory of, 膜理论 199,203,206,230
multiverse model in, ~下的多元宇宙模型 231
principles and flaws of, ~的原理和缺陷 198,199-200
and quantum gravity, ~与量子引力 199,202,206
Schwartz and, 施瓦茨与 ~ 199,204-205
Smolin on, 斯莫林论 ~ 204
spacetime in, ~下的时空 205-207
standard model and, 标准模型与 ~ 198,200-201
Strominger and, 斯施劳明格与 ~ 199,206
superstrings, 超弦 215
Vafa and, 瓦法与 ~ 206
Witten and, 威滕与 ~ 199,207,231
Strominger,Andrew:and string theory, 安德鲁·施特劳明格，与弦理论 199,206
strong force:in unified theory, 强作用力，统一理论 141-142,143
Sunyaev,Rashid, 拉什达·苏尼亚耶夫 188
Supernova Cosmology Project (SCP):and cosmological constant, 超新星宇宙项目 189-190
supernovae, 超新星 216
and cosmological constant, ~与宇宙学常数 189
and gravity waves, ~与引力波 163
supersymmetry:Hawking and, 超对称，霍金与 ~ 194-195

T

Taylor,Joseph,Jr., 小约瑟夫·泰勒 130
and neutron stars, ~与中子星 160-161,162,163
Teller,Edward, 爱德华·特勒 63,102,165
tensor-vector-scalar theory of gravity (TeVeS): 引力的张量-矢量-标量理论 219-220
Texas Symposiums on Relativistic Astrophysics, 得克萨斯相对论天体物理学研讨会 118,121,128,135,161,221,228
and quasars, ~与类星体 115-117
thermodynamics,second law of 热力学第二定律 146-148,151
Thomson,J-J-,J-J- 汤姆孙 18,25-26
Thorne,Kip, 基普·索恩 103,118
and black holes, ~与黑洞 133-134,135,226
and gravity waves, ~与引力波 167,169,171
thought experiments: 思想实验
Bondi performs, 邦迪的~ 154
Einstein performs, 爱因斯坦的~ 3-4,5-6,9-10,22,71
Wheeler performs, 惠勒的~ 103
time travel:Gödel and, 时间旅行，哥德尔与~ 78-79
Tomonaga,Sin-Itiro:and quantum electrodynamics, 朝永振一郎，与量子电动力学 140
Townes,Charles:wins Nobel Prize, 查尔斯·汤斯，荣获诺贝尔奖 161
Turner,Herbert, 赫伯特·特纳 18-19
Turner,Michael: 迈克尔·特纳
and cosmological constant, ~与宇宙学常数 187
on cosmology, ~论宇宙学 174-175
Tyson,Tony:on gravity waves, 托尼·泰森，论引力波 168

Uhuru (satellite), 乌呼鲁（卫星）133

uncertainty principle:in quantum physics, 不确定性原理，量子物理学 53-54
unified theory: 统一理论
CERN and, 欧洲核子中心与 ~ 142,144
Dirac and, 狄拉克与 ~ 138-139
Eddington and, 爱丁顿与 ~ 86-87,137,212
Einstein's search for, 爱因斯坦对 ~ 的探索 73-75,86,110,137,211-212
electromagnetism in, ~ 的电磁学 73,140-142,143
electroweak force in, ~ 的电弱作用力 142,143
field equations in, ~ 的场方程 74
gravity in, ~ 的引力 140-141
inflationary universe model in, ~ 的暴胀宇宙模型 180
quantum electrodynamics and, 量子电动力学与 ~ 140-142,145
spacetime geometry in, ~ 的时空几何 73
strong force in, ~ 下的强作用力 141-142,143
weak force in, ~ 下的弱作用力 141-142,143
United States: 美国
Atomic Energy Commission, ~ 的原子能项目 82
Einstein emigrates to, 爱因斯坦移民 ~ 68-70,73,75
Gödel emigrates to, 哥德尔移民 ~ 77
National Aeronautics and Space Administration (NASA), ~ 的国家航空航天管理局 212, 223
universe: 宇宙
CDM model of, ~ 的冷暗物质模型 184-185,186-189
concordance model of, ~ 的一致性模型 190-192
de Sitter on age of, 德西特论 ~ 的年龄 89
distribution of energy and matter in, ~ 中的能量和物质分布 28-29,32-33,78
distribution of radio sources in, ~ 中的射电源分布 94-96,99
evolution of, ~ 的演化 29-30,33-35,36-37,178-179,182
expanding model of, ~ 膨胀模型 30-31,33-34,36-37,38-39,41-46,48,71,88-92,96,177
inflation model of, ~ 的暴胀模型 180-182,185,187
origin theories of, ~ 的起源 43-46,89-90,126
proposed rotation of, ~ 的转动 78
static model of, ~ 的稳恒态模型 29-30,32-35,36,45,85-86,90,92
University of Bern:Einstein as lecturer at, 伯尔尼大学，爱因斯坦在此当讲师 11

University of Zurich:Einstein as professor at, 苏黎世大学，爱因斯坦在此当教授 11
Uranus:orbit of, 天王星，轨道 7

Vafa,Cumrun:and string theory, 库姆伦·瓦法，与弦理论 206
Volkoff,George, 乔治·沃尔科夫 60-61
Von Neumann,John, 约翰·冯·诺依曼 20,63,66,77
Vulcan:as theoretical planet, 火神星，作为理论行星 8,217

weak force: 弱力
gravity as, 引力作为 ~ 218
in unified theory, 统一理论中的 ~ 141-142,143
Weber,Joseph: 约瑟夫·韦伯
background and personality of, ~ 的背景和个性 155,170-171
Dyson and, 戴森和 ~ 170-171
experimental methodology questioned, ~ 与有问题的实验方法 157-160
and laser interferometry, ~ 与激光干涉仪 161
searches for gravity waves, ~ 与引力波搜寻 152-153,154-160,163,170-171,172
Weber bars:and search for gravity waves, 韦伯棒，与引力波搜寻 155-157,158-159,161-163,171
Weinberg,Steven, 斯蒂芬·温伯格 144,215
and electroweak force, ~ 与电弱作用力 142
and general relativity, ~ 与广义相对论 226
Gravitation and Cosmology, 《引力论与宇宙论》226,228
and standard model, ~ 与标准模型 143,200,226
Weiss,Rainer, 莱纳·魏斯 167
Weyl,Hermann,xi, 赫尔曼·外尔 19-20,66,80,212
and expanding universe model, ~ 与膨胀宇宙模型 37,39,41
Wheeler,John Archibald, 约翰·阿奇博尔德·惠勒 62-63,120,133,144,146,155,175,217,228
background of, ~ 的家世 101-102,108-109

and black holes, ~与黑洞 100,103,116,118,123,132,134,150,175,226

and canonical approach to spacetime, ~与时空的规范处理 197,201,203

creates "Wheelerisms," ~创建"惠勒叫法" 102-103,226

and DeWitt, ~与德威特 197

and Feynman, ~与费恩曼 102

and general relativity, ~与广义相对论 81,100-105,110-111,130,208

and Manhattan Project, ~与曼哈顿计划 101

and nuclear physics, ~与核物理 100,104,122

performs thought experiments, ~提出的思想实验 103

personality of, ~的个性 101-102

political opinions, ~的政治观点 102

and quantum physics, ~与量子物理学 101,207

and stellar evolution and decay, ~与恒星的演化和衰亡 116-117,125-126,128,175

and wormholes, ~与虫洞 103

Wheeler,John Archibald,Charles Misner & Kip Thorne:Gravitation, 约翰·阿奇博尔德·惠勒、查尔斯·米斯纳、基普·索恩：《引力论》226

Wheeler-DeWitt equation, 惠勒德威特方程 197,201,202,203

White,Simon: 西蒙·怀特

and cosmological constant, ~与宇宙学常数 186

and galaxy formation, ~与星系形成 184

white dwarf stars, 白矮星 52,54,55-58,64,87,129,139

Whitehead,Alfred North & Bertrand Russell:Principia Mathematica, 怀特海与罗素：《数学原理》18

Wilson,Robert: 罗伯特·威尔逊

and "Big Bang" theory, ~与大爆炸理论 126-127,128,176,178

wins Nobel Prize, ~荣获诺贝尔奖 176

Witten,Edward, 爱德华·威滕 215

and string theory, ~与弦理论 199,207,231

Wittgenstein,Ludwig:and incompleteness theorem, 路德维希·维特根斯坦，与不完备性定理 77

Woit,Peter:and quantum gravity, 彼得·沃伊特，与量子引力 204

Wolfe,Arthur:and "Big Bang" theory, 亚瑟·沃尔夫，与大爆炸理论 178

World War I: 第一次世界大战

British scientists and, 英国科学家与~ 18-19,22-23,35

Einstein and, 爱因斯坦与~ 16-17,19

Friedmann in, 弗里德曼与 ~ 31-32,35,48
Hubble in, 哈勃与 ~ 40
Lema-tre in, 勒迈特与 ~ 35
Schwarzschild in, 施瓦西与 ~ 48
World War Ⅱ：第二次世界大战
beginning of, ~的开始 62
nuclear physics develops in, ~中核物理的发展 63-64
radar development in, ~中雷达的发展 87-88,92-93
World Wide Web, 万维网 166
wormholes:Wheeler and, 虫洞，惠勒与 ~ 103

X-ray stars,X 射线星 132-133,134,224-225,226

Yerkes Observatory (Chicago), 叶凯士天文台（芝加哥）57
Yu,Jer:and evolution of universe, 余哲，与宇宙演化 178-179,182

Z

Zel'dovich,Yakov: 雅科夫·泽尔多维奇
and “Big Bang” theory, ~与大爆炸理论 178,181,182,188
and black holes, ~与黑洞 131-132,133,135,148,225,226,227
and cosmological constant, ~与宇宙学常数 186,191,192
and general relativity, ~与广义相对论 130-131
and large-scale structure theory, ~与大尺度结构 187
and nuclear physics, ~与核物理 122

and Sakharov, ~与萨哈罗夫 **213,215**
Zermelo,Ernst, 恩斯特·策梅洛 **20**
Zwicky,Fritz, 弗里茨·兹维基 **180**
and galaxies, ~与星系 **183**

图书在版编目（CIP）数据

完美理论 /（英）佩德罗·G. 费雷拉著；王文浩译 . — 长沙：湖南科学技术出版社，2018.1（2023.11 重印）
（第一推动丛书 . 物理系列）
ISBN 978-7-5357-9516-8
Ⅰ . ①完… Ⅱ . ①佩… ②王… Ⅲ . ①广义相对论—普及读物 Ⅳ . ① O412.1-49
中国版本图书馆 CIP 数据核字（2017）第 226151 号

WANMEI LILUN
完美理论

著者
[英] 佩德罗·G. 费雷拉
译者
王文浩
责任编辑
吴炜 孙桂均 李蓓
装帧设计
邵年 李叶 李星霖 赵宛青
出版发行
湖南科学技术出版社
社址
长沙市湘雅路 276 号
http://www.hnstp.com
湖南科学技术出版社
天猫旗舰店网址
http://hnkjcbs.tmall.com
邮购联系
本社直销科 0731-84375808

印刷
湖南凌宇纸品有限公司
厂址
长沙市长沙县黄花镇黄垅新村工业园财富大道16号
邮编
410137
版次
2018 年 1 月第 1 版
印次
2023 年 11 月第 7 次印刷
开本
880mm × 1230mm 1/32
印张
12.25
字数
261000
书号
ISBN 978-7-5357-9516-8
定价
59.00 元